MATHEMATIK
NEUE WEGE

ARBEITSBUCH
FÜR GYMNASIEN

Qualifikationsphase Leistungskurs

LÖSUNGEN
Teil 1

Herausgegeben von
Henning Körner
Arno Lergenmüller
Günter Schmidt
Martin Zacharias

Schroedel

MATHEMATIK NEUE WEGE
Arbeitsbuch für Gymnasien
Qualifikationsphase Leistungskurs
Lösungen Teil 1

Herausgegeben und bearbeitet von

Prof. Dr. Rolf Biehler, Michael Bostelmann, Dieter Eichhorn, Florian Engelberger,
Andreas Jacob, Henning Körner, Prof. Dr. Katja Krüger, Dr. Eberhard Lehmann,
Arno Lergenmüller, Annelies Paulitsch, Kerstin Peuser, Dr. Karl Reichmann,
Michael Rüsing, Olga Scheid, Prof. Günter Schmidt, Martin Traupe, Reimund Vehling,
Thomas Vogt, Dr. Hubert Weller, Martin Zacharias

© 2015 Bildungshaus Schulbuchverlage
Westermann Schroedel Diesterweg Schöningh Winklers GmbH, Braunschweig
www.schroedel.de

Druck A[1] / Jahr 2015
Alle Drucke der Serie A sind im Unterricht parallel verwendbar.

Redaktion: Doreen Hempel, Sven Hofmann
Grafiken: A. Piplak-Römer, Hahndorf; technisch-grafische Abteilung Westermann,
Braunschweig; M. Wojczak, Butjadingen
Umschlaggestaltung: KLAXGESTALTUNG, Braunschweig
Satz: CMS - Cross Media Solutions GmbH, Würzburg
Druck und Bindung: westermann druck GmbH, Braunschweig

ISBN 978-3-507-**85828**-2

Inhalt

Kapitel 1 Einführung in die Analysis (Wiederholung)

Kapitel 2 Erweiterung der Differenzialrechnung

Kapitel 3 Modellieren mit Funktionen – Kurvenanpassung

Kapitel 4 Integralrechnung

Kapitel 5 Exponentialfunktionen und ihre Anwendungen

Vorbemerkungen

Dieses Lösungsheft richtet sich in erster Linie an die Lehrenden.

Die Lösungsskizzen gestatten einmal einen schnellen Überblick über Anspruch und Intention der vielfältigen Aufgaben, zum anderen weisen sie vor allem bei den komplexeren und offenen Aufgaben auf verschiedene Lösungswege hin, wie sie von den Lernenden individuell beschritten werden können. Zusätzlich erläutern die kurzen didaktischen Hinweise vor den Lösungen zu jedem Kapitel noch einmal die konzeptionellen Anliegen der einzelnen Kapitel.

Die Lösungen und Lösungshinweise sind andererseits aber von der Sprache und dem Umfang her so gehalten, dass sie je nach der gewählten Unterrichtsform und Entscheidung der Unterrichtenden auch den Lernenden zur Verfügung gestellt werden können. Dies entspricht unserer Auffassung von eigentätigem und selbstständigem Lernen und dem Erwerb von Lernstrategien, die dieser Werkreihe zugrunde liegt.

Viele Aufgaben in diesem Buch sind auf selbsttätige Aktivitäten ausgerichtet und recht offen angelegt, häufig werden verschiedene Lösungswege explizit herausgefordert. Insofern stellen viele Lösungen nur eine von vielen Möglichkeiten dar. Bei Aktivitäten, die auf Erfahrungsgewinn durch Handeln zielen, haben wir folgerichtig auf die Darstellung von Lösungen verzichtet.

Zu diesem Buch

Dieses Buch stellt in Konzeption und Gestaltung einen neuen Ansatz eines Schulbuches für den Mathematikunterricht am Gymnasium dar. Es greift in mehrfacher Hinsicht die konstruktiven Ansätze auf, die im Zusammenhang mit der Diskussion um die Allgemeinbildung im Mathematikunterricht und über die Ergebnisse der TIMS-Studie und PISA in den letzten Jahren entwickelt wurden und auch in den Bildungsstandards ihren verbindlichen Niederschlag gefunden haben.

1. Das Buch unterstützt eine Unterrichtskultur der Methodenvielfalt mit offenen und schüleraktiven Lernformen. Dadurch wird die absolute Dominanz des Grundschemas *kurze Einführung → algorithmischer Kern → Üben* überwunden.

Dies zeigt sich zunächst in der Gliederung jedes Lernabschnitts in drei Ebenen grün – weiß – grün.

In der **1. grünen Ebene** werden **verschiedene treffende Zugänge zum Thema** des Lernabschnitts angeboten. Dies geschieht in Form von interessanten, aktivitäts- und denkanregenden Aufgaben, welche die unterschiedlichen Interessen und Lerntypen ansprechen. Die alternativ angebotenen Aufgaben zielen auf die aktive Auseinandersetzung mit den Kerninhalten des Lernabschnitts. Sie sind schülerbezogen, situationsgebunden und handlungsauffordernd gestaltet und knüpfen an die Vorerfahrungen der Lernenden an. Sie sind weitgehend offen formuliert und regen zu unterschiedlichen Lösungsansätzen an.

Die **weiße Ebene** beginnt mit einer kurzen Hinleitung zum zentralen Basiswissen, das im hervorgehobenen **Kasten** festgehalten wird. Anschließend wird dieser Inhalt auf vielfältige Weise auf- und durchgearbeitet und gefestigt (→ „intelligentes Üben"). Die **Übungen** hierzu sind kurz, anregend und abwechslungsreich, sie beinhalten neben dem operatorischen Durcharbeiten auch Anwendungen und Vernetzungen, selbstverständlich auch Übungen zum Ausformen von Routinen. Zusätzlich werden Möglichkeiten zur Selbstkontrolle und Tipps zum eigenständigen Lösen angeboten.

Die **2. grüne Ebene** ist der **Erweiterung** und **Vertiefung** gewidmet. Ein wesentlicher Gesichtspunkt ist dabei die Einbindung der Aufgaben in Kontexte und Anwendungen. Ein zweiter Aspekt zielt auf offenere Unterrichtsformen (Experimente, Gruppenarbeit, kleine Projekte), ein dritter auf passende Anregungen zum Problemlösen (Knobeleien). Die Aufgaben sind auch äußerlich unter solchen Aspekten zusammengefasst. Zusätzlich finden sich hier auch lebendig und anschaulich gestaltete Lesetexte/Informationen.

2. Den Aufgaben liegt in allen Ebenen eine Auffassung des „intelligenten Übens" zugrunde.

Dies richtet sich in erster Linie gegen eine einseitige Ausrichtung an schematischem, schablonenhaftem Einüben von Kalkülen und nacktem Begriffswissen zugunsten eines vielfältigen Übens des Verstehens, des Könnens und des Anwendens und der angestrebten Kompetenzen. Intelligentes Üben bedeutet nicht, dass die Aufgaben überwiegend auf anspruchsvollere Fähigkeiten und komplexere Zusammenhänge zielen. Es sind hinreichend viele Aufgaben vorhanden, die einfaches Können stützen und dies auch für den Lernenden erfahrbar machen. Weitere Konstruktionsaspekte beim Aufbau der Aufgaben zum intelligenten Üben:

- Die Übungen sind nicht als vom Lernvorgang isolierte „Drillphasen" abgesetzt, vielmehr sind sie Bestandteil des Lernprozesses.
- Die Übungen sind im Umkreis von einfachen Problemen angesiedelt und durch übergeordnete Aspekte zusammengehalten. Die Probleme erwachsen aus der Interessen- und Erfahrungswelt der Schülerinnen und Schüler.
- Die Übungen ermöglichen auch häufig kleine Entdeckungen oder vergrößern das über die Mathematik hinausweisende Sachwissen. Auf diese Weise kann Üben dann mit Spaß/Freude bei der Anstrengung verbunden sein.
- Die Übungen sind häufig handlungs- und produktorientiert. In der Stochastik geschieht dies durch den konsequenten Einbezug von Simulationen zum Vermuten, Überprüfen und Entwickeln von Modellen und durch die Verwendung selbst erhobener Daten oder realer Daten aus größeren Untersuchungen.

3. Stärkere Berücksichtigung von Aufgaben:
    - für offene und kooperative Unterrichtsformen
    - mit fächerverbindenden und fächerübergreifenden Aspekten
    - zur gleichmäßigen Förderung von Jungen und Mädchen
    - für die Möglichkeit und den Vergleich unterschiedlicher Lösungswege
    - für den konstruktiven Umgang mit Fehlern
    - für das Bewusstmachen und den Erwerb von Strategien für das eigene Lernen
    - den sinnvollen und lernfördernden Einsatz neuer Technologien (Tabellenkalkulation, GTR, DGS)

4. Die Fähigkeiten zum Problemlösen werden kontinuierlich herausgefordert und trainiert.

Dies geschieht unter zwei Leitaspekten: Einmal wird in vielfältigen Anwendungssituationen der Prozess des Modellierens verdeutlicht und immer wieder mit allen Stufen eingeübt. Zum anderen werden die Strategien des Begründens und Beweisens und des kreativen Konstruierens behutsam an innermathematischen Problemstellungen entwickelt und bewusst gemacht. Für beide Aspekte werden hilfreiche Methodenkenntnisse und Strategien im übersichtlich gestalteten „Basiswissen" festgehalten.

5. Die Sprache des Buches ist einfach, griffig, alters- und schülerangemessen.

Das Buch unterstützt vom Kontext der Aufgaben und von der Sprache her die Entwicklung und den Ausbau von Begriffen als Prozess. Dazu dient auch die konsequente Visualisierung mit Fotos, Skizzen und Diagrammen, sowohl zur Motivation, zum Strukturieren, zum Darstellen eines Sachverhaltes als auch zum leichteren Merken von Zusammenhängen. In der Obersufe erfolgt auch ein weiterer Ausbau der Fachsprache.

6. Das Buch stützt kumulatives Lernen, d.h. die Lernenden erfahren deutlichen Zuwachs an Kompetenz.

Dies wird durch verschiedene Gestaltungselemente erreicht:

- Zunächst werden Wiederholungsaufgaben in Neuerwerbsaufgaben eingebettet.
- Zusätzlich erscheinen Wiederholungen im sogenannten **„check up".** Hier gibt es übersichtliche Zusammenfassungen und zusätzliche Trainingsaufgaben, zu denen die Lösungen am Ende des Buches zu finden sind.

- Am Ende aller Kapitel finden sich komplexere und lernabschnittsübergreifende Aufgaben unter der Überschrift **„Sichern und Vernetzen – Vermischte Aufgaben"**. Diese sind an den Kompetenzen orientiert und auf jeweils eigenen Seiten unter den Aspekten *„Training", „Verstehen von Begriffen und Verfahren", „Anwenden und Modellieren"* und *„Kommunizieren und Präsentieren"* eingeordnet. Die Lösungen zu diesen Aufgaben finden sich im Internet unter *www.schroedel.de/nw-85827* im Reiter *Downloads*.

- Dem Aufgreifen und Sichern von früherem Wissen und Fähigkeiten dienen zum einen die **„Kopfübungen"**, die in allen Lernabschnitten am Ende der weißen Ebene auftauchen. Zum anderen wird im **„Kompendium"** Grundlegendes aus den vorhergehenden Bänden knapp und übersichtlich dargestellt. Dieses finden Sie ebenfalls im Internet unter *www.schroedel.de/nw-85827* im Reiter *Downloads*.

7. Das Buch wird eingebettet in eine integrierte Lernumgebung.

- In vielen Aufgaben und Projekten des Buches finden sich Aufforderungen und Anregungen zur **Nutzung der „elektronischen Werkzeuge"** Grafischer Taschenrechner (GTR), Tabellenkalkulation (TK) und Dynamische Geometriesoftware (DGS) sowie des Internets.

- Zum **GTR-Einsatz** gibt es **handbuchartige Anleitungen** zu den gängigen Geräten. Hierin gibt es Verweise auf passende Aufgaben und Werkzeuge, die sich zur Einführung einzelner Bedienelemente anbieten. Diese finden Sie im Internet unter *www.schroedel.de/nw-85827* im Reiter *Downloads*.

- Zum Buch gibt es **Interaktive Werkzeuge**, die sehr nutzerfreundliche Werkzeuge bereitstellen, die auf die Konzeption der Analysis, Analytischen Geometrie und Stochastik ausgerichtet sind. Diese Werkzeuge können generell zur Unterstützung des Lernens herangezogen werden, bei manchen Aufgaben wird durch das Maus-Symbol 🖱 auf die Nutzung eines speziellen Werkzeugs hingewiesen (→ siehe 8). Die Interaktiven Werkzeuge finden Sie ebenfalls im Internet unter *www.schroedel.de/nw-85827* im Reiter *Downloads*.

- Bei vielen Aufgaben und Projekten werden **Digitale Zusatzmaterialien** (Excel-, GeoGebra-, Fathomdateien) zur Unterstützung der Anschauung und zur Lösungsstrategie angeboten. Diese sind mit dem Maus-Symbol 🖱 und dem Dateinamen gekennzeichnet. Auf sie kann über das Internet unter *www.schroedel.de/nw-85827* im Reiter *Downloads* zugegriffen werden.

- Sehr hilfreich für die Nutzung des Buches ist der ausführliche Lösungsband, in dem neben den Lösungen auch ausführliche Kommentare und Anregungen zur Vermittlung wesentlicher Kompetenzen und Basisfähigkeiten in **didaktischen Kommentaren** zu den einzelnen Kapiteln des Buches gegeben werden.

- Wie bereits bei den Bänden in der Sekundarstufe I werden zusätzliche **Übungsmaterialien** in Kopiervorlagen bereitgestellt. Diese unterstützen und erweitern insbesondere die in dem Lehrwerk bereits konsequent berücksichtigten Anliegen des Aufbaus mathematischer Basisfähigkeiten und des kontinuierlichen Sicherns des dazugehörigen Basiswissens. Sie bieten damit eine weitere effiziente Hilfe für die Realisierung des kumulativen Lernens. Darüber hinaus findet das im Lehrwerk bereits gegebene ausführliche Angebot an kompetenzorientierten Aufgaben eine nützliche Ergänzung.

8. Didaktische Anmerkungen zum Einsatz der Interaktiven Werkzeuge

Zur Analysis:

Die Interaktiven Werkzeuge beinhalten 18 Applikationen, die als Werkzeuge die Konzeption der Analysis unterstützen. Es werden also die Begriffsbildungsprozesse visualisiert und interaktiv gefördert, sodass tiefere Einsicht und breiteres Verständnis möglich werden. Damit grenzen sich die Applikationen von erweiterten Formelsammlungen oder Trainingsprogrammen für Algorithmen ab, sie regen durchgängig zur eigentätigen Auseinandersetzung und Interaktion an.

In mehreren Applikationen zur Sekantensteigungsfunktion wird der Weg von mittleren Änderungen (Steigungen) zur momentanen Änderung (Tangentensteigung) unter verschiedenen Blickwinkeln gegangen, sodass der grundlegende infinitesimale Prozess einsichtig wird.

In der Applikation zu den Tangentenscharen wird deren Hülleigenschaft erlebbar, in „Funktionenscharen" die Entstehung von Ortskurven. Parameterdarstellungen können in der zugehörigen Applikation in vielfältiger Weise exploriert werden, indem ihre Genesis aus bewegten Punkten unmittelbar erfassbar wird.

Die Möglichkeiten und Bedienungen der einzelnen Werkzeuge werden in der jeweils zugehörigen Detailhilfe näher erläutert.

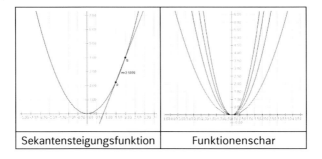

| Sekantensteigungsfunktion | Funktionenschar |

Zur Analytischen Geometrie:

Die Interaktiven Werkzeuge beinhalten 11 Applikationen, die als Werkzeuge die objektorientierte Konzeption der Analytischen Geometrie unterstützen. „Objektorientierung" meint hier, dass die Begriffe und Verfahren der Analytischen Geometrie weitgehend in engem Zusammenhang mit geometrischen Körpern entwickelt werden. Bei der Erkundung und Lösung der vorgegebenen Probleme kann so die „Kraft" der analytischen Methoden erfahren werden.

Vom Handeln und Denken erfolgt das Lernen in dem Dreischritt:
1. Begreifen des realen Modells,
2. Darstellen und Beschreiben im Schrägbild,
3. Darstellen und Beschreiben im analytischen (mathematischen) Modell.

Die Lösungsverfahren im mathematischen Modell werden so nicht schematisch und beziehungslos angewandt, sondern in einen anschaulichen und sinnhaften Zusammenhang eingebettet. Deshalb kann der Erfolg der Rechnungen auch wieder an der Bewältigung des Ausgangsproblems gemessen werden.

Die Interaktiven Werkzeuge greifen im Schritt 2.
Die Körper und die für das Problem interessanten Objekte können mithilfe von Punkten, Linien (Kanten) und Flächen dargestellt werden.

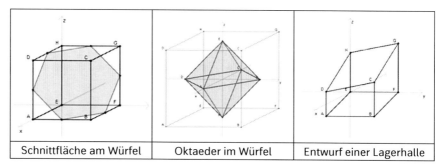

Schnittfläche am Würfel	Oktaeder im Würfel	Entwurf einer Lagerhalle

Dabei kann zwischen drei vorgegebenen Projektionen (45°-Projektion, 30°-Projektion, isometrische Projektion) ausgewählt werden. Zusätzlich kann der Körper im Raum „animiert" werden, was in vielen Fällen erst das Entdecken oder Bestätigen von vermuteten Eigenschaften und Beziehungen ermöglicht. Durch das Ein- oder Ausblenden von Punkten, Linien und Flächen sowie das Strecken und Verschieben von Objekten ist hier eine für das entdeckende Lernen günstige Flexibilität gegeben.
Grundsätzlich lassen sich die zu untersuchenden Objekte selbst mit dem Werkzeug erstellen. Zur Erleichterung sind eine Reihe der immer wieder untersuchten Körper in einer günstigen Lage im Koordinatensystem voreingestellt (Würfel und die anderen vier Platonischen Körper Tetraeder, Oktaeder, Dodekaeder, Ikosaeder). Insbesondere in den Würfel (oder den durch Streckungen erzeugten Quader) lassen sich leicht weitere Körper (Dächer, Pyramiden, ...) ein- oder umbeschreiben.
Die Möglichkeiten und Bedienungen der einzelnen Werkzeuge werden in der jeweils zugehörigen Detailhilfe näher erläutert.

Zur Stochastik:
Wichtige Grundlage beim Verstehen von stochastischen Begriffen ist eine möglichst **reichhaltige Erfahrung mit Zufallsphänomenen.**
Kinder und Jugendliche sammeln die meisten Erfahrungen beim Spielen und den dabei verwendeten Zufallsgeräten Münze, Würfel und Glücksrad oder auch beim Ziehen von Kugeln, z. B. aus einer Lostrommel. Im Unterricht kommt häufig auch das reale Galton-Brett zum Einsatz.
Die Konzeption von NEUE WEGE – Stochastik ist darauf ausgerichtet, diese intuitiven Erfahrungen zu erweitern, zu reflektieren und in einer Systematisierung die passenden theoretischen Modelle zu entwickeln und anzuwenden.

Vom Handeln und Denken erfolgt das Lernen in dem Dreischritt:
1. Erfahrungen am realen Zufallsgerät sammeln und reflektieren,
2. Aus der Erfahrung gewonnene Vermutungen durch gezieltes Probieren mithilfe von Simulationen überprüfen,
3. Darstellen und Beschreiben der Erfahrungen und Vermutungen im theoretischen Modell.

Dieser Dreischritt erfolgt nicht immer linear oder vollständig, Vermutungen können auch aus der Theorie gewonnen und dann durch Simulation oder ein Realexperiment überprüft oder weiterentwickelt werden. Die Simulation kann die Anschauung und das Verstehen stochastischer Phänomene wirkungsvoll unterstützen, sie darf aber nicht die Verankerung in der Realität ersetzen.

Die Interaktiven Werkzeuge beinhalten zehn Applikationen, die als Werkzeuge das Zusammenwirken von Simulation und theoretischem Modell unterstützen. Mit den ersten fünf Applikationen werden die oben angeführten Zufallsgeräte mithilfe von Zufallszahlen simuliert. Dabei werden sowohl die Ergebnisse in der Häufigkeitsverteilung dargestellt als auch der Simulationsprozess (Folge der Ergebnisse, Runs u. Ä.) grafisch oder in Listen und Tabellen dokumentiert.

| Münzwurf | Glücksrad | Galton-Brett |

Eine Applikation ermöglicht die direkte Erzeugung von (gleichverteilten) Zufallszahlen. Zusätzlich gibt es drei Werkzeuge zur Darstellung von theoretischen Verteilungen.

Die Möglichkeiten und Bedienungen der einzelnen Werkzeuge werden in der jeweils zugehörigen Detailhilfe näher erläutert.

9. Zur Leistungsdifferenzierung

Eine Differenzierung nach Anspruchsniveau erschließt sich aus dem Aufbau der einzelnen Lernabschnitte: Die Entdeckungs- und Hinführungsaufgaben in der ersten grünen Ebene sind in der offenen Anlage für jedes Leistungsniveau geeignet, differenzierende Hilfen sind im Rahmen der meist angestrebten Partner- oder Gruppenarbeit selbstverständlich. Die Übungen in der weißen Ebene sind vom Elementaren zum Komplexen geordnet, z. T. finden sich auch in den einzelnen Aufgaben in den letzten Teilaufgaben deutlich erhöhte Ansprüche. Ansonsten gibt es zu vielen mathematischen Zusammenhängen sehr anschauliche objektorientierte Zugänge, Überprüfungen und Bestätigungen an Beispielen und allgemeine Begründungen und Beweise, sodass auch hier eine Differenzierung nach Anspruch und Abstraktion leicht realisiert werden kann. Auf den letzten Seiten der weißen Ebene und im Schwerpunkt auch in der zweiten grünen Ebene werden häufig komplexere Aufgaben mit höherem Anspruch aufgeführt. Die Vermischten Aufgaben bieten insbesondere zu den Kompetenzen *„Verstehen von Begriffen und Verfahren"* und *„Anwenden und Modellieren"* viele Gelegenheiten zur selbstständigen Darstellung von Zusammenhängen auf unterschiedlichem Niveau.

Kapitel 1
Einführung in die Analysis (Wiederholung)

Didaktische Hinweise

Dieses Kapitel ist eine Zusammenfassung der Kapitel 4 „Funktionen und Änderungsraten" und 5 „Funktionen und Ableitungen" aus dem Band NEUE WEGE für die Einführungsphase. Es dient zur Wiederholung und Auffrischung des bereits Gelernten.

Warum eine solche Wiederholung?

Der Aufbau der Analysis in NEUE WEGE folgt dem Leitprinzip der Gesamtkonzeption
des Werkes, das dem Verstehen der zentralen mathematischen Begriffe und Konzep-
te den Vorrang einräumt gegenüber dem allzu schnellen Zugang zu den Verfahren und
Algorithmen. Deswegen werden für den zentralen Begriff des Änderungsverhaltens
in der Einführung der Analysis zunächst qualitativ und grafisch-anschaulich gültige
Grundvorstellungen aufgebaut (Lernabschnitt 1.1). Ein solcher Zugang schafft sowohl
Anknüpfungspunkte an alltägliche Sprech- und Handlungsweisen, als auch einen Ausgangspunkt für die folgende quantifizierende Erfassung von Änderungen über Differenzenquotienten und Sekantensteigungen (Lernabschnitt 1.2). Die quantifizierte Erfassung
von Änderungen wird zunächst in Form von mittleren Änderungsraten an einer Stelle erarbeitet. Nachdem dann mit kleinen Werten von h Näherungswerte für momentane Änderungen bestimmt werden, wird anschließend die momentane Änderung auch mit der
„h-Methode" ermittelt. Mit der Sekantensteigungsfunktion erhält der Schüler ein mäch-
tiges Werkzeug zur näherungsweisen Ermittlung von „Steigungsgraphen" (Ableitungen),
ehe abschließend die Ableitungsfunktion als bestmögliche Näherung eingeführt wird.
Insbesondere die Sekantensteigungsfunktion wird in den weiteren Kapiteln dieses Buches
immer wieder eingesetzt, sei es zum Erarbeiten neuer Ableitungsregeln oder beim Finden
der Ableitung der e-Funktion. Damit wird die Grundvorstellung zur Ableitung immer wieder aufgefrischt und bei der Erweiterung der Differenzialrechnung sinnvoll genutzt.
Im Lernabschnitt 1.3 werden nochmals die einfachen Ableitungsregeln bereit gestellt,
mit deren Hilfe die Ableitungen von ganzrationalen Funktionen berechnet werden können, ohne dass man auf Grenzwertprozesse zurückgreifen muss.
Am Beispiel der ganzrationalen Funktionen werden im Lernabschnitt 1.4 dann die Zusammenhänge zwischen der Funktion und der 1. Ableitung entdeckt, formuliert und
begründet. Exemplarisch findet damit auch eine übersichtliche Typisierung der Graphen ganz-rationaler Funktionen 3. Grades mithilfe der 1. Ableitung und der Anzahl der
Nullstellen statt. Die Verfahren zur Bestimmung der Nullstellen (grafisch und algebraisch) werden in einem eigenen Basiswissen nochmals zusammengefasst.
Ausführliche didaktische Hinweise zu allen vier Lernabschnitten findet man im Lösungsband zu MATHEMTIK NEUE WEGE – EINFÜHRUNGSPHASE (85812) zu Kapitel 4 und 5.

Zum Umgang mit dem Wiederholungskapitel

Selbstverständlich soll dies in der Regel nicht am Beginn des Grundkurses stehen. Vielmehr kann in geeigneter Weise immer dann auschnittsweise darauf zurückgegriffen werden, wenn sich bei dem weiteren Aufbau der Analysis in der Lerngruppe oder bei einzelnen Schülerinnen und Schülern deutliche Verständnis- oder Wissenslücken zeigen. Günstige Gelegenheiten zur diesbezüglichen Diagnose finden sich bei der Bearbeitung von Kapitel 2 oder Kapitel 3, die sich beide für einen interessanten Wiedereinstieg in die Analysis zu Beginn der Qualifikationsphase eignen.

Lösungen

1.1 Änderungsraten – grafisch erfasst

14

1. *Infusion*

a) Diagramm links: Die Konzentration ist am Anfang sehr gering. Sie wächst zunächst schnell, dann immer langsamer und nähert sich dabei einem Grenzwert. Diagramm rechts: Die Änderungsrate der Konzentration ist am Anfang am größten. Danach nimmt die Änderungsrate erst schnell, dann immer langsamer ab und nähert sich dem Wert Null.

b) Fortsetzung der Graphen nach Beendigung der Infusion (ab dem Zeitpunkt t_E):

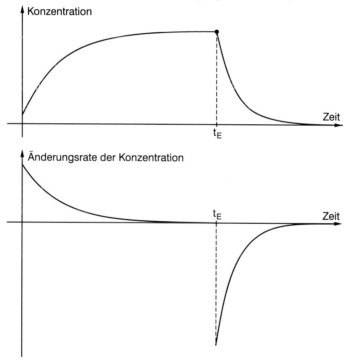

15

2. *Füllvorgänge und Graphen*

a) Hohe Strichdichte bei den stroboskopischen Bildern bedeutet langsamer Anstieg des Flüssigkeitspegels, entsprechend entsteht ein größerer Abstand zwischen den Strichen, wenn der Flüssigkeitspegel relativ rasch steigt.

Gefäß	Strob. Bild
I	E
II	C
III	F
IV	A
V	B
VI	D

2. Fortsetzung

b) Ein steiler Anstieg des Füllgraphen ist die Folge einer kleinen Querschnittsfläche des Gefäßes, entsprechend bewirkt eine Vergrößerung der Querschnittsfläche einen flacheren Anstieg des Füllgraphen.

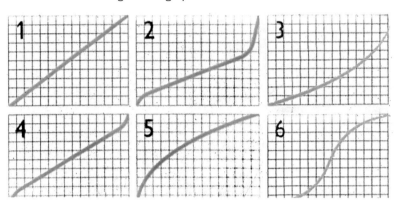

3. *800-m-Lauf*

a) Zu Beginn (0 s – 10 s) ist der Läufer sehr schnell, dann (10 s – 70 s) reduziert er seine Geschwindigkeit. Zwischen 70 s und 150 s läuft er noch etwas langsamer. In den letzten 10 Sekunden läuft er wieder sehr schnell.

b) Es gilt: Durchschnittsgeschwindigkeit $= \frac{\text{Gesamtstrecke}}{\text{Gesamtzeit}} = \frac{800\,\text{m}}{160\,\text{s}} = 5\,\frac{\text{m}}{\text{s}}$

Wenn der Läufer konstant mit einer Geschwindigkeit von $5\,\frac{\text{m}}{\text{s}}$ laufen würde, würde das Weg-Zeit-Diagramm wie eine Strecke mit Endpunkten A und E aussehen.

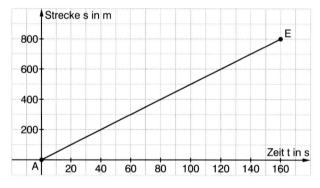

c) Die größte Geschwindigkeit v hatte der Sportler in den Zeitabschnitten [0 s; 10 s] und [150 s; 160 s]:

$v_{[0;\,10]} = v_{[150;\,160]} = \dfrac{\text{zurückgelegte Strecke}}{\text{benötigte Zeit}} = \dfrac{\frac{1}{3} \cdot 200\,\text{m}}{10\,\text{s}} = 6{,}\overline{6}\,\frac{\text{m}}{\text{s}}$

d) Der dargestellte Graph entspricht einem Modell, das gegenüber der Realität folgende Vereinfachungen enthält:

i) konstante Geschwindigkeit auf einzelnen Zeitintervallen sowie

ii) plötzliche Geschwindigkeitsänderungen (s. Punkte A, B, C, D im Diagramm).

4. *Der Flug eines Fußballs*

a) Die momentane Änderungsrate zu einem Zeitpunkt ist gleich der Steigung der Tangente an den Graphen an der Stelle t = 4 s. Die Steigung der Tangente (einer Geraden) lässt sich mithilfe eines Steigungsdreiecks ermitteln.
Bei der Höhenänderungsrate zum Zeitpunkt t = 4 s handelt es sich um die Steiggeschwindigkeit zu diesem Zeitpunkt. Sie beträgt $\frac{\Delta h}{\Delta t} = \frac{-4\,m}{2\,s} = -2\,\frac{m}{s}$.
Der Ball fällt, die Steiggeschwindigkeit ist negativ.

b) Die Änderungsrate zum Zeitpunkt t = 2 s beträgt ca. $6\,\frac{m}{s}$; die Änderungsrate zum Zeitpunkt t = 5 s beträgt ca. $-6\,\frac{m}{s}$.

5. *Füllgraphen*

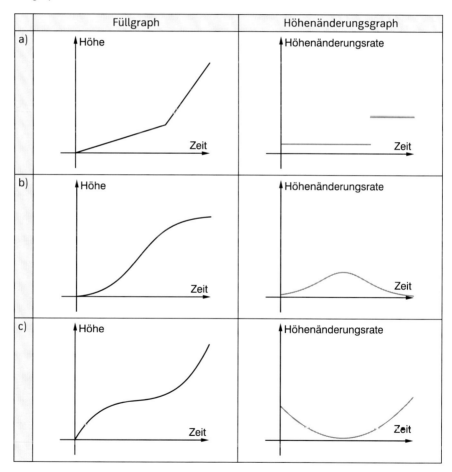

5. Fortsetzung

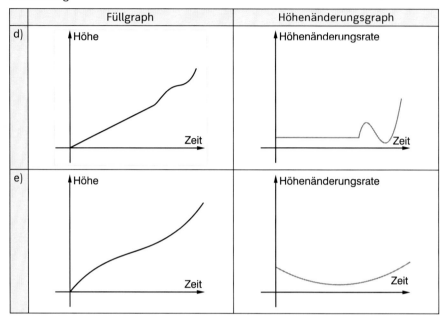

	Füllgraph	Höhenänderungsgraph
d)	Höhe … Zeit	Höhenänderungsrate … Zeit
e)	Höhe … Zeit	Höhenänderungsrate … Zeit

6. *Steigung am Funktionsgraph*
   Die Aussagen über schnelle bzw. langsame Änderungen beziehen sich auf den Vergleich der Steigungen an den Stellen a, b, c.

	Stelle a	Stelle b	ggf. Stelle c
(1)	Der Graph steigt langsam.	Der Graph steigt schnell.	
(2)	Der Graph steigt schnell.	Der Graph fällt langsam.	
(3)	Der Graph fällt langsam.	Der Graph steigt langsam.	
(4)	Der Graph fällt gleich schnell.		

7. *Kochendes Wasser*

a)

Zeit t in min	Temperaturverlauf
[0 min; 8 min]	Die Temperatur steigt von 10 °C auf 100 °C, wobei die Temperaturerhöhung sich nach und nach verlangsamt.
[8 min; 12 min]	In diesem Zeitintervall erfolgt keine Temperaturerhöhung.
[12 min; ca. 22 min]	Die Temperatur sinkt erst schnell, dann immer langsamer und nähert sich vermutlich der Umgebungstemperatur.

b)

Zeitpunkt t in min	Änderungsrate der Temperatur in °C/min
4	ca. 11
10	0
14	ca. − 9

7. Fortsetzung

c)

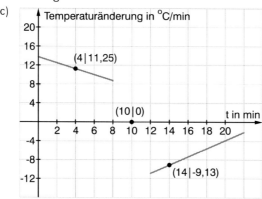

8. *Geschwindigkeit auf der Achterbahn*

a) Im ersten Augenblick setzt sich der Wagen in Bewegung. Seine Geschwindigkeit steigt in den ersten 5,5 s auf ca. 15 $\frac{m}{s}$. Am schnellsten steigt sie zum Zeitpunkt t = 3 s. Nach 5,5 s sinkt die Geschwindigkeit, und zwar immer schneller. Zum Zeitpunkt t = 8 s beträgt sie nur noch 5 $\frac{m}{s}$.

b)

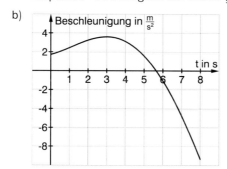

1.2 Durchschnittliche und momentane Änderungsrate – Sekantensteigungsfunktion und Ableitungsfunktion

1. *Freier Fall beim Bungee-Sprung*

a) $v = -20 \frac{m}{s}$

b) Wenn ein Fahrzeug mit konstanter Geschwindigkeit fährt, so nimmt man einfach an, dass es zu jedem Zeitpunkt mit dieser Geschwindigkeit fährt. In diesem Spezialfall wäre eine Übertragung des Wertes der durchschnittlichen Geschwindigkeit – z. B. nach der Formel $v = \frac{s}{t}$ berechnet – auf die momentane Geschwindigkeit plausibel. Beim freien Fall handelt es sich um eine beschleunigte Bewegung. Der Begriff der momentanen Geschwindigkeit muss hier neu definiert werden. Insbesondere liefert die Formel $v = \frac{s}{t}$ auf den Zeitpunkt t = 0 angewandt keinen bestimmten Wert.

1. Fortsetzung

   b) Schätzung der momentanen Geschwindigkeit:

Zeitintervall	Durchschnittsgeschwindigkeit
[3,99; 4]	$-39,95 \frac{m}{s}$
[3,999; 4]	$-39,995 \frac{m}{s}$
[3,9999; 4]	$-39,9995 \frac{m}{s}$

   Die Werte der Geschwindigkeit nähern sich dem Wert $-40 \frac{m}{s}$. Das ist ein Schätzwert für die momentane Geschwindigkeit zum Zeitpunkt $t = 4$ s.

2. *Durchschnittliche Änderungsraten auf beliebigen Intervallen*

   a) In $[-3; 0]$: $\frac{\Delta y}{\Delta x} = \frac{f(0) - f(-3)}{0 - (-3)} > 0$, in $[0; 3]$: $\frac{\Delta y}{\Delta x} = \frac{f(3) - f(0)}{3 - 0} < 0$

   und in $[3; 6]$: $\frac{\Delta y}{\Delta x} = \frac{f(6) - f(3)}{6 - 3} > 0$

   b) Wird das Intervall zur Berechnung der durchschnittlichen Änderungsraten zu groß gewählt, so entstehen ungenaue oder gar falsche Aussagen. Als Beispiel ermittelt man die Steigung für $f(x)$ zwischen den Punkten $P(-3 | f(-3))$ und $Q(4 | f(4))$ mit 0, doch bleiben dabei die dazwischen vorhandenen negativen und positiven Steigungen verborgen.

   c) Aussagekräftige Daten erhält man mit Teilintervallen, die kleiner als $\Delta x = 0,5$ sind.

3. *Näherungswerte für momentane Änderungsraten*
   Näherungswerte der Änderungsrate an der Stelle a:
   a) $-\frac{4}{9} = -0,\overline{4}$ b) 39   c) 2

4. *Senkrechter Wurf*
   Die Methoden nach a) und b) liefern ungefähr den gleichen Wert: Die Änderungsrate an der Stelle $t = 1$ s beträgt ca. $10 \frac{m}{s}$.

5. *Achterbahn*

   a) $\frac{\Delta y}{\Delta x} = \frac{f(a + h) - f(a)}{h}$; $h = 0,001$ liefert schon einen guten Näherungswert.

   Steigung in P_0: $\frac{f(0 + 0,001) - f(0)}{0,001} \approx 0,999$

   Steigung in P_1: $\frac{f(0,5 + 0,001) - f(0,5)}{0,001} \approx 0,875$

   Steigung in P_2: $\frac{f(1 + 0,001) - f(1)}{0,001} \approx 0,499$

   Steigung in P_3: $\frac{f(1,5 + 0,001) - f(1,5)}{0,001} \approx -0,125$

   Steigung in P_4: $\frac{f(2 + 0,001) - f(2)}{0,001} \approx -1,001$

   b) Da bei P_3 die kleinste Steigung vorliegt, befindet sich der höchste Punkt mit der Steigung Null vermutlich in der Umgebung von $x = 1,5$.

   Beispiel: Steigung in $x = 1,4$ ist $\frac{f(1,4 + 0,001) - f(1,4)}{0,001} \approx 0,019$

   c) Vermutlich liegt das größte Gefälle und die größte Steigung in den Nullstellen.

22 6. *Steigung des Funktionsgraphen an einer Stelle*

Tabelle: Bestimmung der Näherungswerte der Steigung an der Stelle a

Teilauf-gabe	Skizze	$h = 10^{-4}$	$h = 10^{-5}$	$h = 10^{-6}$	$h = 10^{-7}$	Näherungswert der Steigung an der Stelle a
a)		10^{-4}	10^{-5}	10^{-6}	10^{-7}	0,00000
b)		6,75045	6,750045	6,7500045	6,75000045	6,75000
c)		1,386342	1,386299	1,386295	1,386294	1,38629
d)		1,000200	1,000020	1,000002	1,0000002	1,00000
e)		0,8775586	0,8775802	0,8775823	0,8775826	0,87758

Bei a) ist der Grenzwert Null, weil sich die Sekanten einer Horizontalen nähern.

Bei d) ist der Grenzwert exakt Eins, weil sich der Term der Änderungsrate

$r(x) = \dfrac{f(x) - f(1)}{x - 1} = \dfrac{x^3 - x^2}{x - 1}$ vereinfachen lässt zu $r(x) = x^2$. Somit ist $r(1) = 1^2 = 1$.

22

7. *Durchschnittliche und momentane Änderungsrate*
a) und b)

(A) $\frac{\Delta y}{\Delta x} = -2$

(B) $\frac{\Delta y}{\Delta x} = 1$

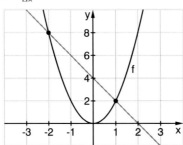

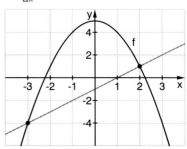

$f'(x) = 4x \Rightarrow f'(-2) = -8; \; f'(1) = 4$

$f'(x) = -2x \Rightarrow f'(-3) = -6; \; f'(2) = -4$

(C) $\frac{\Delta y}{\Delta x} = 7$

(D) $\frac{\Delta y}{\Delta x} = 0$

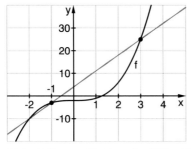

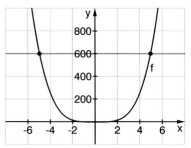

$f'(x) = 3x^2 \Rightarrow f'(-1) = -3; \; f'(3) = 27$

$f'(x) = 4x^3 \Rightarrow f'(-5) = -500; \; f'(5) = 500$

8. *Steigung einer Funktion an einer Stelle schnell ermittelt*

a) $f(x) = x^2; \; a = 3$

$\frac{\Delta y}{\Delta x} = \frac{f(3+h) - f(3)}{3+h-3} = \frac{9 + 6h + h^2 - 9}{h} = 6 + h \quad \Rightarrow \quad \lim\limits_{h \to 0} \frac{\Delta y}{\Delta x} = 6$

Wert des Differenzenquotienten für h = 0,000001: $\frac{\Delta y}{\Delta x} = 6,000001$

b) $f(x) = x^2 + 4x; \; a = 2$

$\frac{\Delta y}{\Delta x} = \frac{f(2+h) - f(2)}{2+h-2} = \frac{(2+h)^2 + 4(2+h) - (2^2 + 4 \cdot 2)}{h} = \frac{8h + h^2}{h} = 8 + h \quad \Rightarrow \quad \lim\limits_{h \to 0} \frac{\Delta y}{\Delta x} = 8$

Wert des Differenzenquotienten für h = 0,000001: $\frac{\Delta y}{\Delta x} = 8,000001$

c) $f(x) = x^2; \; a = \sqrt{3}$

$\frac{\Delta y}{\Delta x} = \frac{f(\sqrt{3}+h) - f(\sqrt{3})}{\sqrt{3}+h-\sqrt{3}} = \frac{(\sqrt{3}+h)^2 - (\sqrt{3})^2}{h} = \frac{h \cdot (2\sqrt{3}+h)}{h} = 2\sqrt{3} + h$

$\Rightarrow \quad \lim\limits_{h \to 0} \frac{\Delta y}{\Delta x} = 2\sqrt{3} \approx 3,464102$

Wert des Differenzenquotienten für h = 0,000001: $\frac{\Delta y}{\Delta x} = 3,464103$

d) $f(x) = 3x^2; \; a = 1$

$\frac{\Delta y}{\Delta x} = \frac{f(1+h) - f(1)}{1+h-1} = \frac{3(1+h)^2 - 3 \cdot 1^2}{h} = \frac{3 \cdot h \cdot (2 \cdot 1 + h)}{h} = 3(2+h) \quad \Rightarrow \quad \lim\limits_{h \to 0} \frac{\Delta y}{\Delta x} = 6$

Wert des Differenzenquotienten für h = 0,000001: $\frac{\Delta y}{\Delta x} = 6,000003$

22

8. Fortsetzung

e) $f(x) = x^2 - 2x + 1$; $a = 1$

$$\frac{\Delta y}{\Delta x} = \frac{f(1+h) - f(1)}{1+h-1} = \frac{((1+h)^2 - 2(1+h) + 1) - (1^2 - 2\cdot 1 + 1)}{h} = \frac{0\cdot h + h^2}{h} = h$$

$$\Rightarrow \lim_{h\to 0}\frac{\Delta y}{\Delta x} = \lim_{h\to 0} h = 0$$

Wert des Differenzenquotienten für $h = 0{,}000001$: $\frac{\Delta y}{\Delta x} = 0{,}000001$

f) $f(x) = x^3$; $a = 1$

$$\frac{\Delta y}{\Delta x} = \frac{f(1+h) - f(1)}{1+h-1} = \frac{(1^3 + 3\cdot 1^2\cdot h + 3\cdot 1\cdot h^2 + h^3) - 1^3}{h} = \frac{h(3 + 3\cdot h + h^2)}{h} = 3 + 3\cdot h + h^2$$

$$\Rightarrow \lim_{h\to 0}\frac{\Delta y}{\Delta x} = 3$$

Wert des Differenzenquotienten für $h = 0{,}000001$: $\frac{\Delta y}{\Delta x} = 3{,}000003$

9. *Wenn die h-Methode versagt*

a) $f(x) = 3^x$; $a = 1$

Differenzenquotient für $h = 0{,}000001$: $\frac{\Delta y}{h} = \frac{3^{1+0{,}000001} - 3}{0{,}000001} = 3{,}29583$

Für die Limesbildung des Differenzenquotienten müsste man eine Möglichkeit finden, h im Nenner zu eliminieren.

$$\frac{\Delta y}{\Delta x} = \frac{f(1+h) - f(1)}{1+h-1} = \frac{3^{1+h} - 3^1}{h} = \frac{3(3^h - 1)}{h} = 3\cdot\frac{3^h - 1}{h}$$

Es bleibt hier nur noch, den Wert des Differentialquotienten über die Limesbildung mit sukzessiv kleiner werdendem h zu finden.

b) $f(x) = \sin(x)$; $a = \frac{\pi}{4}$

Differenzenquotient für $h = 0{,}000001$:

$$\frac{\Delta y}{h} = \frac{\sin(1 + 0{,}000001) - \sin(1)}{0{,}000001} = 0{,}54030$$

Sinngemäß gilt hier das gleiche wie bei Teilaufgabe a). Für die Limesbildung des Differenzenquotienten müsste man eine Möglichkeit finden, h im Nenner zu eliminieren.

10. *Funktionen und Steigungsgraph*

a) (1)

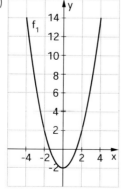

(2)

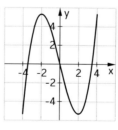

(3)

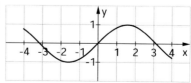

22

10. Fortsetzung

b) (1)

x	−4	−3	−2	−1	0	1	2	3	4
Steigung von f	−8	−6	−4	−2	0	2	4	6	8

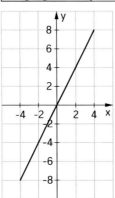

Vermutung: Der Steigungsgraph von $f(x) = x^2 - 2$ wird durch die Funktion $g(x) = 2x$ beschrieben.

(2)

x	−4	−3	−2	−1	0	1	2	3	4
Steigung von f	12	5	0	−3	−4	−3	0	5	12

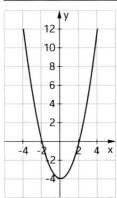

Vermutung: Der Steigungsgraph von $f(x) = \frac{1}{3}x^3 - 4x$ wird durch die Funktion $g(x) = x^2 - 4$ beschrieben.

(3)

x	$-\pi$	$-\frac{3}{4}\pi$	$-\frac{\pi}{2}$	$-\frac{\pi}{4}$	0	$\frac{\pi}{4}$	$\frac{\pi}{2}$	$\frac{3}{4}\pi$	π
Steigung von f	−1	−0,71	0	0,71	1	0,71	0	−0,71	−1

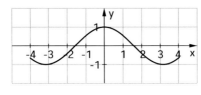

Vermutung: Der Steigungsgraph von $f(x) = \sin(x)$ wird durch die Funktion $g(x) = \cos(x)$ beschrieben.

24

11. *Funktionen und ihre Ableitungsfunktion*

a) $f'(x) = 3x$

b) $f'(x) = 3x$

c) $f'(x) = 2x + 6$

d) $f'(x) = x^2$

e) $f'(x) = x^2 - 2$

f) $f'(x) = 2$

24

12. *Ein algebraisches Verfahren zur Berechnung der Ableitungsfunktion*

a) –

b)

	$\text{msek}(x, h) = \dfrac{f(x+h) - f(x)}{h}$ $(h \neq 0)$	$f'(x) = \lim\limits_{h \to 0} \text{msek}(x, h)$
f_1	$\text{msek}_1(x, h) = 4x + 2h$	$f_1'(x) = 4x$
f_2	$\text{msek}_2(x, h) = \dfrac{2^x \cdot (2^h - 1)}{h}$	Limes noch unbekannt
f_3	$\text{msek}_3(x, h) = 2x + h - 4$	$f_3'(x) = 2x - 4$
f_4	$\text{msek}_4(x, h) = 4x + 2h + 3$	$f_4'(x) = 4x + 3$
f_5	$\text{msek}_5(x, h) = 2x + h$	$f_5'(x) = 2x$
f_6	$\text{msek}_6(x, h) = 3x^2 + 3xh + h^2 + 4x + 2h$	$f_6'(x) = 3x^2 + 4x$

13. *Alles klar? – Verständnis auf dem Prüfstand*

a) Mit der Sekantensteigungsfunktion msek (a) und einem möglichst kleinen h findet man einen guten Näherungswert für die Steigung eines Funktionsgraphen an der Stelle a.

b) Der Differenzenquotient ist die Steigung dieser Sekante.

c) Differenzenquotient – Sekantensteigung; Grenzwert des Differenzenquotienten – Tangentensteigung

d) Die Ableitungsfunktion gibt die Tangentensteigung an und ist somit der Grenzwert des Differenzenquotienten; der Differenzenquotient selbst gibt die Sekantensteigung an.

e) Weil die Steigung konstant ist und somit sowohl der durchschnittlichen, als auch der momentanen Steigung entspricht.

f) An den Stellen 1 und – 1.

14. *Wahr oder falsch?*

a) Falsch; Nachweis über Graphen msek (x) mit h = 1

b) Korrekt; Mit h = 2 ist msek $(0) = \dfrac{h^2}{h} = h = 2$ und f'(x) = 2x $\Rightarrow$ f'(1) = 2

c) Korrekt; Nachweis über Symmetrie oder msek (x) mit x = – 2 und h = 4

d) Falsch; Diese Formulierung ist nicht korrekt, weil sie auf ein Dividieren durch null führt.

15. *Begriffe am Beispiel erläutern*

a) Sekante: Gerade, die den Graphen in den beiden interessierenden Punkten schneidet.

Sekantensteigung: Steigung der Sekante; kann durch msek (x) ermittelt werden.

Differenzenquotient: gibt die Sekantensteigung an.

Tangente: Gerade, die den Graphen im interessierenden Punkt berührt.

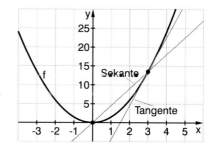

Grenzwert des Differenzenquotienten: gibt die Tangentensteigung an.

b) $\text{msek}(3) = \dfrac{1{,}5 \cdot 3{,}1^2 - 1{,}5 \cdot 9}{0{,}1} = 9$ (h = 0,1)

f'(3) = 9

1.3 Ableitungsregeln

25

1. *Ableitungsfunktionen ermitteln*

   a) –

   b)

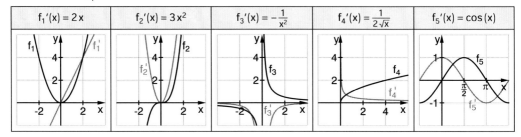

$f_1'(x) = 2x$	$f_2'(x) = 3x^2$	$f_3'(x) = -\dfrac{1}{x^2}$	$f_4'(x) = \dfrac{1}{2\sqrt{x}}$	$f_5'(x) = \cos(x)$

$$f_6'(x) = 1{,}5^x \cdot \lim_{h \to 0} \frac{1{,}5^h - 1}{h}$$

Der hier auftretende Grenzwert ist noch unbekannt.
Eine ungefähre Vorstellung über die Ableitung von
f_6 gewinnt man mithilfe der Sekantensteigungsfunktion. Ein Beispiel mit h = 0,001:

$$msek_6(x; 0{,}001) = \frac{f_6(x + 0{,}001) - f_6(x)}{0{,}001}$$

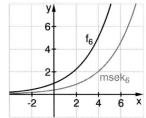

2. *Ableitungsfunktionen von Potenzfunktionen – Mustererkennung*

   a)

$f(x) = x^2$	Die Steigung von f ist für x < 0 negativ und für x > 0 positiv. Sie nimmt
$f'(x) = 2x$	proportional zu x zu.
$f(x) = x^3$	Die Steigung von f ist für alle $x \in \mathbb{R}$, $x \neq 0$ positiv. Sie ändert sich wie
$f'(x) = 3x^2$	eine Potenzfunktion 2. Grades.
$f(x) = x^4$	Die Steigung von f ist für x < 0 negativ und für x > 0 positiv. Sie ändert
$f'(x) = 4x^3$	sich wie eine Potenzfunktion 3. Grades.
$f(x) = x^5$	Die Steigung von f ist für alle $x \in \mathbb{R}$, $x \neq 0$ positiv. Sie ändert sich wie
$f'(x) = 5x^4$	eine Potenzfunktion 4. Grades.

Beobachtung:
Die Steigungen einer Potenzfunktion n-ten Grades lassen sich durch eine Potenzfunktion des Grades n – 1 beschreiben. Graphen der Potenzfunktionen mit un-
geradem Exponenten sind punktsymmetrisch, ihr Änderungsverhalten lässt sich
durch Funktionen mit achsensymmetrischem Graphen beschreiben. Mit wachsendem Exponenten schmiegen sich die Graphen der Potenzfunktionen im Intervall
[– 1; 1] immer mehr an die x-Achse. In einer kleinen Umgebung von x = 0 ändern
sich die Werte aller Potenzfunktionen mit natürlichem Exponenten nur wenig.

   b) Für $f(x) = x^6$ gilt $f'(x) = 6 \cdot x^5$.
   Vermutung für die Ableitungsregel:
   Für Potenzfunktionen $f(x) = x^n$ mit $n \in \mathbb{N}$ gilt $f'(x) = n \cdot x^{n-1}$.

26

3. *Was passiert mit f'(x), wenn f(x) verändert wird?*

a)

	Der Graph der Funktion g entsteht, ...
A	indem der Graph von f um 3 Einheiten in die positive Richtung der y-Achse verschoben wird.
B	indem der Graph von f mit dem Faktor 2 gestreckt wird.
C	durch Addition der Werte von f_1 und f_2 an jeder Stelle.

b)

A	Die Steigung an jeder Stelle ändert sich nicht, da sich die Form des Graphen nicht geändert hat. $g(x) = f(x) + c \Rightarrow g'(x) = f'(x)$
B	Die Steigung hat sich an jeder Stelle um denselben Faktor geändert. $g(x) = a \cdot f(x) \Rightarrow g'(x) = a \cdot f'(x)$
C	Die Steigung des Graphen von g an jeder Stelle ist die Summe der Steigungen von f_1 und f_2 an dieser Stelle. $g(x) = f_1(x) + f_2(x) \Rightarrow g'(x) = f_1'(x) + f_2'(x)$

27

4. *Interessante Beobachtungen*
$f'(x) = 3x^2$; $f'(2) = 12$; $f'(-2) = 12$
Wegen der Punktsymmetrie von f liegt jeweils dieselbe Steigung vor.

$f'(x) = 4x^3$; $f'(2) = 32$; $f'(-2) = -32$
Wegen der Achsensymmetrie von f unterscheidet sich die Steigung nur durch das Vorzeichen.

5. *Wie genau ist die Zeichnung?*
$f'(x) = 2x$
$f'(x) = 0$; $f'(0,5) = 1$; $f'(1) = 2$; $f'(1,5) = 3$

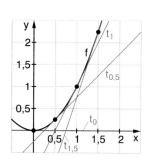

6. *Stelle mit der Steigung m gesucht*
a) $f'(x) = 3x^2$ b) $x = \sqrt[3]{-\frac{1}{4}} \approx -0,63$ c) $x = 2n\pi$, $n \in \mathbb{N}$ d) $x = \frac{1}{4}$
    $3x^2 = 12 \Rightarrow x_{1,2} = \pm 2$

7. *Nur negative Steigungen*
$f'(x) = -\frac{1}{x^2}$
Weil $x^2 > 0$ für alle $x \neq 0$ gilt, ist $-\frac{1}{x^2}$ immer negativ.

8. *Überraschendes von der Sinus-Funktion*
$f'(x) = \cos(x)$
Weil $-1 \leq \cos(x) \leq 1$ gilt, kann die Steigung von $\sin(x)$ nicht größer als 1 und kleiner als -1 sein.

9. *Welche Steigung hat die Funktion f(x) = √x an der Stelle x = 0?*

a) $f'(x) = \frac{1}{2\sqrt{x}}$. Für x = 0 ist f' nicht definiert (Nenner wird 0).

b) Die Abbildung zeigt Sekanten durch P und Q, wobei Q sich P immer weiter nähert.

Sekantensteigung: $\frac{\sqrt{h} - 0}{h - 0} = \frac{\sqrt{h}}{h} = \frac{\sqrt{h} \cdot \sqrt{h}}{h \cdot \sqrt{h}} = \frac{h}{h \cdot \sqrt{h}} = \frac{1}{\sqrt{h}}$

Für h → 0 strebt $\frac{1}{\sqrt{h}}$ gegen unendlich, weil „1 durch eine ganz kleine Zahl" immer eine ganz große Zahl ergibt. Damit wäre $\lim_{x \to 0} f'(x) = \infty$, die Tangente in (0|0) also eine Parallele zur y-Achse.

10. *Welche Ableitungsregeln?*

$f'(x) = 4x^3 - 39x^2 + 5$

Faktorregel, Potenzregel, Summenregel, Regel für konstante Summanden

11. *Training Ableitungsregeln I*

a) $f'(x) = 20x^3$
b) $f'(x) = 3$
c) $f'(x) = 6x$

d) $f'(x) = 0{,}6x^2 - 4$
e) $f'(x) = 9x$
f) $f'(x) = 0$

g) $f'(x) = \frac{3}{2\sqrt{x}} + 2$
h) $f'(x) = 5\cos(x) - 2x$
i) $f'(x) = -\frac{2}{x^2}$

12. *Training Ableitungsregeln II*

a) $f'(x) = -\frac{1}{x^2}$
b) $f'(x) = x^2 - x^3$
$f'(x) = 2x - 3x^2$
c) $f(x) = x^4 - 1$
$f'(x) = 4x^3$

d) $f'(x) = 5kx^{k-1}$
e) $f(x) = x^{n+1} - x$
$f'(x) = (n+1)x^n - 1$
f) $f'(x) = 2x + 3x^2 + 4x^3$

13. *Von der Ableitung zur Funktion*

a) $f(x) = x^3 - 2x^2$
b) $f(x) = 5x$
c) $f(x) = \sin(x) + x$
d) $f(x) = 3 \cdot \sqrt{x}$

e) $f(x) = 2x^2 - 6x$
f) $f(x) = \frac{1}{3}x^3 + \frac{3}{x}$
g) $f(x) = \frac{2}{5}x^5 - \frac{1}{4}x^4 - 2x$

14. *Steigung an einer Stelle*

a) 96
b) 2
c) 1

d) nicht definiert
e) −3
f) 0

15. *Ganzrationale Funktionen*

a) Der Grad ist 2, der Funktionsterm besteht nur aus Summen bzw. Differenzen von Potenzen von x und Koeffizienten. Allgemeine Form: $f(x) = a_2 x^2 + a_1 x + a_0$

b) $f(x) = 2x^4 - 3x^3 + x^2 - 5x + 2$; allgemeine Form: $f(x) = a_4 x^4 + a_3 x^3 + a_2 x^2 + a_1 x + a_0$
$f(x) = -x^5 + x^3 - 9x + 2$; allgemeine Form: $f(x) = a_5 x^5 + a_4 x^4 + a_3 x^3 + a_2 x^2 + a_1 x + a_0$

c) Grad 1: $f(x) = a_1 x + a_0$; Geraden mit der Steigung a_1 und dem y-Achsenabschnitt a_0
Grad 0: $f(x) = a_0$; Parallele zur x-Achse

d) –

29

16. *Ableitung von ganzrationalen Funktionen*
a) $f'(x) = 3a_3x^2 + 2a_2x + a_1$ ist ganzrationale Funktion zweiten Grades.
b) $f'(x) = n \cdot a_n x^{n-1} + ...$
Die Ableitung ist eine ganzrationale Funktion $(n-1)$-ten Grades.

17. *Von der Funktion zur Ableitung*
a) $f'(x) = 15x^4 - 6x^2$ b) $g'(x) = -12x^2 - 1$ c) $h'(x) = 20x^4 - 4x - 1$

18. *Von der Ableitung zur Funktion*
a) $f_2(x)$ und $f_3(x)$ passen. Weitere Kandidaten sind alle Funktionen mit
$f(x) = x^4 - 2x^2 + 3x + c$, wobei c eine beliebige konstante reelle Zahl ist.
b) $g_1(x) = x^3 + 5x + c$; $g_2(x) = x^4 + x^2 + c$; $g_3(x) = \frac{1}{3}x^3 + \frac{1}{2}x^2 + x + c$, wobei c eine beliebige konstante reelle Zahl ist.

19. *Tangentengleichungen*
a) $f(1) = 0.5 \cdot 1^2 + 0.5 \cdot 1 - 1 = 0$
$f'(x) = x + 0.5 \Rightarrow f'(1) = 1.5$
$f(x) = 2$; $f'(2) = 2.5$

b) $\Rightarrow 2 = 2.5 \cdot 2 + b \Rightarrow b = -3$
$\Rightarrow y = 2.5x - 3$

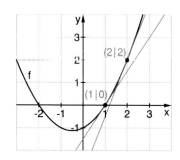

30

20. *Training II*
a) Mit $f(1) = 3$ hat der Punkt P die Koordinaten $P(1|3)$. Die Ableitung von $f(x)$ ist
$f'(x) = 6x$. Die Tangentensteigung ist $m_t = f'(1) = 6$. Eingesetzt mit den Koordinaten
von P in die allgemeine Geradengleichung $y(x) = m_t x + b$, führt zur Berechnung
von $b = -3$. Die gesuchte Tangentengleichung ist $y(x) = 6x - 3$.

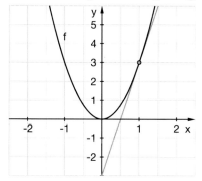

Die Teilaufgaben b) bis f) werden nach dem gleichen Muster bearbeitet.
Deshalb werden nachfolgend nur die Tangentengleichungen angegeben.
b) $y = 12x - 16$ c) $y = \frac{1}{9}x + \frac{5}{9}$ d) $y = -x + \pi$
e) $y = 9x - 4$ f) $y = 7x$

21. *Tangentengleichung in beliebigem Punkt*

a) Es ist $f'(a) = 2a = m$. Mit m und den Punktkoordinaten $(a \mid f(a))$ gehen wir in die allgemeine Geradengleichung $y = mx + b$. Daraus ergibt sich die zu zeigende Tangentengleichung: $f(a) = a^2 = 2a \cdot a + b \Rightarrow b = -a^2$

$\Rightarrow \quad y(x) = 2ax - a^2$

b) $f'(x) = 3x^2 \quad \Rightarrow \quad f'(a) = 3a^2$

Tangentengleichung: $y = 3a^2(x - a) + a^3 = 3a^2x - 2a^3$

1.4 Zusammenhänge zwischen Funktion und Ableitung – Ganzrationale Funktionen

31

1. *Hochwasser, Radtour und Verkaufszahlen*

a)

Punkt A	höchster Pegelstand	höchster Berg	größter Umsatz
Punkt B	niedrigster Pegelstand in einem gewissen Zeitraum	tiefster Punkt in einem Tal	geringster Umsatz in einem gewissen Zeitraum
Punkt C	Beginn der Messung: tiefster Pegelstand im gesamten Zeitraum des Messens	Beginn der Radtour am tiefsten Punkt der gesamten Tour	Beginn des Verkaufs, kein Umsatz
Punkt D	Ende der Messung: höchster Pegelstand in einem gewissen Zeitraum	Ende der Radtour: am Hang, höchster Punkt in einer Umgebung	höchster Umsatz in einem gewissen Zeitraum am Ende

b) Die untere Kurve ist der Graph der Ableitung der Funktion nach der Zeit. Dort, wo der Pegelstand (der Tourweg, der Umsatz) sein Maximum erreicht, hat die Ableitungsfunktion, die die zeitlichen Änderungsraten angibt, den Wert null (Punkt A). Anschließend geht die Änderungsrate in den negativen Bereich. Die Geschwindigkeit der Abnahme nimmt zunächst zu, dann wieder ab, ehe die Änderungsrate im Punkt B wieder den Wert null hat. Hier liegt ein Minimum des Pegelstandes (Tourweges, Umsatzes).

2. *Zusammenhänge zwischen Funktion und Ableitung*

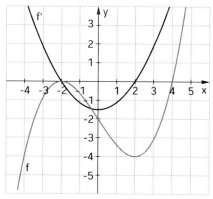

a) An den Nullstellen von f′ weist der Graph von f lokale Extrema auf.

b) Für $-2 < x < 2$ ist $f'(x) < 0$, d.h. die Steigung von f ist negativ, d.h. f(x) ist monoton fallend.
Für $x < -2$ oder $x > 2$ ist $f'(x) > 0$, d.h. die Steigung von f ist positiv, d.h. f(x) ist monoton steigend.

c) An der Stelle $x = 0$ (dort hat die Ableitung ihr lokales Minimum).

34

3. *Ableitungspuzzle*
(1) → (C);   (2) → (B);   (3) → (D);   (4) → (A)

4. *Eigenschaften Graphen zuordnen*
f′(a) = 0 trifft auf a) und d) zu, denn beide Funktionen haben im
- Punkt (a│f(a)) eine waagerechte Tangente.
- „f′(x) < 0 für alle x" trifft nur auf b) zu.
- „f′(x) > 0 für x < a" trifft nur auf d) zu.

5. *Lokale und globale Extrema*
(1) Lokale Extrempunkte: HP (2,7│4); kein höherer Punkt in [0; 5]; tiefster Punkt
(0│ – 3,5).
(2) Lokale Extrempunkte: HP (2,5│2,5); tiefster Punkt (5│ – 2,8).
(3) Lokale Extrempunkte: TP (1,2│0,5), HP (2,8│1,8), TP (4│1); höchster Punkt (0│5,5).

35

6. *Lokale und globale Extrema*
a) $f(x) = -x^3 + 6x$
Hoch- und Tiefpunkte:
$TP\left(-\sqrt{2}│ – 4\sqrt{2}\right)$; $HP\left(\sqrt{2}│4\sqrt{2}\right)$
Globales Maximum: $f(-3) = 9$
Globales Minimum: $-4\sqrt{2}$

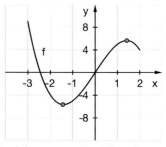

b) Die Funktionswerte von ganzrationalen Funktionen vom Grad 3 streben von – ∞ nach ∞, es gibt also keine kleinsten bzw. größten Werte.
c) $f(x) = \sqrt{x}$: Globales Minimum bei x = 0, keine lokalen Extremwerte und auch kein globales Maximum.
$f(x) = \frac{1}{x}$ hat weder globale noch lokale Extremwerte.
d) Ganzrationale Funktionen sind stetig („in einem Zug durchzeichenbar"). Wenn das der Fall ist, gibt es in jedem Intervall einen kleinsten oder größten Wert, der auch am Rand liegen kann.

35

7. *Typen von Graphen ganzrationaler Funktionen dritten Grades*

   a) Die drei Parabeln unterscheiden sich im Wesentlichen durch die Anzahl der Nullstellen. Diese Nullstellen sind die Stellen, wo der Graph von f(x) Extremwerte (Maximum und/oder Minimum) oder einen Sattelpunkt besitzt. Zu den Graphen möglicher Funktionen f gehört die jeweilige Ableitungsfunktion f′ (in diesen Fällen Parabeln).

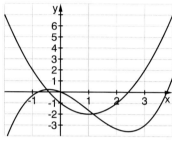
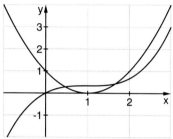

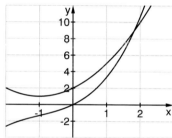

   b) Die höchste x-Potenz bestimmt das Verhalten des Graphen für $x \to \infty$ bzw. $x \to -\infty$. In unserem Falle ist es also der Term ax^3.

   Für a > 0 gilt: Für $x \to \infty \Rightarrow f(x) \to \infty$ bzw. für $x \to -\infty \Rightarrow f(x) \to -\infty$

   Für a < 0 gilt: Für $x \to \infty \Rightarrow f(x) \to -\infty$ bzw. für $x \to -\infty \Rightarrow f(x) \to \infty$

   Man kann feststellen, dass bei a < 0 die Ableitungen von f(x) immer nach unten geöffnete Parabeln sind.

8. *Forschungsaufgabe: Nullstellen von ganzrationalen Funktionen dritten Grades*
   Eine ganzrationale Funktion dritten Grades hat mindestens eine und maximal drei Nullstellen.
   Die Funktion $f(x) = (x - 1)(x - 2)(x - 3) = x^3 - 6x^2 + 11x - 6$ hat die drei Nullstellen $x_1 = 1$, $x_2 = 2$ und $x_3 = 3$.
   f(x) hat den lokalen Hochpunkt H(1,42; 0,45) und den lokalen Tiefpunkt T(2,58; −0,39).
   Wenn man den Graphen von f(x) um den Betrag der y-Koordinate des Hochpunktes nach unten verschiebt, sodass die x-Achse waagerechte Tangente des Hochpunktes wird, dann hat f(x) nur zwei Nullstellen.
   Wenn man den Graphen von f(x) um den Betrag der y-Koordinate des Tiefpunktes nach oben verschiebt, sodass die x-Achse waagerechte Tangente des Tiefpunktes wird, dann hat f(x) ebenfalls nur zwei Nullstellen. Liegt der Hochpunkt unterhalb der x-Achse bzw. der Tiefpunkt oberhalb der x-Achse, dann hat f(x) nur eine Nullstelle.

9. *Von den Nullstellen zum Funktionsterm*

a) $f(x) = (x - 4)(x + 2)(x - 7) = x^3 - 9x^2 + 6x + 56$ oder

$g(x) = -\frac{1}{4}f(x) = -\frac{1}{4}x^3 + \frac{9}{4}x^2 - \frac{3}{2}x - 14$ jeweils mit den Nullstellen

$x_1 = 4;\ x_2 = -2;\ x_3 = 7$

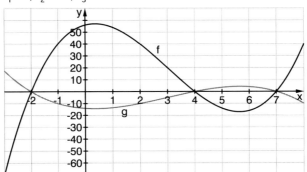

b) $f(x) = (x - 3)(x - 8)^2 = x^3 - 19x^2 + 112x - 192$ oder

$g(x) = (x - 3)^2(x - 8) = x^3 - 14x^2 + 57x - 72$ jeweils mit den Nullstellen

$x_1 = 3;\ x_2 = 8$

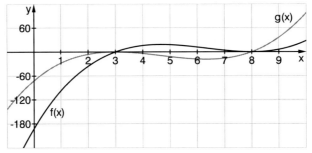

c) $f(x) = 6(x + 3)^3$ oder $g(x) = (x + 3) \cdot 2 \cdot (x^2 + 2x + 2)$, jeweils mit der Nullstelle $x_1 = -3$

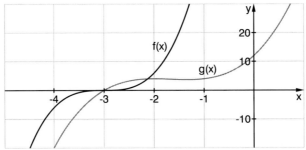

Man kann aus der Anzahl der Nullstellen der Funktion $f(x)$ nicht auf die Anzahl der Extremstellen des Graphen von $f(x)$ schließen.

Beispiel: $f(x) = \frac{1}{3}x^3 - x$ hat die drei Nullstellen $x_1 = -\sqrt{3};\ x_2 = 0$ und $x_3 = \sqrt{3}$ und der Graph von $f(x)$ hat ein lokales Maximum bei $\left(-\frac{1}{3} \mid \frac{2}{3}\right)$ und ein lokales Minimum bei $\left(\frac{1}{3} \mid \frac{2}{3}\right)$. Wenn wir nun den Graphen f um 1 nach oben verschieben, dann ist der Hochpunkt unter die x-Achse gerutscht und $f(x) = \frac{1}{3}x^3 - x + 1$ hat nur noch eine Nullstelle. Ähnlich ist es, wenn wir den Graphen f um 1 nach unten verschieben, dann ist der Tiefpunkt über die x-Achse gewandert und $f(x) = \frac{1}{3}x^3 - x - 1$ hat wiederum nur noch eine Nullstelle.

37

10. *Ein Produkt ist 0, wenn ein Faktor 0 ist.*

a) $f_1(x) = 2x^3 - 36x^2 + 36x - 432$

$f_2(x) = \frac{1}{2}x^3 - x^2 - 7,5x$

$f_3(x) = x^3 - 2x^2 + x - 2$

$f_4(x) = -x_3 + 2x^2 + x - 2$

$f_5(x) = -x^3 - 10x^2$

$f_6(x) = -x^3 + x^2 + 5x + 3$

b) Die Nullstellen dieser sechs Funktionen sind für:

$f_1(x)$: $x_0 = 6$ (6 ist dreifache Nullstelle)

$f_2(x)$: $x_{01} = -3$, $x_{02} = 5$, $x_{03} = 0$

$f_3(x)$: $x_0 = 2$

$f_4(x)$: $x_{01} = -1$, $x_{02} = 1$, $x_{03} = 2$

$f_5(x)$: $x_{01} = 0$, $x_{02} = -10$ (0 ist doppelte Nullstelle)

$f_6(x)$: $x_{01} = -1$, $x_{02} = 3$ (−1 ist doppelte Nullstelle)

Im Falle von $f_6(x)$ muss man den Term in der zweiten Klammer gleich null setzen und die quadratische Gleichung entweder mit der pq-Formel lösen oder aber man erkennt die erste binomische Formel für $(x + 1)^2$.

11. *Verschiedene Typen von Nullstellen*

a) Im Diagramm:

$f(x) = 0,5x^3 - x^2 - 2x + 4$ mit zwei Nullstellen

$f'(x) = 1,5x^2 - 2x - 2$ ebenfalls mit zwei Nullstellen

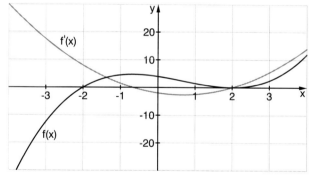

37   11. Fortsetzung

b) $f(x) = 0,5x^3 - x^2 - x + 4$ Graph mit zwei Nullstellen

$g_1(x) = f(x) + 3 = 0,5x^3 - x^2 - x + 7$ Graph mit einer Nullstelle

$g_2(x) = f(x) - 1 = 0,5x^3 - x^2 - x + 3$ Graph mit drei Nullstellen

$g_3(x) = f(x) - 5 = 0,5x^3 - x^2 - x - 1$ Graph mit zwei Nullstellen

$f'(x) = g_1{}'(x) = g_2{}'(x) = g_3{}'(x)$ Graph mit zwei Nullstellen

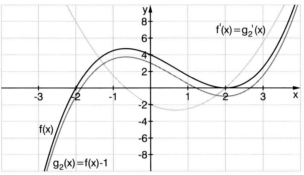

Die Graphen der Funktionen $g_1(x)$ bis $g_3(x)$ entstehen aus dem Graphen der
Funktion $f(x)$ durch Verschiebung längs der y-Achse um den hinzugefügten k-Wert.
Dabei verändert sich die Anzahl der Nullstellen, wie oben beschrieben.
Die Ableitungsfunktionen $g_1{}'(x)$, $g_2{}'(x)$, $g_3{}'(x)$ und $f'(x)$ sind identisch, was bedeu-
tet, dass für die vier Funktionen die Hochpunkte, die Tiefpunkte und die Wende-
punkte jeweils die gleiche x-Koordinate besitzen. Die Graphen scheinen an den
Enden des x-Intervalls zusammenzulaufen, aber das täuscht, denn tatsächlich
bleibt der vertikale Abstand der Graphen untereinander stets konstant.
Zusammenfassung: Mit einer additiven Konstante k bei g_1 bis g_3 ändert sich die
Lage und die Zahl der Nullstellen, bei $g_1{}'$ bis $g_3{}'$ bleibt Lage und Zahl der Nullstellen aber konstant.
$\left(\text{Grund: } g'(x) = (f(x) + k)' = f'(x) + k' = f'(x) + 0 = f'(x)\right)$

$f(x) = 0,5x^3 - x^2 - 2x + 4$ Graph mit zwei Nullstellen

$h_1(x) = 0,5 \cdot f(x) = 0,25x^3 - 0,5x^2 - x + 2$ Graph mit zwei Nullstellen

$h_2(x) = 2 \cdot f(x) = x^3 - 2x^2 - 4x + 8$ Graph mit zwei Nullstellen

$h_3(x) = (-0,5) \cdot f(x) = -0,25x^3 + 0,5x^2 + x - 2$ Graph mit zwei Nullstellen

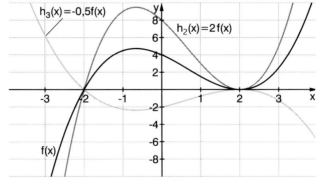

37

11. Fortsetzung

$f'(x) = 1,5x^2 - 2x - 1$ ⠀⠀⠀⠀⠀Graph mit zwei Nullstellen
$h_1'(x) = 0,75x^2 - x - 1$ ⠀⠀⠀Graph mit zwei Nullstellen
$h_2'(x) = 3x^2 - 4x - 4$ ⠀⠀⠀⠀Graph mit zwei Nullstellen
$h_3'(x) = -0,75x^2 + x + 1$ ⠀⠀Graph mit zwei Nullstellen

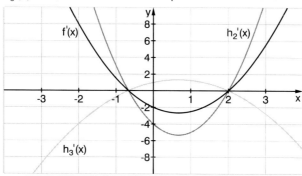

Zusammenfassung: Mit einer multiplikativen Konstante s bei h_1 bis h_3 ändert sich die Anzahl und Lage der Nullstellen nicht, bei h_1' bis h_3' ebenfalls nicht.

12. *Graphen aus Einzelinformationen erschließen*

a) Nullstellen: 1;
⠀⠀ – 2 (doppelt); 4
⠀⠀ S_y: (0 | 16)

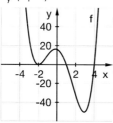

b) Nullstellen: 0;
⠀⠀ – 1 (dreifach)
⠀⠀ S_y: (0 | 0)

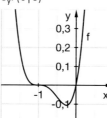

c) Nullstellen: 0;
⠀⠀ – 0,5 (doppelt)
⠀⠀ S_y: (0 | 0)

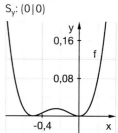

d) Nullstellen: $\sqrt{2}$; $-\sqrt{2}$; – 1
⠀⠀ S_y: (0 | – 2)

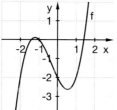

e) Nullstellen: 3; – 3
⠀⠀ S_y: (0 | – 9)

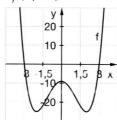

f) Nullstellen: 0; 1; 2; 3
⠀⠀ S_y: (0 | 0)

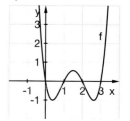

38

13. *Nullstellen*

a) Mit „Produkt = Null"-Regel: Nullstellen bei $x_1 = 0$; $x_2 = 5$; $x_3 = -1,5$

b) Nach Ausklammern von x^3 und mit „Produkt = Null"-Regel:
Nullstellen bei $x_1 = 0$; $x_2 = -0,6$ (dreifache Nullstelle bei 0)

c) Nach Ausklammern von x und mit pq-Formel:
Nullstellen bei $x_1 = 0$; $x_2 = \dfrac{3 + \sqrt{17}}{2}$; $x_3 = \dfrac{3 - \sqrt{17}}{2}$

d) $f(x) = (x^2 - 1)^2$; $x_{1,2} = \pm 1$

e) $x_{1,2} = \pm \sqrt{7}$

f) Substitution: $z = x^2$: $z^2 - 5z + 4 \Rightarrow z_1 = 1$; $z_2 = 4$, also $x_{1,2} = \pm 1$; $x_{3,4} = \pm 2$

g) $f(x) = 0$: $x^4 - 12x^2 + 35 = 0$; Substitution: $z = x^2 \Rightarrow z_1 = 5$; $z_2 = 7$, also $x_{1,2} = \pm \sqrt{5}$; $x_{3,4} = \pm \sqrt{7}$

h) Es ist kein algebraisches Lösungsverfahren bekannt:
$x_1 \approx -1,78$; $x_2 \approx 0,28$; $x_3 = 1$.
Nachweis zu $x = 1$: $f(1) = 0$

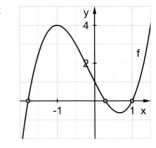

i) $f(x) = 3x^2(x^2 - 2) \Rightarrow x_1 = 0$; $x_{2,3} = \pm \sqrt{2}$

Kapitel 2
Erweiterung der Differenzialrechnung

Didaktische Hinweise

Diese erste Erweiterung umfasst verschiedene Aspekte. Zunächst werden die in der Einführung zur Analysis bereits behandelten Zusammenhänge zwischen Funktion und 1. Ableitung erweitert und vertieft. Dies geschieht einmal durch die Hinzunahme der 2. Ableitung bei der Charakterisierung und Untersuchung von ganzrationalen Funktionen im Lernabschnitt 2.1, zum anderen durch die Anwendung der Differenzialrechnung im Rahmen von Optimierungsproblemen im Lernabschnitt 2.2. Wie schon erwähnt, sind beide Lernabschnitte gut geeignet, für eine integrierte Wiederholung der wichtigsten Begriffe und Grundvorstellungen der Differenzialrechnung aus der Einführungsphase.

Der Lernabschnitt 2.3 greift nun in ausführlicher Darstellung die verständnisfördernde Behandlung von Funktionenscharen auf. Diese traten in der Einführungsphase bereits exemplarisch in unterschiedlichen Kontexten auf. Hier werden sie zum eigenständigen Lerninhalt. Im Rahmen ihrer Untersuchung wird die variantenreiche Bestimmung von Ortskurven charakteristischer Punkte eingeführt.
Beim genaueren Untersuchen und beim Modellieren mit Funktionen traten in Einzelfällen bei abschnittsweise definierten Funktionen bereits propädeutische Begriffe wie „Sprungstellen" oder „Knickfreiheit" auf. Die genauere innermathematische Erörterung führt zu den Begriffen Stetigkeit und Differenzierbarkeit, die im Lernabschnitt 2.4 in einer angemessenen Stufe präzisiert und vertieft werden. Die Erweiterung der Ableitungsregeln (Produkt- und Kettenregel) erfolgt im Kapitel 5 im Zusammenhang mit den Exponentialfunktionen und ihren Anwendungen.

Im Lernabschnitt 2.1 wird zunächst die zweite Ableitung mit ihrer geometrischen Bedeutung für die Funktionsgraphen (Links- oder Rechtskrümmung, Wendepunkte) und ihrer Interpretation in Anwendungen eingeführt. Damit können die Untersuchungen der Zusammenhänge zwischen Funktion und 1. Ableitung nun unter Berücksichtigung beider Ableitungen erweitert und vertieft werden. Besondere Eigenschaften von Funktionen und die Charakterisierungen spezieller Punkte eines Graphen mithilfe der Ableitungen stehen hier wieder im Mittelpunkt.
Das Basiswissen fasst dies überblicksartig und mit grafischen Veranschaulichungen zusammen. Insgesamt können damit alle Kriterien im erweiterten Zusammenhang formuliert und kompakt und wie bereits in der Einführung in schülernaher Sprache dargestellt werden. Die folgenden Beispiele und Übungen können gegenüber der Einführungsphase nun komplexer und variantenreicher ausfallen.
Dies trifft auch auf die Begründungen/Beweise zu, in deren Rahmen mit eigenen „Logikexkursen" wertvolle Orientierungen und Hilfen für das mathematische Argumentieren gewonnen werden. Dabei wird auch die Bedeutung notwendiger und hinreichender Kriterien zur Bestimmung von Extrem- und Wendepunkten ausführlich vor dem aussagenlogischen Hintergrund beleuchtet.

Insgesamt wird beim „intelligenten Üben" der Umgang mit den Kriterien in variablen Einbettungen trainiert, inhaltliches Verständnis hat Vorrang vor reinem Ausführen von Algorithmen der schematisierten „Kurvendiskussion". Verständnisfördernd und vorbereitend für die Integralrechnung sind auch Aufgaben, in denen die Ableitungen Ausgangspunkt für Fragen zu den Funktionen sind.
Im Zusammenhang mit Tangentenscharen und dem „Funktionenmikroskop" wird der Linearisierungsaspekt der ersten Ableitung herausgestellt und an der Anwendung im Newtonverfahren verdeutlicht.

Im Lernabschnitt 2.2 rücken mit Problemen der Optimierung wieder außermathematische Sachsituationen in den Mittelpunkt. Als Ausgangsprobleme dienen neben klassischen geometrischen Problemen (optimale Schachtel, Quadrate im Quadrat) auch ein wirtschaftliches Problem (Optimierung der Lagerhaltung). Grundsätzlich, und so auch im Basiswissen, werden konkrete Probleme in der Tradition von NEUE WEGE bei Aufgaben zur Modellierung und Anwendung grafisch-numerisch gelöst. Erst die Verallgemeinerung mit Benutzung von Parametern macht eine algebraische Bearbeitung notwendig und sinnvoll. Weil Optimieren recht komplex ist, wird im Basiswissen parallel zu den allgemeinen Formulierungen des Lösungsweges ein ausführliches Beispiel dargestellt. In den Übungen wird das Optimieren sowohl an interessanten innermathematischen Aufgabenstellungen als auch an einfachen geometrischen Problemstellungen oder wirtschaftlichen Anwendungen (Gewinnmaximierung) trainiert.
An dem bewährten Beispiel „Mathematischer Bruch einer Glasscheibe" wird auch das Auftreten eines Randmaximums erlebt. Die offen gestaltete Aufgabe „Die Milchtüte am Ende des Lernabschnitts bietet noch einmal die Möglichkeit, den Prozess des Modellierens in verschiedenen Stufen zu durchlaufen, sie eignet sich in besonderer Weise zur Projektarbeit.
Um eine zu enge Einordnung von Optimierungsproblemen zu vermeiden, werden in der zweiten grünen Ebene verschiedene Lösungsmethoden ohne Differenzialrechnung an passenden Problemen bearbeitet.
Im Lernabschnitt 2.3 werden Methoden zur Untersuchung von Funktionsscharen an interessanten Beispielen ausführlicher entwickelt. Um sich auf neue Aspekte konzentrieren zu können, werden in den Einführungsaufgaben nur hinlänglich bekannte quadratische Funktionen (Parabeln) benutzt. Dabei wird wie üblich sowohl ein innermathematischer Zugang als auch ein Sachzusammenhang aus dem Bereich des Optimierens angeboten. In beiden Aufgaben werden vielfältige Muster untersucht, die aus den bekannten Graphen entstehen. Zusätzlich werden Ortskurven besonderer Punkte phänomenologisch entdeckt und an geeigneten Beispielen Methoden zu ihrer Bestimmung erarbeitet. Ein Punkt, bei dem in den Koordinaten ein Parameter t auftritt, definiert eine Kurve [x(t), y(t)] in Parameterdarstellung. Grafikfähige Taschenrechner und Funktionenplotter können solche Kurven direkt zeichnen. Damit erhalten die Schülerinnen und Schüler neben der üblichen Parameterelimination eine weitere, sehr anschauliche und leistungsfähige Methode, Ortskurven zu bestimmen. Hier bieten sich Vernetzungen auch zur Analytischen Geometrie an. Diese werden in einem gesonderten Exkurs „Anwendung der Parameterdarstellung von Kurven" dargelegt. In den Übungen werden bekannte Aufgabentypen (Bestimmung charakteristischer Punkte, Optimierung) so verallgemeinert, dass Funktionenscharen entstehen. Der zweite Teil der Übungen

widmet sich mehr den Parameterdarstellungen. Zum Abschluss wird exemplarisch ein Ausblick auf klassische, geometrisch erzeugte Kurven (Ellipsen, Spiralen, Zykloiden) gegeben. Dieser Lernabschnitt eignet sich hervorragend zur Differenzierung auch in Form von Referaten und eigenständigen Ausarbeitungen.

Der Lernabschnitt 2.4 ist so gestaltet, dass er eine Präzisierung der anschaulich erfassten Begriffe der Stetigkeit und Differenzierbarkeit ermöglicht, was in den folgenden Kapiteln zur Analysis an einigen Stellen notwendig und insgesamt verständnisfördernd ist. Der Lernabschnitt ist so strukturiert, dass eine reduzierte Behandlung auf grundlegendem Niveau ebenso zu verwirklichen ist wie eine vertiefte Behandlung auf höherem Niveau. Für ersteres bieten sich die Einführungsaufgaben zu dem Basiswissen und die daran anschließenden Beispiele und die ersten Übungen an. Die weiteren Übungen und vor allem die Übungen 9 und 10 und die Aufgaben 1 bis 13 liefern dann vielfältige Ansätze zu innermathematischen Vertiefungen und Reflexionen.

Lösungen

2.1 Die 2. Ableitung und Zusammenhänge zwischen der Funktion und ihren Ableitungen

44

1. *Entwicklungen und Veränderungen – grafisch dargestellt*
   a) Die Kurve B passt am besten zu dem Textauszug aus dem Jahresbericht. Sie gibt sowohl die anfänglich zunehmende Umsatzsteigerung wieder als auch die sich anschließende Phase mit abnehmendem Umsatzzuwachs.
   b) Umsatzverlauf A: „Zwar konnten wir zu Beginn des Jahres einen erfreulichen Umsatzanstieg verbuchen, doch der verlangsamte sich so rasant, dass bereits zur Jahresmitte der Umsatzzuwachs stagnierte. Danach schloss sich eine stetige Zunahme des Umsatzrückganges an."
   Umsatzverlauf C: „Wir können über eine stetig wachsende Umsatzzunahme berichten, die sich zwar in der Jahresmitte etwas abflachte, jedoch fing danach erfreulicherweise die Umsatzzunahme wieder an zu wachsen."

2. *Höhere Ableitungen*
   a) $A \to f_3$; $B \to f_1$; $C \to f_2$
   b) $f_1''(x) = f_2''(x) = f_3''(x) = 2x - 6$. Die zweiten Ableitungen der drei Funktionen sind gleich, der Graph ist eine Gerade mit der Steigung 2 und den Achsenabschnitten $y = -6$ und $x = 3$.
   c) Alle Graphen verändern an dieser Stelle $x = 2$ ihr „Krümmungsverhalten", d. h. sie gehen von einer Rechtskurve in eine Linkskurve über, für $x < 3$ nehmen die Tangentensteigungen mit wachsendem x ab, für $x > 3$ nehmen sie zu.

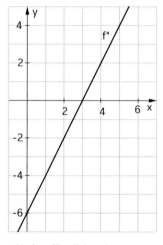

45

3. *Kurven „erfahren"*
   Der gezeigte Parcourabschnitt verläuft (von links nach rechts) anfänglich nahezu geradeaus, um dann in eine enge Linkskurve überzugehen. Das Lenkrad wird entsprechend nach links gestellt. Danach geht der Parcour in eine nicht ganz so enge Rechtskurve über, wobei das Lenkrad jetzt nach rechts gestellt wird. Nach Verlassen dieser Kurve geht es ein Stück geradeaus, dem sich dann erneut eine enge Linkskurve anschließt. Das Lenkrad wird wieder entsprechend nach links gestellt. Der Parcour ist besonders schwierig in den Kurven zu durchfahren, am schnellsten ist man auf den annähernd geraden Strecken zwischen den Kurven.

45

3. Fortsetzung
Graphen von f und f":

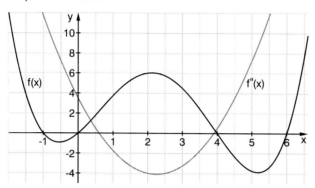

Man kann folgendes erkennen: Beim Durchfahren einer Linkskurve mit Lenkradstellung nach links hat die zweite Ableitung der Kurve positive Werte, und umgekehrt: Beim Durchfahren einer Rechtskurve mit Lenkradstellung nach rechts hat die zweite Ableitung der Kurve negative Werte.

Intervall	Lenkradstellung	f"(x)
[−2; 0,6[	links	> 0
[0,6; 3,9[	rechts	< 0
[3,9; 6,6[	links	> 0

Wo der Parcour seine Krümmung ändert, also an einem Wendepunkt, da hat die 2. Ableitung eine Nullstelle bzw. einen Vorzeichenwechsel.

46

4. *Eine Gewinnbilanz*
   a) Wir konnten unseren Gewinn jährlich steigern. In 2004 war die Zunahme am größten, danach flachte sie leider bis 2008 ab.
   b) Der Chef muss Begriffe verwenden, die eine negative Bedeutung haben, bspw. „verschlechtern" oder „sinken" etc.
   Bsp. für eine negative Prognose: Seit 2004 schrumpft die Zunahme der Gewinne.

46

5. *Schlagzeilen zu Tierbeständen*

Grafische Darstellung von Veränderungen von Tierpopulationen:

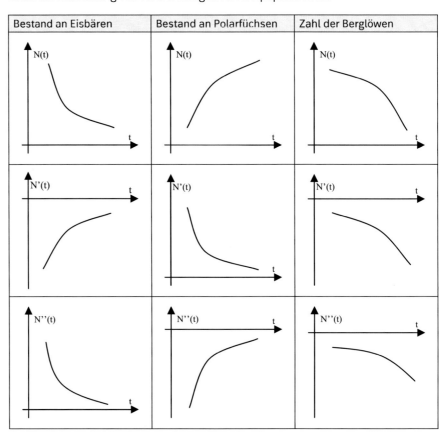

Bestand an Eisbären	Bestand an Polarfüchsen	Zahl der Berglöwen

6. *Ableitungspuzzle*

(1) → (C);   (2) → (B);   (3) → (D);   (4) → (A)

49

7. *Graphen zu gegebenen Bedingungen*
Die Punkte P, Q und R liegen zwar auf einer Geraden, allerdings folgt aus den Bedingungen B und C, dass P ein relatives Minimum und R ein relatives Maximum ist. Also ist grad (f) ≥ 3.
Skizze:

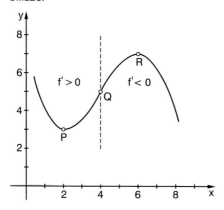

8. *Passende Graphen gesucht*
   - $f'(a) = 0$ trifft auf a) und d) zu, denn beide Funktionen haben im Punkt $(a \,|\, f(a))$ eine waagerechte Tangente.
   - $f''(x) < 0$ für alle x bedeutet, dass f rechtsgekrümmt ist, was auf b) und d) zutrifft.
   - $f'(x) < 0$ bedeutet, dass f für alle x eine negative Steigung hat; $f''(x) > 0$ bedeutet, dass f für alle x linksgekrümmt ist. Beides trifft auf die Funktion c) zu.

9. *Von Eigenschaften der Ableitung zum Funktionsgraphen*

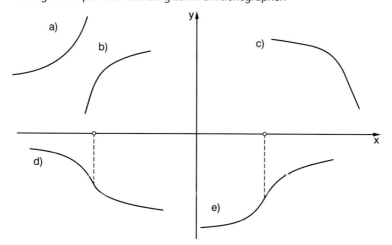

10. *Entscheiden durch Rechnen*

$f(x) = \frac{1}{3}x^3 - 4x$	$g(x) = \frac{1}{3}x^3 - 2x^2 + 4x - \frac{1}{2}$	$h(x) = -\frac{f(x)}{4} = -\frac{x^3}{12} + x$
$f'(x) = x^2 - 4$	$g'(x) = x^2 - 4x + 4$	$h'(x) = -\frac{x^2}{4} + 1$
$f''(x) = 2x$	$g''(x) = 2x - 4$	$h''(x) = -\frac{x}{2}$
$f'''(x) = 2$	$g'''(x) = 2$	$h'''(x) = -\frac{1}{2}$
$f'(2) = 0; f''(2) > 0$	$g'(2) = 0; g''(2) = 0$ kein Minimum	$h'(2) = 0; h''(2) < 0$ kein Minimum
$f''(0) = 0; f'''(0) \neq 0$	$g''(0) = -4$ kein Wendepunkt	$h''(0) = 0; h'''(0) \neq 0$
$f''(x < 0) < 0$ rechtsgekrümmt	$g''(x < 0) < 0$ rechtsgekrümmt	$h''(x < 0) < 0$ rechtsgekrümmt

Wie man sieht, ist $f(x)$ die einzige Funktion, die alle drei Bedingungen erfüllt, auch die hinreichende Bedingung für das Minimum bei $x = 2$ und die hinreichende Bedingung für den Wendepunkt bei $x = 0$.

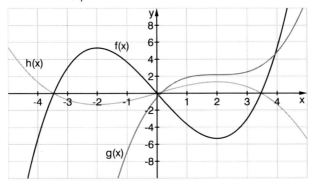

11. *Besondere Punkte rechnerisch bestimmen*

a)

$f(x) = \frac{1}{3}x^3 - 4x$
$f'(x) = x^2 - 4$
$f''(x) = 2x$
$f'''(x) = 2$
$f'(x) = 0 \Rightarrow x_{E1} = -2; x_{E2} = 6$
$f''(-2) = -4 < 0 \Rightarrow$ Hochpunkt HP $f''(2) = 4 > 0 \Rightarrow$ Tiefpunkt TP
HP$(-2 \mid 5,\overline{3})$; TP$(2 \mid -5,\overline{3})$
$f''(x_W) = 0 \Rightarrow x_W = 0$ $f'''(0) = 2 \neq 0 \Rightarrow$ Wendepunkt WP $f(0) = 0$ WP$(0 \mid 0)$

b)

$f(x) = \frac{1}{4}x^3 - 3x^2 + 9x$
$f'(x) = \frac{3}{4}x^2 - 6x + 9$
$f''(x) = \frac{3}{2}x - 6$
$f'''(x) = \frac{3}{2}$
$f'(x) = 0 \Rightarrow x_{E1} = 2; x_{E2} = 6$
$f''(-2) = -2 < 0 \Rightarrow$ Hochpunkt HP $f''(6) = 2 > 0 \Rightarrow$ Tiefpunkt TP
HP$(2 \mid 8)$; TP$(6 \mid 0)$
$f''(x_W) = 0 \Rightarrow x_W = 4$ $f'''(4) = 1,5 \neq 0 \Rightarrow$ Wendepunkt WP $f(4) = 4$ WP$(4 \mid 4)$

49

11. Fortsetzung

c)

$f(x) = 0,5x^4 - 3x^2$
$f'(x) = 2x^3 - 6x$
$f''(x) = 6x^2 - 6$
$f'''(x) = 12x$
$f'(x) = 0 \Rightarrow x_{E1} = 0; x_{E2} = \pm\sqrt{3}$
$f''(0) = -6 < 0 \Rightarrow$ Hochpunkt HP $f''(\pm\sqrt{3}) = 12 > 0 \Rightarrow$ Tiefpunkt TP
HP(0|0); TP($\pm\sqrt{3}$|-4,5)
$f''(x_W) = 0 \Rightarrow x_{W1} = -1; x_{W2} = 1$ $f'''(-1) = 2 \neq 0; f'''(1) = 2 \neq 0$ $\Rightarrow$ Wendepunkt WP$_{1,2}$ $f(-1) = -2,5; f(1) = -2,5$ WP$_1$(-1|-2,5); WP$_2$(1|-2,5)

d)

$f(x) = \frac{1}{4}x^4 - \frac{3}{2}x^3 + 2$
$f'(x) = x^3 - \frac{9}{2}x^2$
$f''(x) = 3x^2 - 9x$
$f'''(x) = 6x - 9$
$f'(x) = 0 \Rightarrow x_{E1} = 0; x_{E2} = 4,5$
$f''(0) = 0 \Rightarrow$ Sattelpunkt SP $f''(4,5) = 20,25 > 0 \Rightarrow$ Tiefpunkt TP
SP(0|2); TP(4,5|-32,2)
$f''(x_W) = 0 \Rightarrow x_{W1} = 0; x_{W2} = 3$ $f'''(0) = -9 \neq 0; f'''(3) = 9 \neq 0$ $\Rightarrow$ Wendepunkt WP$_{1,2}$ $f(0) = 2; f(3) = -18,25$ WP$_1$(0|2); WP$_2$(3|-18,5)

50

12. *Sattelpunkte*

Da ein Sattelpunkt an der Stelle x ein Wendepunkt mit waagerechter Tangente ist, muss gelten: $f'(x) = 0$, $f''(x) = 0$ und $f'''(x) \neq 0$

$f(x) = (x - 2)^3$	$g(x) = x^2(x - 2)$	$h(x) = x^3 - x$	$k(x) = \frac{1}{2}x^4 - 3x^2 - 4x$
$f'(x) = 3x^2 - 12x + 12$	$g'(x) = 3x^2 - 4x$	$h'(x) = 3x^2 - 1$	$k'(x) = 2x^3 - 6x - 4$
$f''(x) = 6x - 12$	$g''(x) = 6x - 4$	$h''(x) = 6x$	$k''(x) = 6x^2 - 6$
$f'''(x) = 6$	$g'''(x) = 6$	$h'''(x) = 6$	$k'''(x) = 12x$
$f'(x) = 0 \Rightarrow x = 2$ wegen $f''(2) = 0$ und $f'''(2) \neq 0$ ist mit $f(2) = 0$ der Punkt (2|0) ein Sattelpunkt.	$g'(x) = 0 \Rightarrow x_1 = 0$ und $x_2 = \frac{4}{3}$ $g''(0) = -4$ und $g''\left(\frac{4}{3}\right) = 4$, d. h. Punkte mit waagerechter Tangente sind keine Wendepunkte.	$h'(x) = 0$ ist nicht lösbar. Graph hat keine waagerech- ten Tangenten, also auch keinen Sattelpunkt.	$k'(x) = 0 \Rightarrow x_1 = -1$ und $x_2 = 2$ Wegen $k''(-1) = 0$ und $k'''(-1) \neq 0$ ist mit $k(-1) = 1,5$ der Punkt (-1|1,5) ein Sattel- punkt.

13. *Genauer hingeschaut*

a) „Wenn f an der Stelle x_0 ein Extremum hat, dann gilt $f'(x_0) = 0$."

b) Die Umkehrung „Wenn $f'(x_0) = 0$ ist, dann hat f an der Stelle x_0 ein Extremum" ist nicht richtig, denn auch bei einem Sattelpunkt von f an der Stelle x_0 gilt $f'(x_0) = 0$.

c) Die Aussage ist wahr, denn in diesem Fall hat f an der Stelle a keine waagerechte Tangente bzw. gemäß dem Satz in a) muss, falls a ein Extremem von f ist, $f'(a) = 0$ sein.

14. *Logiktraining – Sätze aus dem Alltag*

    a) „Wenn die Straße nass wird, dann regnet es." Diese Umkehrung ist nicht gültig, weil z. B. ein Eimer Wasser auf der Straße verschüttet worden ist.

    b) „Wenn jemand Auto fahren darf, dann hat er einen Führerschein."

    c) „Wenn X am Tatort war, dann ist er auch der Täter." Diese Umkehrung ist nicht gültig, weil die Anwesenheit am Tatort den Schluss auf die Täterschaft nicht zwingend erlaubt.

15. *Logiktraining – Mathematische Sätze*

    a) „Wenn ein Viereck vier gleich lange Seiten hat, dann ist es ein Quadrat". Der Satz ist nicht wahr, denn ein Viereck mit vier gleich langen Seiten kann auch eine Raute sein. Die Umkehrung „Wenn ein Viereck ein Quadrat ist, dann hat es vier gleich lange Seiten" ist wahr.

    b) „Wenn aus Primzahlen die Wurzeln gezogen werden, dann sind sie irrational". Dieser Satz ist wahr. Die Umkehrung „Wenn die Wurzel irrational ist, dann ist die Zahl eine Primzahl", ist falsch.
Beispiel: $\sqrt{6}$

    c) „Wenn ein Dreieck gleichseitig ist, ist jeder Winkel 60° groß". Dieser Satz ist wahr. Die Umkehrung „Wenn in einem Dreieck jeder Winkel 60° groß ist, dann ist es gleichseitig" ist ebenfalls wahr.

    d) „Wenn eine Zahl durch 4 teilbar ist, dann ist diese gerade". Dieser Satz ist wahr. Die Umkehrung „Wenn eine Zahl gerade ist, ist sie durch 4 teilbar" ist falsch, z. B. 6.

    e) „Wenn ein Dreieck rechtwinklig ist, dann gilt $a^2 + b^2 = c^2$." Dieser Satz ist wahr (Satz des Pythagoras). Die Umkehrung „Wenn für ein Dreieck gilt $a^2 + b^2 = c^2$, dann ist es rechtwinklig" ist ebenfalls wahr. Achtung: Hier setzt man aber voraus, dass die längste Seite mit c bezeichnet wird.

16. *Wenn-dann-Puzzle*
Beispiele:

    (1) E ⇒ A, nicht jedoch A ⇒ E, denn auch für Sattelpunkte an der Stelle a gilt f′(a) = 0.

    (2) W ⇒ B, nicht jedoch B ⇒ W, denn z.B. für f(x) = x⁴ ist f″(0) = 0, doch ist der Punkt (0|0) kein Wendepunkt.

    (3) S ⇒ C, nicht jedoch C ⇒ S, denn z.B. für f(x) = x⁴ sind f′(0) = 0 und f″(0) = 0, doch ist der Punkt (0|0) kein Sattelpunkt.

    (4) V ⇒ E, die Umkehrung E ⇒ V ist gültig.

    (5) D ⇒ W, die Umkehrung W ⇒ D ist gültig.

    (6) D ⇒ B, nicht jedoch die Umkehrung, denn für f(x) = x⁴ ist f″(0) = 0, aber f″ hat bei x = 0 keinen Vorzeichenwechsel.

17. *Weitere hinreichende Bedingungen zum Auffinden von lokalen Extrempunkten und Wendepunkten*

a)

$f_1(x) = \frac{1}{4}(x^3 - 9x^2 + 15x + 25)$	$f_2(x) = x^3 - 3x^2 + 5$
$f_1'(x) = \frac{1}{4}(3x^2 - 18x + 15)$	$f_2'(x) = 3x^2 - 6x$
$f_1''(x) = \frac{1}{4}(6x - 18)$	$f_2''(x) = 6x - 6$
$f_1'(x) = 0 \Rightarrow 0 = x^2 - 6x + 5$ $\Rightarrow x_1 = 1; x_2 = 5$	$f_2'(x) = 0 \Rightarrow 0 = 3x^2 - 6x$ $\Rightarrow x_1 = 0; x_2 = 2$
$f_1''(1) = -3 < 0$ Hochpunkt $f_1''(5) = 3 > 0$ Tiefpunkt	$f_2''(0) = -6 < 0$ Hochpunkt $f_2''(2) = 6 > 0$ Tiefpunkt
$f_1''(x) = 0 \Rightarrow x_W = 3; f_1'''(x) \neq 0$ Wendepunkt	$f_2''(x) = 0 \Rightarrow x_W = 1; f_2'''(x) \neq 0$ Wendepunkt

In beiden Fällen handelt es sich um eine ganzrationale Funktion vom Grad 3. Deren Graphen haben, sofern sie überhaupt Extrempunkte haben und das Vorzeichen von x^3 ein Plus ist, links ein Maximum und rechts ein Minimum. Die angegebenen Bedingungen bezüglich f' und f" sind also für beide Funktionen f_1 und f_2 erfüllt.

In den Wendepunkten von f ist die Steigung von f entweder maximal negativ (nach einem Hochpunkt oder Sattelpunkt) oder maximal positiv (nach einem Tiefpunkt oder Sattelpunkt). In diesen Punkten besitzt also f' einen Extrempunkt. Dafür gilt dann f"(x) = 0.

b) Begründung mit den Vorzeichenwechsel-Kriterien von S. 66 aus dem Lehrbuch: Wenn für f an der Stelle a f'(a) = 0 gilt, dann ändert die Steigung von f im Punkt a ihre Richtung: von positiver Steigung zu negativer Steigung im Falle eines Hochpunktes bzw. von negativer Steigung zu positiver Steigung im Falle eines Tiefpunktes, d. h. f' ändert an der Stelle a sein Vorzeichen von + in − bei einem Hochpunkt bzw. f' ändert an der Stelle a sein Vorzeichen von − in + bei einem Tiefpunkt. Die Vorzeichenänderung von f' von + in − (im Falle eins lokalen Hochpunktes) bedeutet negative Steigung von f', also f" < 0. Und umgekehrt: Die Vorzeichenänderung von f' von − in + (im Falle eines lokalen Tiefpunktes) bedeutet positive Steigung von f', also f" > 0. Diese Sachverhalte treffen hier jeweils auf die beiden Extremwerte von f_1 und f_2 zu.

Wenn f an der Stelle a einen Wendepunkt hat, dann hat f' an der Stelle a ein lokales Minimum oder ein lokales Maximum und zwar im ersten Fall, wenn die Krümmung von f bei a von einer Rechtskrümmung f" < 0 in eine Linkskrümmung f" > 0 wechselt. Bei den beiden gegebenen Funktionen f_1 und f_2 liegt der Wendepunkt zwischen dem Hochpunkt und dem Tiefpunkt, also beim Übergang f" > 0 zu f" > 0.

18. *Umkehrung von Sätzen*
    „Wenn f bei a einen Tiefpunkt (Hochpunkt) hat, dann ist f'(a) = 0 und f"(a) > 0 (f"(a) < 0)." Dieser umgekehrte Satz ist wahr.
    „Wenn f bei a einen Wendepunkt hat, dann hat f' bei a einen lokalen Extremwert." Dieser umgekehrte Satz ist wahr.

19. *Sattelpunkte*

a) Die ersten beiden Ableitungen von $f(x)$ sind:

$f'(x) = 4x^3 - 24x^2 + 48x - 32$ und $f''(x) = 12x^2 - 48x + 48$

Es sind $f'(2) = 4 \cdot 2^3 - 24 \cdot 2^2 + 48 \cdot 2 - 32 = 0$ und $f''(2) = 12 \cdot 2^2 - 48 \cdot 2 + 48 = 0$.

b) Wegen $f'''(x) = 24x - 48$ ist $f'''(2) = 24 \cdot 2 - 48 = 0$. Das heißt, f hat bei $x = 2$ keinen Wendepunkt.

Hinweis: Man kann $f'(x)$ darstellen als $f'(x) = 4(x - 2)^3$. Man erkennt nun, dass $x = 2$ eine dreifache Nullstelle von f' ist.

20. *Auswählen und begründen*

a) Zutreffende Aussagen sind:

A, wegen $f'(1) = 0$ und $f''(1) > 0$

B, wegen $f(1) = 0$

b) Zutreffende Aussagen sind:

A, wegen $f'(1) = 0$

B, weil der Graph von f aus dem Graphen von $f(x) = x^4$ durch Verschiebung um eine Einheit nach rechts entsteht

c) Zutreffende Aussagen sind:

A, weil für $x \in [1; 2]$ gilt: $f''(x) > 0$

C, weil für $x_1 < x_2$ mit $x_1, x_2 \in [1; 2]$ gilt: $f(x_1) > f(x_2)$

d) Zutreffende Aussagen sind:

A, weil für $x_1 < x_2$ mit $x_1, x_2 \in [1; 2]$ gilt: $f(x_1) > f(x_2)$

D, weil für $x \in [1; 2]$ gilt: $f''(x) < 0$

21. *Wahr oder falsch?*

Die Aussage A ist richtig, weil $f'(x)$ genau zwei Lösungen hat, für die dann auch noch gilt: $f''(x) \neq 0$

Die Aussage B ist richtig, weil für jede Gerade mit der Gleichung $f(x) = cx + b$ die zugehörige Ableitungsfunktion $f'(x) = c$ ist.

Die Aussage C ist richtig, weil $f(x)$ punktsymmetrisch zum Ursprungspunkt ist.

Die Aussage D ist richtig, weil $f(x)$ achsensymmetrisch zur y-Achse ist.

22. *Eigenschaften der Funktion mithilfe der Ableitungen begründen*

a) Aus $f'(x)$ lassen sich folgende Informationen ableiten:

Die Nullstellen sind $x_1 = -\sqrt{2}$, $x_2 = 0$ und $x_3 = \sqrt{2}$, ihre Extremwerte liegen bei $x = -0{,}82$ (lokaler Hochpunkt) und $x = 0{,}82$ (lokaler Tiefpunkt). Daraus lassen sich für $f(x)$ folgende charakteristische Eigenschaften ableiten:

Der Graph von $f(x)$ ist

- streng monoton fallend für $x < -\sqrt{2}$ und für $0 < x < \sqrt{2}$.
- streng monoton steigend für $-\sqrt{2} < x < 0$ und für $\sqrt{2} < x$.
- linksgekrümmt für $x < -0{,}82$ und $0{,}82 < x$.
- rechtsgekrümmt für $-0{,}82 < x < 0{,}82$.

Der Graph von $f(x)$ hat

- ein lokales Maximum an der Stelle $x = 0$.
- lokale Minima bei $x = -\sqrt{2}$ und $x = \sqrt{2}$.
- Wendepunkte an den Stellen $x = -0{,}82$ und $x = 0{,}82$.

b) Der abgebildete Funktionsgraph passt zu der Funktion $f(x) = x^2(x^2 - 4) = x^4 - 4x^2$, welche als erste Ableitung die gegebene Funktion $f'(x)$ hat.

23. *Was die Ableitungen alles über die Funktion verraten*

a) Die Funktionsgleichung der abgebildeten Parabel gewinnen wir über die Scheitelpunktform $f'(x) = (x + 1)^2 = x^2 + 2x + 1$.

   (1) f' hat zwar einen Punkt mit einer waagerechten Tangenten, nämlich bei $x = -1$, aber es fehlt hier der Vorzeichenwechsel von f'.

   (2) f hat einen Wendepunkt bei $x = -1$ (wegen $f''(-1) = 0$ und $f'''(-1) \neq 0$), und wegen der waagerechten Tangenten an f in $x = -1$ ist $(-1|0)$ ein Sattelpunkt. Ein weiterer Wendepunkt ist wegen grad$(f) = 3$ nicht möglich.

   (3) Die Tangente im Wendepunkt hat die Steigung $m = f'(1) = 0$.

   (4) Im ganzen Definitionsbereich D ist f streng monoton wachsend wegen $f'(x) \geq 0$ für $x \in D = \mathbb{R}$.

b) Skizze von $f(x) = \frac{1}{3}x^3 + x^2 + x$:

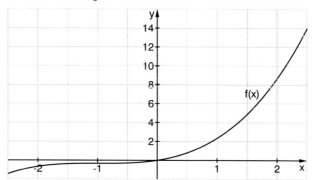

24. *Von der zweiten Ableitung zur Funktion*

a) (1) $f'(x)$ hat an der Stelle $x = -1$ einen Tiefpunkt wegen $f''(-1) = 0$ und $f'''(-1) = 2 > 0$.

   (2) Wenn $f''(x)$ eine lineare Funktion ist, dann ist grad$(f) = 3$, f hat dann höchstens einen Wendepunkt $W(x_W | f(x_W))$. Wir finden x_W als Nullstelle von $f''(x)$: $0 = 2x + 2 \Rightarrow x_W = -1$. Die Bedingung $f'''(-1) \neq 0$ ist auch erfüllt. Wegen der Vorgabe $f'(-1) = 0$ handelt es sich um einen Wendepunkt mit einer waagerechten Tangenten, also liegt ein Sattelpunkt vor.

   (3) Die Tangente im Wendepunkt hat die Steigung $m = 0$.

   (4) Wenn f' bei $x = -1$ einen Tiefpunkt hat und $f'(-1) = 0$, dann hat f keine negative Steigung über ganz $\mathbb{R}$ und ist folglich monoton wachsend.

b) Skizze von $f(x) = \frac{1}{3}x^3 + x^2 + x$, siehe Aufgabe 32

25. *Kurvenscharen*

a) Wegen $f''(x) = a \neq 0$ kann $f(x)$ keinen Wendepunkt haben.

b) Die allgemeine ganzrationale Funktion dritten Grades hat als zweite Ableitung eine lineare Funktion, die genau eine Nullstelle hat. Diese Nullstelle ist die x-Koordinate des Wendepunktes.

c) Die zweite Ableitung einer ganzrationalen Funktion vierten Grades ist eine quadratische Funktion. Eine solche hat höchstens zwei Nullstellen, deshalb kann eine ganzrationale Funktion vierten Grades höchstens zwei Wendepunkte haben.

d) Die zweite Ableitung von $f(x) = ax^3 + cx + d$ ist $f''(x) = 6ax$. Wegen $x = 0$ als Nullstelle und $f'''(0) = 6a \neq 0$ liegt der Wendepunkt stets auf der y-Achse.

53 Kopfübungen

1 a) genau eine Lösung
   b) drei, d.h. also mehr als zwei Lösungen
   c) keine Lösung
   d) genau zwei Lösungen

2 $b = 7\,cm$

3 a) $0 < p < \frac{1}{4}$
   b) Eine mögliche Verteilung:

ω_i	Blau	Weiß	Rot
$P(\omega_i)$	$\frac{1}{8}$	$\frac{3}{8}$	$\frac{4}{8}$

4 Durch Ableiten von g erhält man: $g'(x) = 4x + 3\sqrt{x} = f(x)$ gilt. Somit ist g eine Stammfunktion von f.

54

26. *Tangentenscharen und Hüllkurve*
    a) (1) $f(x) = -x^2 + 4$
       (2) $f(x) = (x - 2)^2 + 1 \Rightarrow f(x) = x^2 - 4x + 5$
       (3) $f(x) = \sqrt{x}$
    b) –

27. *Berührpunkt gesucht*
    a) Für die Tangentensteigung gilt einerseits $m = \frac{f(a) - 0}{a - 1} = \frac{a^2}{a - 1}$, andererseits ist
       $m = f'(a) = 2a$. Gleichsetzen ergibt $2a = \frac{a^2}{1 - a} \Rightarrow 2a - 2a^2 = a^2 \Rightarrow a(2 - a) = 0$.
       Gemäß der „Produkt = Null"-Regel erhalten wir zwei Lösungen $a_1 = 0$ und $a_2 = 2$.
       $a_1 = 0$ muss man ausschließen, denn die Tangente in $P(0 \mid f(0))$ an f ist identisch
       mit der x-Achse. Diese Tangente „schneidet die x-Achse in ganz $\mathbb{R}$".
    b) Mit dem gleichen Verfahren wie bei Teilaufgabe a) erhält man wieder zwei Lösungen $a_1 = 0$ und $a_2 = 2$.
       $a_1 = 0$ muss man wieder ausschließen wegen desselben Grundes wie in a).

28. *Kurven unter dem Mikroskop oder: Überall Tangenten!*
    a) Beobachtungen: Der Graph setzt sich aus Geradenabschnitten zusammen.
       Beziehung zu Tangenten an den Graphen: Die Geradenabschnitte repräsentieren
       die Tangenten an den Graphen.
    b) Man kann beide Aussagen durch die Beobachtungen bestätigen.

54

29. *Kurven unter dem Mikroskop 2 oder: Gibt es überall Tangenten?*

Die Potenzfunktion $f(x) = x^{10} - 1$ ist überall differenzierbar und man sieht bei hinreichend starkem Zoomen, dass der Graph im ganzen Intervall $[-1 \leq x \leq 1]$ „glatt" ist.

Die Funktion $g(x) = \sqrt{x^2 - 2x + 1} + 1$ ist dagegen bei $x = 1$ nicht differenzierbar, weil der rechtsseitige und der linksseitige Grenzwert des Differenzenquotienten für $h \to 0$ verschiedene Lösungen ergeben. Man kann zwar die Ableitung für $g(x)$ bilden:

$$g'(x) = \frac{2x - 2}{2\sqrt{x^2 - 2x + 1}} = \frac{2(x-1)}{2\sqrt{(x-1)^2}} = \frac{x-1}{x-1}, \quad x \neq 1$$

Doch diese Funktion hat bei $x = 1$ eine hebbare Definitionslücke.

55

30. *Das Newtonverfahren – Eine Anwendung der Linearisierung*

a) Die Steigung m_t des Graphen von $f(x)$ im Punkt $P(x_n | f(x_n))$ ist $f'(x_n) = m_t$.

Für diese Steigung gilt aber auch $m_t = \frac{f(x_n) - 0}{x_n - x_{n+1}}$.

Gleichsetzen der beiden m_t-Terme liefert $f'(x_n) = \frac{f(x_n)}{x_n - x_{n+1}}$.

Auflösen dieses Terms nach x_{n+1}: $x_n - x_{n+1} = \frac{f(x_n)}{f'(x_n)} \Rightarrow -x_{n+1} = -x_n + \frac{f(x_n)}{f'(x_n)}$

$\Rightarrow x_{n+1} = x_n - \frac{f(x_n)}{f'(x_n)}$.

Berechnung der Nullstelle von $f(x) = \frac{2}{3}x^3 + 2x - 1$ mit dem Newton-Verfahren.

Startwert $x = 0$:

n	x_n	$f(x_n)$	$f'(x_n)$	$x_n - (f(x_n)/f'(x_n))$
0	0	1	2	0,5
1	0,5	0,083333333	2,5	0,466666667
2	0,466666667	0,00108642	2,435555556	0,4662206
3	0,4662206	1,85651E-07	2,434723296	0,466220524
4	0,466220524	5,55112E-15	2,434723154	0,466220524
5	0,466220524	0	2,434723154	0,466220524

Startwert $x = 1$:

n	x_n	$f(x_n)$	$f'(x_n)$	$x_n - (f(x_n)/f'(x_n))$
0	1	1,666666667	4	0,583333333
1	0,583333333	0,298996914	2,680555556	0,471790443
2	0,471790443	0,013590255	2,445172445	0,466232449
3	0,466232449	2,9034E-05	2,434745393	0,466220524
4	0,466220524	1,32597E-10	2,434723154	0,466220524
5	0,466220524	0	2,434723154	0,466220524

Für $x = 1$ stabilisieren sich die x_n-Werte ab $n = 4$ Schritte, für $x = 2$ ab $n = 5$ Schritte, für $x = 3$ ab $n = 6$ Schritte, für $x = 4$ ab $n = 6$ Schritte, usw.
Je weiter der Startwert von der Nullstelle entfernt ist, desto mehr Schritte werden benötigt.
Die so gefundenen x_n-Werte sind keine exakten Lösungen, denn mit diesem Verfahren kommt man immer nur beliebig nahe an die gesuchte Nullstelle.

31. *Nullstellen mit dem Newton-Verfahren*

a) $f(x) = \frac{1}{3}x^3 - 3x + 2$

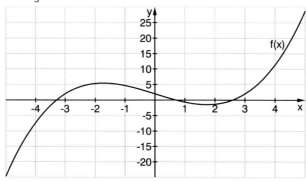

$x_{N1} = -3{,}2899; \quad x_{N2} = 0{,}7057; \quad x_{N3} = 2{,}5842$

b) $f(x) = x^5 - x - 1$

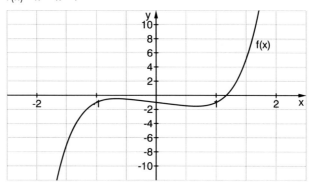

$x_{N1} = 1{,}1673$

Für die Teilaufgaben c) und d) gilt:

Die Nullstellen der Funktion sind die Lösungen der Gleichung.

c) $f(x) = \frac{1}{2}x^4 - 3x^3 + 4x^2 - 1$

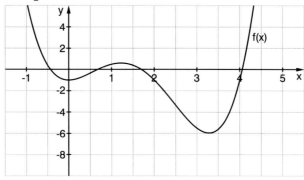

$x_{N1} = -0{,}4309; \quad x_{N2} = 0{,}6731; \quad x_{N3} = 4{,}0590$

55

31. Fortsetzung

d) $f(x) = x^3 - 3x^2 + x - 3$

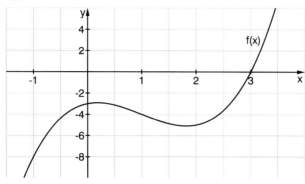

$x_N = 3$

56

32. *Ganzrationale Funktionen vom Grad vier – die Vielfalt wächst*

Der Graph einer ganzrationalen Funktion 4. Grades kann haben

- Nullstellen: keine, eine, zwei, drei oder vier
- Extremwerte: einen Tiefpunkt oder einen Hochpunkt oder
  zwei Tiefpunkte und einen Hochpunkt oder
  zwei Hochpunkte und einen Tiefpunkt
- Wendepunkte: keinen oder zwei, auch als Sattelpunkte
- Symmetrie zur y-Achse: wenn nur gerade x-Potenzen vorkommen
- Verhalten im Unendlichen: die Vorzahl a des Terms ax^4 entscheidet:
  Ist $a < 0$, dann $f(x) \to -\infty$ für $x \to \infty$ oder $x \to -\infty$.
  Ist $a > 0$, dann $f(x) \to \infty$ für $x \to \infty$ oder $x \to -\infty$.

Graphen der Funktionenschar $f_t(x) = \frac{1}{4}x^4 - \frac{2}{3}tx^3 + tx^2$ für $t = -2; -1; 1$ und 3

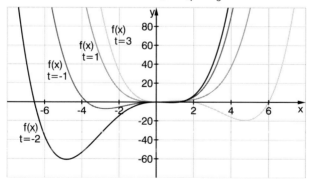

Die Nullstellen der Graphen werden mit $0 = x^2\left(\frac{1}{4}x^2 - \frac{2}{3}tx + t\right)$ berechnet.

Extrema sind mit $0 = x_e\left(x_e{}^2 - 2tx_e + 2t\right)$ zu finden und mit $f_t''(x_e)$ zu qualifizieren:
1 Extremstelle, falls $0 \le t \le 2$; 3 Extremstellen, falls $t < 0$ oder $t > 2$

Wendestellen sind über $0 = 3x_W{}^2 - 4tx_W + 2t$ zu finden und mit $f_t''(x_W)$ zu verifizieren:
Keine Wendestelle, falls $0 \le t \le 2$; 2 Wendestellen, falls $t < 0$ oder $t > 2$

57

33. *Training zur Kurvendiskussion ohne GTR*

a)/b) Kurvendiskussion gemäß Gliederung im Schülerband auf Seite 56

	a)	b)
Funktion	$f(x) = \frac{1}{4}x^3 - 3x$	$f(x) = -x^3 + 6x^2 - 9x$
1. Ableitung	$f'(x) = \frac{3}{4}x^2 - 3$	$f'(x) = -3x^2 + 12x - 9$
2. Ableitung	$f''(x) = \frac{3}{2}x$	$f''(x) = -6x + 12$
3. Ableitung	$f'''(x) = \frac{3}{2}$	$f'''(x) = -6$
Symmetrie	Wegen $f(-x) = -f(x)$ Punktsymmetrie zum Ursprung	keine Symmetrie
Nullstellen	$0 = x\left(\frac{1}{4}x^2 - 3\right)$ $x_1 = 0; x_2 = -\sqrt{12}; x_3 = \sqrt{12}$	$0 = -x(x^2 - 6x + 9)$ $x_1 = 0; x_2 = 3$ (doppelte Nullstelle bei 3)
Lokale Extrempunkte	Notw. Bed.: $f'(x) = 0$ $\Rightarrow x_1 = -2; x_2 = 2$ hinr. Bed. $f''(-2) = -3 < 0$ $\Rightarrow$ Hochpunkt H$(-2\|4)$ dabei ist $f(-2) = 4$ hinr. Bed. $f''(2) = 3 > 0$ $\Rightarrow$ Tiefpunkt T$(2\|-4)$ dabei ist $f(2) = -4$	Notw. Bed.: $f'(x) = 0$ $\Rightarrow x_1 = 1; x_2 = 3$ hinr. Bed. $f''(1) = 6 > 0$ $\Rightarrow$ Tiefpunkt T$(1\|-4)$ dabei ist $f(1) = -4$ hinr. Bed. $f''(3) = -6 < 0$ $\Rightarrow$ Hochpunkt H$(3\|0)$ dabei ist $f(3) = 0$
Wendepunkte	Notw. Bed.: $f''(x) = 0$ $\Rightarrow x_W = 0$ hinr. Bed. $f'''(0) = \frac{3}{2} \neq 0$ Wendepunkt W$(0\|0)$ dabei ist $f(0) = 0$	Notw. Bed.: $f''(x) = 0$ $\Rightarrow x_W = 2$ hinr. Bed. $f'''(2) = -6 \neq 0$ Wendepunkt W$(2\|-2)$ dabei ist $f(2) = -2$
Skizze		

57

33. Fortsetzung
c)/d)

	c)	d)
Funktion	$f(x) = -\frac{1}{4}x^4 + x^3$	$f(x) = \frac{1}{3}x^4 - 2x^2$
1. Ableitung	$f'(x) = -x^3 + 3x^2$	$f'(x) = \frac{4}{3}x^3 - 4x$
2. Ableitung	$f''(x) = -3x^2 + 6x$	$f''(x) = 4x^2 - 4$
3. Ableitung	$f'''(x) = -6x + 6$	$f'''(x) = 8x$
Symmetrie	keine Symmetrie	Wegen $f(-x) = f(x)$ Achsensymmetrie zur y-Achse
Nullstellen	$0 = x^3\left(-\frac{1}{4}x + 1\right)$ $x_1 = 0; x_2 = 4$	$0 = x^2\left(\frac{1}{3}x^2 - 2\right)$ $x_1 = 0; x_2 = -\sqrt{6}; x_3 = \sqrt{6}$
Lokale Extrempunkte	Notw. Bed.: $f'(x) = 0$ $\Rightarrow x_1 = 0; x_2 = 3$ hinr. Bed. $f''(0) = 0$ → Sattelpunkt SP$(0\|0)$ hinr. Bed. $f''(3) = -9 < 0$ $\Rightarrow$ Hochpunkt H$\left(3\|6\frac{3}{4}\right)$	Notw. Bed.: $f'(x) = 0$ $\Rightarrow x_1 = 1; x_2 = -\sqrt{3}; x_3 = \sqrt{3}$ hinr. Bed. $f''(0) = -4 < 0$ $\Rightarrow$ Hochpunkt H$(0\|0)$ hinr. Bed. $f''(-\sqrt{3}) = 8 > 0$ $\Rightarrow$ Tiefpunkt T$(-\sqrt{3}\|-3)$ hinr. Bed. $f''(\sqrt{3}) = 8 > 0$ $\Rightarrow$ Tiefpunkt T$(\sqrt{3}\|-3)$
Wendepunkte	Notw. Bed.: $f''(x) = 0$ $\Rightarrow x_{W1} = 0; x_{W2} = 2$ hinr. Bed. $f'''(0) = 6 \neq 0$ Wendepunkt WP$_1(0\|0)$ hinr. Bed. $f'''(2) = -6 \neq 0$ Wendepunkt WP$_2(2\|4)$	Notw. Bed.: $f''(x) = 0$ $\Rightarrow x_{W1} = -1; x_{W2} = 1$ hinr. Bed. $f'''(-1) = -0{,}5 \neq 0$ Wendepunkt WP$_1(-1\|-1{,}7)$ hinr. Bed. $f'''(1) = 0{,}5 \neq 0$ Wendepunkt WP$_2(1\|-1{,}7)$
Skizze	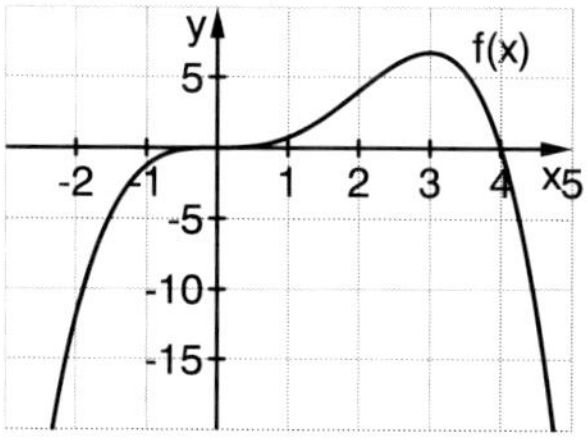	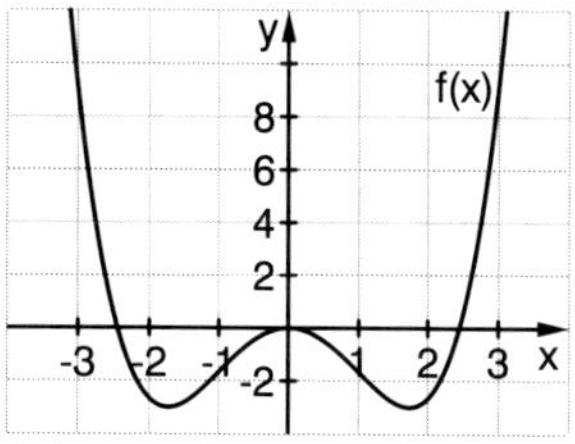

33. Fortsetzung
e)/f)

	e)	f)
Funktion	$f(x) = x^3 - 3x^2 + 3x$	$f(x) = -\frac{1}{2}x^3 + \frac{3}{2}x^2 - 3x$
1. Ableitung	$f'(x) = 3x^2 - 6x + 3$	$f'(x) = -\frac{3}{2}x^2 + 3x - 3$
2. Ableitung	$f''(x) = 6x - 6$	$f''(x) = -3x + 3$
3. Ableitung	$f'''(x) = 6$	$f'''(x) = -3$
Symmetrie	keine Symmetrie	keine Symmetrie
Nullstellen	$0 = x(x^2 - 3x + 3)$ $x_0 = 0$	$0 = -\frac{1}{2}x(x^2 - 3x + 6)$ $x_0 = 0$
Lokale Extrempunkte	Notw. Bed.: $f'(x) = 0$ $\Rightarrow x_E = 1$ hinr. Bed. $f''(1) = 0$ $\Rightarrow$ Sattelpunkt SP(1 | 1)	Notw. Bed.: $f'(x) = 0$ Keine Lösung für x, d. h. keine lokalen Extremstellen
Wendepunkte	Notw. Bed.: $f''(x) = 0$ $\Rightarrow x_W = 1$ hinr. Bed. $f'''(1) = 6 \neq 0$ Wendepunkt WP(1 | 1)	Notw. Bed.: $f''(x) = 0$ $\Rightarrow x_W = 1$ hinr. Bed. $f'''(1) = -3 \neq 0$ Wendepunkt WP(1 | -2)
Skizze		

34. *Graphen skizzieren*
–

2.2 Optimieren

1. *Optimale Schachtel*

   a)

Seitenlänge x (cm)	1	2	3	4	5	6
Volumen V (cm³)	324	512	588	576	500	384

   Das maximale Volumen der Schachtel sollte bei $x = 3$ cm liegen.

   b) $V(x) = (20 - 2x)(20 - 2x) \cdot x = 400x - 80x^2 + 4x^3$

   Zum Auffinden des Maximums bilden wir die erste Ableitung von V:

   $V'(x) = 400 - 160x + 12x^2$ und setzen $V'(x) = 0$. Mit der pq-Formel finden wir $x_1 = 3{,}3$ und $x_2 = 10$. Die zweite Lösung ist ohne Sachbezug, also haben wir ein maximales Schachtelvolumen bei $x = 3{,}3$ cm, die hinreichende Bedingung ist mit $V''(3{,}3) = -160 + 24 \cdot 3{,}3 < 0$ auch erfüllt.

   Es ist $V_{max} = (13{,}4)^2 \cdot 3{,}3 = 592{,}5$ cm³.

   c) Wenn die Kantenlänge eines quadratischen Pappbogens gleich a ist, dann ist $V(x) = (a - 2x)(a - 2x) \cdot x = a^2x - 4ax^2 + 4x^3$.

   Mit demselben Verfahren wie bei Teilaufgabe b) findet man, dass die Schachtel ihr maximales Volumen bei $x = \frac{1}{6}a$ hat. An dieser Stelle ist

   $V_{max}\left(\frac{1}{6}a\right) = \left(a - 2 \cdot \frac{1}{6}a\right)\left(a - 2 \cdot \frac{1}{6}a\right) \cdot \frac{1}{6}a = \frac{2}{27}a^3$ cm³.

2. *Quadrate im Quadrat*

   (A) Mit dem Satz des Pythagoras gilt für die Seitenlänge y des inneren Quadrates:

   $y^2 = x^2 + (5 - x^2) = 2x^2 - 10x + 25$

   Die nach oben geöffnete Parabel hat ihr Minimum bei $x_{min} = \frac{5}{2}$.

   Hier ist $(y^2)' = 0$.

   (B) Der Flächeninhalt A der vier Dreiecke ist

   $A = 4 \cdot D = 4 \cdot \frac{x(5 - x)}{2} = 10x - 2x^2$.

   Die nach unten geöffnete Parabel hat ihr Maximum bei $x_{max} = \frac{5}{2}$.

   Hier ist $A' = 0$.

   Für eine beliebige Seitenlänge k ist $y^2 = x^2 + (k - x)^2 \Rightarrow y^2 = 2x^2 - 2kx + k^2$

   Das Minimum liegt bei $x_{min} = \frac{k}{2}$.

   Hier ist $(y^2)' = 0$.

   Für den Flächeninhalt A der vier Dreiecke ergibt sich $A = 4 \cdot \frac{x(k - x)}{2} = 2kx - 2x^2$.

   A ist maximal für $x_{max} = \frac{k}{2}$.

   Hier ist $A' = 0$.

3. *Optimierung bei der Lagerhaltung*
Vervollständigte Tabelle:

Zahl der Bestellungen pro Jahr $\frac{2500}{x}$	Stuckzahl einer Bestellung x	Lagerkosten pro Jahr $\frac{x}{2} \cdot 10$	Bestellkosten pro Jahr $(20 + 9x) \cdot \frac{2500}{x}$	Gesamtkosten pro Jahr K(x)
1	2500	12500	22520	35020
2	1250	6250	22540	28790
5	500	2500	22600	25100
10	250	1250	22700	23950
15	167	833	22800	23633
20	125	625	22900	23525
25	100	500	23000	23500
30	83	417	23100	23517
40	63	313	23300	23613
50	50	250	23500	24125

Funktionsterm für die Funktion $x \to K(x)$, die jeder Stückzahl x einer Bestellung die Gesamtkosten pro Jahr K(x) zuordnet:

$$K(x) = (20 + 9x) \cdot \frac{2500}{x} + \frac{x}{2} \cdot 10 = \frac{50000}{x} + 22\,500 + 5x$$

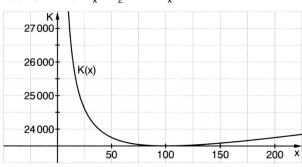

Minimum von K(x) über $K'(x) = -\frac{50000}{x^2} + 5$ und $K'(x) = 0 \Rightarrow x = 100$

Für Bestellstückzahlen von 100 Stück sind die Gesamtkosten pro Jahr minimal.
Dieses Ergebnis zeigt auch der Graph von K(x).

3. Fortsetzung

Der Manager hat nicht recht, denn die neue Kostenfunktion

$K(x) = (20 + 9x) \cdot \dfrac{10\,000}{x} + \dfrac{x}{2} \cdot 10$ hat ihr Minimum bei $x = 200$.

Es muss auch der Erlös pro verkauftem Stück annähernd konstant sein, was aber häufig nicht der Fall ist, wegen der Gewährung von Mengenrabatten bei größeren Stückzahlen und wegen der Einräumung von Skonto-Nachlässen bei schneller Bezahlung.

63

4. *Schachteln mit maximalem Volumen*

a) $V(x) = (16 - 2x)(8 - 2x)x = 4x^3 - 48x^2 + 128x \Rightarrow V'(x) = 12x^2 - 96x + 128$

Bestimmung von x_{max} mit $V'(x) = 0$ und pq-Formel: $x_{max} = 1,69$ cm

Die hinreichende Bedingung ist mit $V''(1,69) = 24 \cdot 1,69 - 96 < 0$ erfüllt.

b) $V(x) = \left(\dfrac{16 - 2x}{2}\right)(8 - 2x)x = 2x^3 - 24x^2 + 64x \Rightarrow V'(x) = 6x^2 - 48x + 64$

Bestimmung von x_{max} mit $V'(x) = 0$ und pq-Formel: $x_{max} = 1,69$ cm

Die hinreichende Bedingung ist mit $V''(1,69) = 12 \cdot 1,69 - 48 < 0$ erfüllt.

5. *Minimale Oberfläche*

a) Die Oberfläche O besteht aus zwei Grundflächen G jeweils mit $G = a^2$ und einem Mantel M aus vier Rechtecken $M = 4ah$, zusammen also $O = 2a^2 + 4ah$. Hier hängt O von den Variablen a und h ab. Mit $h = \dfrac{1000}{a^2}$ erhalten wir $O(a) = 2a^2 + \dfrac{4000}{a}$.

Die erste Ableitung ist $O'(a) = 4a - \dfrac{4000}{a^2}$.

Über $O'(a) = 0$ finden wir $a_{min} = 10$ cm. Die hinreichende Bedingung

$O''(10) = 4 + \dfrac{8000}{10^3} = 12 > 0$ ist auch erfüllt. Der gesuchte Quader ist also ein Würfel mit der Kantenlänge $a = 10$ cm.

b) Es ergibt sich bei beliebigem Quadervolumen als Lösung in jedem Fall ein Würfel mit der Kantenlänge $a = \sqrt[3]{V}$ cm.

6. *Optimale Fläche einzäunen*

a) Für ein Rechteck mit den Seiten a und b ist der Flächeninhalt $A = ab$.

Aus der Bedingung $100 = 2a + 2b$ folgt $b = 50 - a$, eingesetzt in A ergibt sich $A = 50a - a^2$. Über $A' = 50 - 2a$ finden wir $a_{max} = 25$ und dann $b_{max} = 25$. Die maximal einzäunbare Fläche ist in diesem Fall ein Quadrat mit der Seitenlänge $a_{max} = 25$ m.

b) Aus der Bedingung $100 = 2a + b$ folgt $b = 100 - 2a$, eingesetzt in A ergibt sich $A = 100a - 2a^2$. Über $A' = 50 - 2a$ finden wir $a_{max} = 25$ und dann $b_{max} = 50$. Die maximal einzäunbare Fläche ist in diesem Fall ein Rechteck mit den Seitenlängen $a_{max} = 25$ m und $b_{max} = 50$ m.

c) Aus der Bedingung $100 = 2a + b + (b - 20)$ folgt $b = 60 - a$, eingesetzt in A ergibt sich $A = 60a - a^2$. Über $A' = 60 - 2a$ finden wir $a_{max} = 30$ und dann $b_{max} = 30$. Die maximal einzäunbare Fläche ist in diesem Fall ein Quadrat mit der Seitenlänge $a_{max} = 30$ m.

63

7. *Isoperimetrisches Problem*

   a) Für ein Rechteck mit den Seiten a und b ist der Flächeninhalt A = ab.

   Aus der Bedingung u = 2a + 2b folgt b = $\frac{u}{2}$ − a, eingesetzt in A ergibt sich

   A = $\frac{u}{2}$a − a². Über A′ = $\frac{u}{2}$ − 2a finden wir a_{max} = $\frac{u}{4}$ und dann b_{max} = $\frac{u}{4}$.

   Also hat ein Quadrat den größten Flächeninhalt von allen umfangsgleichen Rechtecken.

   b) Das Rechteck mit den Seiten $\overline{AT}$ = a und $\overline{TB}$ = b hat den Flächeninhalt A = ab. Aus der Bedingung $\overline{AB}$ = a + b folgt b = $\overline{AB}$ − a, eingesetzt in A ergibt sich

   A = $\overline{AB}$ · a − a². Über A′ = $\overline{AB}$ − 2a finden wir a_{max} = $\frac{\overline{AB}}{2}$ und dann b_{max} = $\frac{u}{4}$.

   Also hat ein Quadrat mit der Seite a = 0,5 · $\overline{AB}$ den größten Flächeninhalt.

   c) Wir teilen die Strecke $\overline{AB}$ = s in die Teile x und s − x. Das Produkt P(x) der Quadrate über den Teilen ist P(x) = x² · (s − x)² = x²s² − 2sx³ + x⁴. Die Nullstellen der 1. Ableitung liefern uns die x-Koordinaten der Extremstellen:
   0 = 2s²x − 6sx² + 4x³ = 4x(0,5s² − 1,5sx + x²)

   Mit der „Produkt = Null"-Regel und der pq-Formel erhalten wir die Nullstellen x_1 = 0, x_2 = s, x_3 = 0,5s. Die ersten beiden Zahlen teilen die Strecke s nicht. Die dritte Zahl ist die gesuchte Lösung. Das Produkt der Quadrate über den beiden Teilen einer Strecke s ist maximal, wenn die Quadratseiten jeweils gleich der Hälfte der Strecke sind.

   d) (1) Die „Summe der Quadrate" S(x) = x² + (s − x)² = 2x² − 2sx + s² ist ebenfalls maximal, wenn die beiden Teilstrecken jeweils gleich der Hälfte der Strecke s sind. Der Rechenweg ist ähnlich wie in Teilaufgabe c).

   (2) Die „Differenz der Quadrate" D(x) = (s − x)² − x² = s² − 2sx ist maximal, wenn x = 0 ist.

   (3) Der „Quotient der Quadrate" Q(x) = $\frac{(s - x)^2}{x^2}$ = $\frac{s^2}{x^2}$ − $\frac{2s}{x}$ + 1 hat kein relatives Maximum für das Definitionsintervall.

64

8. *„Umgekehrtes" isoperimetrisches Problem*

   a) In Aufgabe 7. a) wurde die maximale Rechtecksfläche bei gegebenem Umfang u gesucht. Die Lösung ist ein Quadrat mit der Seitenlänge a = $\frac{u}{4}$. Hier wird nun für einen gegebenen Flächeninhalt eines Rechtecks der minimale Umfang gesucht.

   b) Für den Umfang u eines Rechtecks gilt u(a, b) = 2a + 2b, für den gegebenen Flächeninhalt gilt A = ab = 40 ⇒ a = $\frac{40}{b}$, eingesetzt in u ergibt u(b) = $\frac{80}{b}$ + 2b. Das Minimum von u finden wir über u′(b) = 0, also b = a = $\sqrt{40}$. Das Rechteck mit einem Flächeninhalt von 40 cm² ist also ein Quadrat, wenn der Umfang minimal sein soll. Hier ist der Umfang u = 4$\sqrt{40}$ cm = 25,3 cm.

   c) Für den Umfang u eines Rechtecks gilt u(a, b) = 2a + 2b, für den gegebenen Flächeninhalt gilt A = ab, also a = $\frac{40}{b}$, eingesetzt in u ergibt sich u(b) = $\frac{2A}{b}$ + 2b. Das Minimum von u finden wir über u′(b) = 0, also b = a = $\sqrt{A}$. Das Rechteck mit einem Flächeninhalt von A ist ein Quadrat, wenn der Umfang minimal sein soll. Hier ist der Umfang u = 4$\sqrt{A}$.

9. *Stadion*

Der Flächeninhalt A des rechteckigen Fußballplatzes wird durch A = a · 2r beschrieben, wobei r der Radius der beiden Halbkreise ist und a die Länge der geraden Strecke (jeweils gemessen in Meter). Aus der Bedingung 400 = 2πr + 2a ergibt sich a = 200 − πr. Eingesetzt in A erhalten wir A = 400r − 2πr². Der Graph von A(r) ist eine nach unten geöffnete Parabel, er hat also ein Maximum, das wir über die Ableitung von A(r) bestimmen. A′ = 400 − 4πr. Für r = $\frac{400}{4\pi}$ ist A′ = 0 ⇒ r = 31,83 m. Damit errechnen wir a = 100 m. Das ist genau die Länge, der in allen Sportstadien der Welt vorhandenen 100-m-Sprintstrecke. Für das maximal mögliche Fußballfeld ergibt sich A = 2 · 31,83 m · 100 m = 6366 m².

10. *Optimale Dose*

Die Oberfläche O einer Dose setzt sich zusammen aus den flächengleichen Boden und Deckel sowie dem Mantel: O = 2G + M

a) Dose 1: r = 4,2 cm und h = 10,7 cm ⇒ O = 2πr² + 2πrh = 393,2 cm²

   Dose 2: r = 3,6 cm und h = 14,3 cm ⇒ O = 2πr² + 2πrh = 404,9 cm²

b) Aus der Volumenformel V = πr²h für Zylinder und mit V = 580 folgt h = $\frac{580}{\pi r^2}$.
   Eingesetzt in O = 2πr² + 2πrh ergibt sich O = 2πr² + $\frac{1160}{r}$. So hängt O nur noch von r ab. Über die Ableitung O′(r) finden wir mit O′(r) = 0 das Minimum von O.

   $4\pi r - \frac{1160}{r^2} = 0 \Rightarrow r^3 = \frac{1160}{4\pi} \Rightarrow r = 4{,}52$ cm ⇒ d = 9,04 cm

   Mit h = $\frac{580}{\pi r^2}$ ist h = 9,04 cm. Der minimale Materialverbrauch wird in diesem Fall mit 385 cm² berechnet. Das optimale Verhältnis beträgt $\frac{d}{h}$ = 1.
   Für die Dose 1 ist $\frac{d}{h} = \frac{8,4}{10,7} \approx 0{,}785$; für die Dose 2 ist $\frac{d}{h} = \frac{7,2}{14,3} \approx 0{,}5$.
   Also kommt die Dose mit den Lychees dem Optimum näher als die andere.

c) Führt man die Berechnung in Teilaufgabe a) für beliebige V durch, so ist

   $$\frac{d}{h} = \frac{2\left(\sqrt[3]{\frac{V}{2\pi}}\right)}{\dfrac{V}{\pi\left(\sqrt[3]{\frac{V}{2\pi}}\right)^2}} = \frac{2\frac{V}{2\pi}}{\frac{V}{\pi}} = 1, \text{ also ist das Verhältnis von } \frac{d}{h} \text{ unabhängig von V,}$$

sofern die Maße von d und h sich auf die minimale Oberfläche des Zylinders beziehen.

64

10. Fortsetzung

d) Wir rechnen mit $V = 580$ cm^3 aus Teilaufgabe a). Man könnte erwarten, dass der Zylinder etwas günstiger im Materialverbrauch ist, weil die Ecken des Quaders sozusagen glattgebügelt sind.

Die Oberfläche O im Quader mit quadratischer Grundfläche G und der Höhe h ist

$O = 2a^2 + 4ah$. Mit $h = \frac{580}{a^2} \Rightarrow O(a) = 2a^2 + \frac{2320}{a}$, hiervon die 1. Ableitung:

$O'(a) = 4a - 2320\frac{1}{a^2}$. Mit $O'(a) = 0$ erhalten wir als notwendige Bedingung

$a = \sqrt[3]{580}$ cm $= 8{,}34$ cm. Die hinreichende Bedingung für ein lokales Minimum ist

mit $O''(8{,}34) = 4 - (-2) \cdot 2320 \cdot \frac{1}{(8{,}34)^3} > 0$ erfüllt. Der minimale Materialverbrauch

wird mit $417{,}29$ cm^2 berechnet. Er ist 8,4 % höher als bei dem vergleichbaren

Zylinder. Ferner ist $h = \frac{580}{a^2} = 8{,}34$ cm, sodass sich für den Quader – analog zum

Zylinder – das (von V unabhängige) Verhältnis $\frac{h}{a} = 1$ als Merkregel für den minima-

len Materialverbrauch ergibt.

e) offene Aufgabe: z. B.
   - Stapelbarkeit auf Paletten (wichtig für den Produzenten)
   - Form des Inhalts und Werbeeffekt auf dem Lychee (Wirkung auf den Konsumenten)
   - ...

65

11. *Optimale Tüten*

Das Kegelvolumen ist $V = \frac{1}{3}\pi r^2 h$. Mit der Nebenbedingung $r^2 + h^2 = 10^2$

(Satz des Pythagoras) ergibt sich $V = \frac{1}{3}\pi(10^2 - h^2)h$.

Über $V'(h) = \frac{100}{3}\pi - \frac{1}{3}\pi \cdot 3h^2$ ist $h = \frac{10}{\sqrt{3}}$ cm $= 5{,}77$ cm Nullstelle von $V'(h)$.

Wegen $V''(h) = -2\pi h$ mit $V''(5{,}77) < 0$ ist das Kegelvolumen für $h = 5{,}77$ cm maximal.

12. *Papierfalten*

Der Flächeninhalt des grauen rechtwinkligen Dreiecks ist $A = \frac{1}{2}gh$. Mit dem

Satz des Pythagoras: $g^2 + h^2 = (21 - g)^2 \Rightarrow h = \sqrt{(21 - g)^2 - g^2} = \sqrt{441 - 42g}$

$\Rightarrow A(g) = \frac{1}{2}g\sqrt{441 - 42g} = \frac{1}{2}\sqrt{441g^2 - 42g^3}$

Mit dem Spurmodus des GTR ermittelt man das lokale Maximum bei $x = 7$ mit dem Wert bei ca. 42.

13. *Rechtecke unter Funktionen*

a)/b)

Funktion	$f(x) = -x + 6$	$f(x) = -\frac{1}{2}x^2 + 6$	$f(x) = \frac{4}{x}$
Rechteck	$A(t; f(t)) = t \cdot (-t + 6)$	$A(t; f(t)) = t \cdot \left(-\frac{1}{2}t^2 + 6\right)$	$A(t; f(t)) = t \cdot \frac{4}{t}$
A(t)	$A(t) = -t^2 + 6t$	$A(t) = -\frac{1}{2}t^3 + 6t$	$A(t) = t \cdot \frac{4}{t} = 4$
1. Ableitung	$A'(t) = -2t + 6$	$A'(t) = -1{,}5t^2 + 6$	$A'(t) = 0$
Für t = ... ist A'(t) = 0	t = 3 cm	t = 2 cm	t > 0
Maximales Rechteck	$A = t \cdot f(t)$ $A = 3 \cdot 3 = 9\ \text{cm}^2$	$A = t \cdot f(t)$ $A = 2 \cdot \left(-\frac{1}{2}4 + 6\right) = 8\ \text{cm}^2$	$A = t \cdot f(t)$ $A = t \cdot \frac{4}{t} = 4\ \text{cm}^2$
Umfang u(t; f(t))	$u = 2t + 2f(t)$	$u = 2t + 2f(t)$	$u = 2t + 2f(t)$
u(t)	$u = 2t + 2(-t + 6)$ $u = 12$ (unabhängig von t)	$u = 2t + 2\left(-\frac{1}{2}t^2 + 6\right)$ $u = 2t - t^2 + 12$	$u = 2t + 2\frac{4}{t}$ $u = 2t + \frac{8}{t}$
1. Ableitung	$u'(t) = 0$	$u'(t) = 2 - 2t$	$u'(t) = 2 - \frac{8}{t^2}$
Für t = ... ist u'(t) = 0	t > 0	t = 1 cm	t = 2 cm
Maximaler Umfang	$u = 2t + 2(-t + 6)$ $u = 12$ cm	$u = 2t + 2\left(-\frac{1}{2}t^2 + 6\right)$ $u = 2 \cdot 1 + 2\left(-\frac{1}{2}1^2 + 6\right)$ $u = 13$ cm	$u = 2t + 2\frac{4}{t}$ $u = 2 \cdot 2 + 2\frac{4}{2}$ $u = 8$ cm

c) Zum Beispiel: Bestimmen Sie jeweils den minimalen Abstand des Ursprungspunktes O(0|0) vom Graphen der Funktion.

14. *Mathematischer Bruch einer Glasscheibe*

a) $g(x) = 4 - x^2$: Das Rechteck besteht aus den Seiten $3 - x$ und $6 - g(x)$.
Die Fläche wird berechnet mit $A = (3 - x)(6 - g(x))$. Mit $g(x) = 4 - x^2$ ergibt sich
$A = (3 - x)(2 + x^2) = 6 - 2x + 3x^2 - x^3$, also $A'(x) = -3x^2 + 6x - 2$. Mit der pq-Formel
findet man die Nullstellen $x_1 = 1{,}58$ und $x_2 = 0{,}42$. Wegen $A''(x) = -6x + 6$ ist
$A''(1{,}58) < 0$ und $A''(0{,}42) > 0$. Die Rechtecksfläche ist also maximal bei $x_1 = 1{,}58$.
Die beiden Seiten sind dann 1,42 cm und 4,5 cm lang, der Flächeninhalt beträgt
dann 6,34 cm².

65

14. Fortsetzung

b) $h(x) = 3 - x^2$: Die Fläche des Rechtecks wird nun berechnet mit $A = (3 - x)(6 - h(x))$.
Mit $h(x) = 3 - x^2$ ist $A(x) = (3 - x)(3 + x^2) = 9 - 3x + 3x^2 - x^3$. Die Nullstelle der
1. Ableitung $A'(x) = -3x^2 + 6x - 3$ ist $x = 1$. Allerdings hat $A''(x) = 6x - 6$ dort auch
eine Nullstelle, sodass die Zielfunktion bei $x = 1$ einen Sattelpunkt besitzt, weitere
Hochpunkte sind nicht vorhanden. $A(x)$ ist im Intervall $0 \le x \le 3$ streng monoton
fallend. Deshalb kann aus der Glasscheibe nur noch maximal das Rechteck gewonnen werden, das aus der oberen Hälfte der Glasscheibe besteht. Es hat einen
Flächeninhalt von $A = 3 \, m \cdot 3 \, m = 9 \, m^2$.

66

15. *Kosten, Umsatz und Gewinne*

a) Vergleich der Modelle (x = produzierte Menge):
$K_1(x) = 0,5x + 1$; $\quad U_1(x) = 0,8x$; $\quad G_1(x) = U_1(x) - K_1(x)$

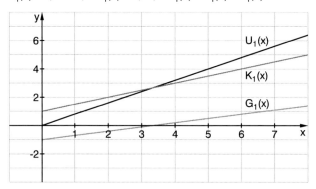

Unrealistische Kostenfunktion, da der Gewinn ab 4 Stück linear wächst.
Es gibt kein Gewinnmaximum.

$K_2(x) = 0,01x^3 + 1$; $\quad U_2(x) = 1,5x$; $\quad G_2(x) = U_2(x) - K_2(x)$

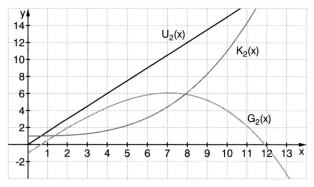

Bei K_2 wächst die Zunahme ab $x = 0$ an ($K_2''(x) > 0$ für $x \ge 0$). Eher erwartet man,
dass die Zunahme der Kosten bis zu einem x_0 schrumpft (dort gilt dann $K_2''(x_0) = 0$)
und ab dem x_0 wieder wächst.
Die Gewinnblase ist relativ groß: Schon ab einem (!) Stück wird ein Gewinn erwirtschaftet. Das Gewinnmaximum liegt ca. bei 7 Stück.

15. a) Fortsetzung

$K_3(x) = 0{,}2x^3 - 1{,}2x^2 + 2{,}4x + 1;\quad U_3(x) = 1{,}4x;\quad G_3(x) = U_3(x) - K_3(x)$

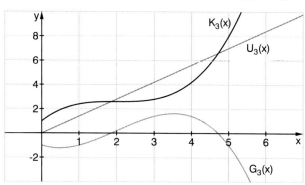

Wenig attraktive Kosten- und Gewinnstruktur, da nur eine kleine Gewinnblase entsteht. Die Kosten steigen ab 4 Stück rasch an. Das Gewinnmaximum wird zwischen drei und vier Einheiten erzielt.

$K_4(x) = 0{,}1x^3 - 0{,}6x^2 + 1{,}7x + 1;\quad U_4(x) = 2x;\quad G_4(x) = U_4(x) - K_4(x)$

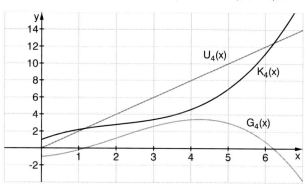

Wenig interessante Kosten- und Gewinnstruktur, Gewinne werden nur zwischen 2 und 6 Stück erwirtschaftet, die Kosten steigen ab x = 5 zu rasch. Das Gewinnmaximum liegt bei ca. 4 Stück.

16. *Parfüm*

a) An allen drei Modellen ist gemeinsam, dass mit wachsendem Verkaufspreis die Anzahl verkaufter Packungen sinkt bzw. mit sinkendem Verkaufspreis die Anzahl verkaufter Packungen steigt.

Zuordnungen: Graph A → P_1; Graph B → P_2; Graph C → P_3

- Modell A: Je niedriger (höher) der Preis, desto mehr (weniger) wird abgesetzt.
- Modell B: Pessimistischeres Kaufverhalten als in Modell A, da die Absatzmengen bei vergleichbarem Preis unter denen des Modells A liegen.
- Modell C: Noch pessimistischeres Kaufverhalten als in Modell B bis zum Preis von 100 €. Ab 100 € werden vermutlich Käuferschichten angesprochen, die mit einem hohen Preis hohe Qualität verbinden; deshalb „stabilisiert" sich der Absatz.

66 16. Fortsetzung

b) Beratungen für die Händler:
- Händler H1: Je nach in Betracht kommendem Modell darf er nur 25 €/Stück bei Modell C nehmen bzw. 50 €/Stück bei Modell B oder 80 €/Stück bei Modell A.
- Händler H2: Mit dem Absatzmodell A wäre er gut beraten, denn bei allen Preisen des Preisintervalls [40 ; 160] könnte er eine genügend große Stückzahl absetzen, um sein Umsatzziel zu erreichen. Modell B wäre nur in einem sehr kleinen Bereich um 80 € geeignet. Modell C wäre erst ab ca. 120 € attraktiv.
- Händler H3: Er muss Gewissheit haben, dass das Modell C funktioniert, sonst bleibt er auf seinem Einkauf sitzen. Die beiden anderen Modelle sagen einen Umsatz von Null bei einem Preis von 200 € voraus.

c) Umsätze:
- Modell P_1: Umsatz U_1 = Stückpreis x · Stückzahl P, also $U_1(x) = -50x^2 + 10000x$. Maximaler Umsatz wird erzielt, wenn $U_1{}'(x) = 0$, also bei x = 100 €. Damit errechnet sich der maximale Umsatz mit $U_1(100) = 500000$ €.
- Modell P_2: $U_2(x) = 0{,}2x^3 - 90x^2 + 10000x$. Maximaler Umsatz wird erzielt bei $x_1 = 73{,}6$ und $x_2 = 226{,}4$. Somit gilt $U_2(73{,}6) = 328211{,}28$ €.
- Modell P_3: $U_3(x) = 30000 \cdot \sqrt{x}$. Maximaler Umsatz wird erzielt, wenn der Preis unendlich hoch ist. Da das unrealistisch ist, nehmen wir hier den maximalen Preis mit 200 € an. Dann ist der maximale Umsatz $U_3(200) = 424264$ €.

Kopfübungen

1 Die Funktion f hat genau drei Extrempunkte (die hinreichende Bedingung sichert drei Extrempunkte, die notwendige Bedingung lässt weitere ausschließen). Der Graph hat zwei Krümmungswechsel.
Beispiel: $f(x) = (x + 2)(x + 1)(x - 1)(x - 2)$.

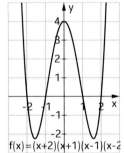

$f(x) = (x+2)(x+1)(x-1)(x-2)$

2 Mit steigender Versuchszahl pendelt sich die relative Häufigkeit um einen Wert ein. Dieser ist ein guter Schätzwert für die (empirische) Wahrscheinlichkeit.

3 Wahr

17. *Die Milchtüte*

Handlungsorientiertes Projekt mit offenen Aufgabenstellungen. Es bietet die Chance, Modell und Realität miteinander zu vergleichen und insgesamt die Chancen und Grenzen mathematischer Modellierung auszuleuchten.

18. *Optimieren ohne Differenzialrechnung*

(A) Der Umfang des gefärbten Rechtecks beträgt

$u_R = 2(a + x) + 2(a - x) = 4a = u_Q$.

Es gilt $A_{weiß} = ax > ax - x^2 = (a - x)x = A_{rot}$. Der Flächeninhalt des oberen weißen Rechtecks ist also immer um x^2 größer als der des rechten rosafarbenen Rechtecks.

Folglich ist das Quadrat mit der Seite a immer größer als der Flächeninhalt A_R des gesamten rosafarbenen Rechtecks. Es ist $A_R = (a + x)(a - x) = a^2 - x^2 < a^2 = A_Q$, das heißt, für jeden Wert von x ist der Flächeninhalt des rosafarbenen Rechtecks um x^2 kleiner als der Flächeninhalt A_Q des Quadrates.

(B) Die waagerechte Diagonale ist die kleinste mit d = 5. Folglich hat auch das zugehörige Quadrat den kleinstmöglichen Flächeninhalt der einbeschreibbaren Quadrate.

Im rechtwinkligen Dreieck gilt der Satz des Pythagoras: „Das Quadrat über der Hypotenuse ist gleich der Summe der Quadrate über den Katheten." Diese Summe ist am kleinsten, wenn die Katheten gleich lang sind.

Auch für beliebige Ausgangsquadrate gilt: Das kleinste einbeschreibbare Quadrat hat als Diagonale die Seite des Ausgangsquadrates. Sein Flächeninhalt ist die Hälfte des Ausgangsquadrates.

(C) Wenn man den Thaleskreis über einer Seite des rosafarbenen Ausgangsquadrates errichtet, so ergeben die beiden Eckpunkte der Seite und ein beliebiger Punkt auf dem Thaleskreis ein rechtwinkliges Dreieck. Dazu werden kongruente rechtwinklige Dreiecke über den anderen drei Quadratseiten konstruiert. Diese vier – in dem Schaubild blauen Dreiecke – ergeben mit dem Ausgangsquadrat ein neues blaues Quadrat. Liegen die Punkte auf dem Thaleskreis nur dicht über den Seiten des Ausgangsquadrates, so sind die hinzugefügten Flächen klein. Sie werden maximal, wenn sie gleichschenklige Dreiecke sind. Das blaue Quadrat hat dann den doppelten Flächeninhalt des nun einbeschriebenen Ausgangsquadrates.

(D) Wir wissen aus Teilaufgabe (C), dass das rechtwinklige Dreieck im Thaleskreis am größten ist, wenn es gleichschenklig ist. Das gilt für beide Kreishälften, folglich ist die aus den beiden Dreiecken gebildete maximale Rechtecksfläche ein Quadrat mit dem Durchmesser des Thaleskreises als Diagonale.

19. *Viele Wege zum Ziel*

(A) Funktionaler Weg:

Bestimmung der Geraden $g(x) = mx + b$ durch die Punkte $B\left(\frac{a}{2} \mid 0\right)$ auf der x-Achse und $C\left(0 \mid \frac{a}{2}\sqrt{3}\right)$ auf der y-Achse. Die Höhe im gleichseitigen Dreieck ist $\frac{a}{2}\sqrt{3}$, das ist auch b.

$$m = \frac{\frac{a}{2}\sqrt{3} - 0}{0 - \frac{a}{2}} = -\sqrt{3} \Rightarrow g(x) = -\sqrt{3}x + \frac{a}{2}\sqrt{3}$$

Flächeninhalt des Rechtecks $A(x, y) = 2x \cdot y \Rightarrow A(x) = 2x \cdot \left(-\sqrt{3}x + \frac{a}{2}\sqrt{3}\right)$

Vereinfachen ergibt $A(x) = -2\sqrt{3} \cdot x^2 + a\sqrt{3} \cdot x$.

$A'(x) = 0$ liefert die Lösung $x = \frac{a}{4}$.

Damit werden $y = \frac{a}{4}\sqrt{3}$ und der maximale Flächeninhalt des Rechtecks $A = \frac{a^2}{8}\sqrt{3}$.

(B) Algebraisch-geometrischer Weg:

Die Höhe im gleichseitigen Dreieck ist $h = \frac{a}{2}\sqrt{3}$. Der Flächeninhalt des Rechtecks ist $A(x, y) = 2x \cdot y$. Nach dem 2. Strahlensatz gilt:

$$\frac{y}{\frac{a}{2} - x} = \frac{h}{\frac{a}{2}} \Rightarrow y = \sqrt{3}\left(\frac{a}{2} - x\right)$$

Einsetzen von y ergibt $A(x) = 2x\sqrt{3}\left(\frac{a}{2} - x\right)$. Der Graph von A ist eine nach unten geöffnete Parabel. Ihre Nullstellen sind gemäß der „Produkt = Null"-Regel $x_1 = 0$ und $x_2 = \frac{a}{2}$. Der Scheitelpunkt mit $x_S = \frac{a}{4}$ liegt in der Mitte und ist zugleich das Maximum von $A(x)$.

(C) Geometrischer Weg:

Beim Betrachten der fünf gleichseitigen Dreiecke fällt auf, dass die Summe der Flächeninhalte eines grünen Dreiecks und des blauen Dreiecks größer ist als die Hälfte des gelben Rechtecks. Im ersten Bild ist allein das blaue Dreieck schon ein Vielfaches des Rechtecks und im letzten Bild ist ein grünes Dreieck allein schon ein Vielfaches des Rechtecks.

Dazwischen existiert offensichtlich ein Fall, in dem das Rechteck gleich der Summe aus dem oberen grünen Dreieck und dem flächengleichen rechten blauen Dreieck ist. Das mittlere Bild dient zur Erläuterung: Wir klappen das blaue Dreieck an der rechten Rechtecksseite in das Rechteck und das obere Dreieck längs der oberen Rechtecksseite ebenfalls in das Rechteck. Dieses ist nun vollständig von den beiden farbigen Dreiecken bedeckt.

2.3 Funktionenscharen und Ortskurven

1. *Parabelmuster 1*

   a) $(A) \to f_a(x)$; $(B) \to f_b(x)$; $(C) \to f_c(x)$

   b) (A): $f_a(x) = ax^2 + x + 1$

   $$f_a'(x) = 2ax + 1 = 0$$

   $$\Rightarrow \quad x = -\frac{1}{2a} \quad \Rightarrow \quad f_a\left(-\frac{1}{2a}\right) = -\frac{1}{4a} + 1$$

   $$S\left(-\frac{1}{2a}\middle| -\frac{1}{4a} + 1\right)$$

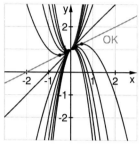

   (B): $f_b(x) = x^2 + bx + 1$

   $$f_b'(x) = 2x + b = 0$$

   $$\Rightarrow \quad x = -\frac{b}{2}$$

   $$\Rightarrow \quad f_b\left(-\frac{b}{2}\right) = \frac{b^2}{4} - \frac{b^2}{2} + 1 = -\frac{b^2}{4} + 1$$

   $$S\left(-\frac{b}{2}\middle| -\frac{b^2}{4} + 1\right)$$

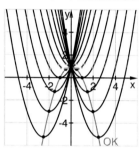

   (C): $f_c(x) = x^2 + x + c$

   $$f_c'(x) = 2x + 1 = 0$$

   $$\Rightarrow \quad x = -\frac{1}{2} \quad \Rightarrow \quad f_c\left(-\frac{1}{2}\right) = -\frac{1}{4} + c$$

   $$S\left(-\frac{1}{2}\middle| -\frac{1}{4} + c\right)$$

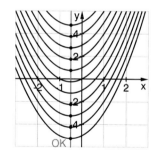

   c) (A): $x = -\frac{1}{2a} \quad \Rightarrow \quad a = -\frac{1}{2x}$

   $$\Rightarrow y = -\frac{1}{4\left(-\frac{1}{2x}\right)} + 1 = \frac{1}{2}x + 1$$

   (B): $x = -\frac{b}{2} \quad \Rightarrow \quad b = -2x$

   $$\Rightarrow y = -\frac{(-2x)^2}{4} + 1 = -x^2 + 1$$

   (C): $x = -\frac{1}{2}$ ist unabhängig vom Parameter c. Alle Scheitelpunkte der Funktionenschar liegen als Ortskurve auf der Senkrechten $x = -\frac{1}{2}$ zur x-Achse.

71   2.   *Der Preis beeinflusst die Nachfrage*

a) Da der Preis um x Euro verändert werden soll, ergibt sich ein neuer Preis von (6 + x). Das Publikum nimmt pro Euro um 30 Personen von ursprünglich 300 ab $\Rightarrow$ (300 – 30x). Daraus folgt für die Einnahmen die angegebene Gleichung:

$E(x) = (6 + x) \cdot (300 - 30x)$

Für den Preis folgt damit:

$E'(x) = 120 - 60x = 0$

$\Rightarrow$ $x = 2$

Bei einer Preiserhöhung um 2 € erhält man die größten Einnahmen unter den genannten Bedingungen.

b) (1) $E_p(x) = (p + x) \cdot (300 - 30x)$

$\Rightarrow$ y-Achsenschnittpunkte bei $E_p(0) = 300p$

$E_p'(x) = -30p + 300 - 60x = 0$

$\Rightarrow$ $x = 5 - \frac{1}{2}p$

$E_p\left(5 - \frac{1}{2}p\right) = 7{,}5p^2 + 150p + 750$

(2) $E_b(x) = (6 + x) \cdot (300 - bx)$

$\Rightarrow$ x-Achsenschnittpunkte bei $E_b(x) = 0$

$\Rightarrow$ für b = 0: Gerade $E_0(x) = y = 300x + 1800$

$E_b'(x) = -2bx - 6b + 300 = 0$

$\Rightarrow$ $x = -3 + \frac{150}{b}$

$E_b\left(-3 + \frac{150}{b}\right) = 9b + \frac{22\,500}{b} + 900$

allg.: $E(x) = (p + x) \cdot (300 - bx)$

$E'(x) = -pb + 300 - 2bx = 0$

$\Rightarrow$ $x = \frac{150}{b} - \frac{p}{2}$

$\Rightarrow$ (1), (2): ja, wenn $\frac{p}{2} > \frac{150}{b}$

2. Fortsetzung

c)

p	x_{max}	$E_p(x_{max})$
2	4	1080
4	3	1470
6	2	1920
8	1	2430

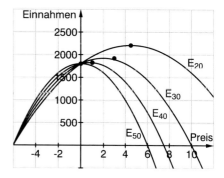

b	x_{max}	$E_b(x_{max})$
20	4,5	2205
30	2	1920
40	0,75	1822,5
50	0	1800

(1) Aus der ersten Tabelle geht hervor, dass mit steigendem Preis auch die maximalen Einnahmen steigen.

(2) Aus der zweiten Tabelle geht hervor, dass mit Abnahme der Besucherzahlen die maximalen Einnahmen fallen.

73 **3.** *Untersuchung einer Funktionenschar*

$f_t(x) = \frac{1}{3}x^3 - 2tx^2$

a) $f_t(1) = 2 \Rightarrow t = -\frac{5}{6} \Rightarrow f_{\frac{5}{6}}(x) = \frac{1}{3}x^3 - \frac{10}{6}x^2$

b) y-Achse: $f_t(0) = 0$

x-Achse: $f_t(x) = 0 \Rightarrow x_1 = 0$

$x_2 = 6t$

c) $f_t'(x) = x^2 - 4tx \qquad f_t'(1) = 1 - 4t$

d) $f_t'(x) = 1 \Rightarrow x_{1/2} = 2t \pm \sqrt{4t^2 + 1}$

e) $f_t''(x) = 2x - 4t = 0$

$\Rightarrow x = 2t \Rightarrow t = \frac{1}{2}x$

$f_t(2t) = -\frac{16}{3}t^3 \Rightarrow y = -\frac{16}{3} \cdot \left(\frac{1}{2}x\right)^3 = -\frac{2}{3}x^3$

4. *Untersuchung verschiedener Kurvenscharen*

a) $f_a(x) = x^2 - ax$ $\qquad\qquad\qquad\qquad$ $f_b(x) = \frac{1}{b}x^2 - x$

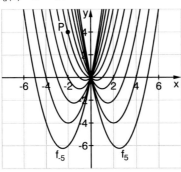 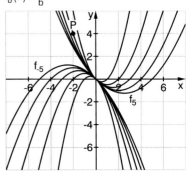

$f_c(x) = x^3 - cx$ $\qquad\qquad\qquad\qquad$ $f_d(x) = \frac{1}{2}x^4 - dx^2$

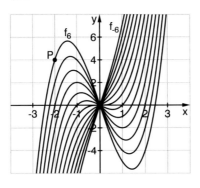 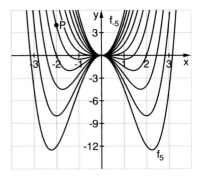

i) $\quad f_a(-2) = (-2)^2 - a(-2) = 4 + 2a = 4 \;\Rightarrow\; a = 0$

ii) $\quad f_b(-2) = \frac{1}{b}(-2)^2 - (-2) = \frac{4}{b} + 2 = 4 \;\Rightarrow\; b = 2$

iii) $f_c(-2) = (-2)^3 - c(-2) = -8 + 2c = 4 \;\Rightarrow\; c = 6$

iv) $f_d(-2) = \frac{1}{2}(-2)^4 - d(-2)^2 = 8 - 4d = 4 \;\Rightarrow\; d = 1$

b) (1) $\to f'(0)$: $\quad$ i) $\quad f_a'(x) = 2x - a \qquad\Rightarrow\; f_a'(0) = -a$

$\qquad\qquad\qquad\qquad$ ii) $\quad f_b'(x) = \frac{2}{b}x - 1 \qquad\Rightarrow\; f_b'(0) = -1$

$\qquad\qquad\qquad\qquad$ iii) $f_c'(x) = 3x^2 - c \qquad\Rightarrow\; f_c'(0) = -c$

$\qquad\qquad\qquad\qquad$ iv) $f_d'(x) = 2x^3 - 2dx \quad\Rightarrow\; f_d'(0) = 0$

$\quad$ (2) $\to f'(x) = -2$: i) $\quad f_a'(x) = -2 \;\Rightarrow\; x = -1 + \frac{a}{2}$

$\qquad\qquad\qquad\qquad$ ii) $\quad f_b'(x) = -2 \;\Rightarrow\; x = -\frac{1}{2}b$

$\qquad\qquad\qquad\qquad$ iii) $f_c'(x) = -2 \;\Rightarrow\; x = \pm\sqrt{\frac{c-2}{3}}$

$\qquad\qquad\qquad\qquad$ iv) $f_d'(x) = -2 \;\Rightarrow\; x = ? \qquad$ kubisch: z. B. für $d = 0$: $x = -1$

4. Fortsetzung

b) (3) i) $f_a{}'(x) = 0 \;\Rightarrow\; x = \frac{a}{2} \;\Rightarrow\; a = 2x$

$$f_a\left(\frac{a}{2}\right) = \frac{a^2}{4} - a\frac{a}{2} = -\frac{a^2}{4} \;\Rightarrow\; y = -x^2$$

ii) $f_b{}'(x) = 0 \;\Rightarrow\; x = \frac{b}{2} \;\Rightarrow\; b = 2x$

$$f_b\left(\frac{b}{2}\right) = \frac{1}{b}\frac{b^2}{4} - \frac{b}{2} = -\frac{b}{4} \;\Rightarrow\; y = -\frac{x}{2}$$

iii) $f_c{}'(x) = 0 \;\Rightarrow\; x = \pm\sqrt{\frac{c}{3}} \;\Rightarrow\; c = 3x^2$

$$f_c\left(\pm\sqrt{\frac{c}{3}}\right) = \pm\frac{c}{3}\sqrt{\frac{c}{3}} \pm \sqrt{\frac{c^3}{3}}$$

$\Rightarrow$ Mit $x = -\sqrt{\frac{c}{3}}$ und $y = -\frac{c}{3}\cdot\sqrt{\frac{c}{3}} + \sqrt{\frac{c^3}{3}} = \sqrt{\frac{c}{3}}\cdot\frac{2}{3}c$ folgt $y = -2x^3$.

iv) $f_d{}'(x) = 0 \;\Rightarrow\; x_1 = 0$

$$x_{2/3} = \pm\sqrt{d} \;\Rightarrow\; d = x^2$$

$f_d(0) = 0 \;\Rightarrow\; y = 0$

$f_d(\pm\sqrt{d}) = \frac{1}{2}d^2 - d^2 = -\frac{1}{2}d^2 \;\Rightarrow\; y = -\frac{1}{2}x^4$

(4) i) $f_a{}''(x) = 2;\; f_a{}'''(x) = 0$

ii) $f_b{}''(x) = \frac{2}{b};\; f_b{}'''(x) = 0$

iii) $f_c{}''(x) = 6x;\; f_c{}'''(x) = 6$

$f_c{}''(x) = 0 \;\Rightarrow\; x = 0 \;\;(\Rightarrow \text{Senkrechte})$

$f_c(0) = 0$

iv) $f_d{}''(x) = 6x^2 - 2d;\; f_d{}'''(x) = 12x \;\Rightarrow\; x \neq 0$

$f_d{}''(x) = 0 \;\Rightarrow\; x = \pm\sqrt{\frac{d}{3}} \;\Rightarrow\; d = 3x^2$

$$f_d\left(\pm\sqrt{\frac{d}{3}}\right) = \frac{1}{2}\frac{d^2}{9} - d\cdot\frac{d}{3} = \frac{d^2}{18} - \frac{d^2}{3} = -\frac{5}{18}d^2$$

$\Rightarrow\; y = -\frac{5}{2}x^4$

5. *Optimieren 1*

a) x: Höhe

$k - 2x$: Breite und Länge

Damit ergibt sich $V_k(x) = \text{Höhe} \cdot \text{Breite} \cdot \text{Länge} = x \cdot (k - 2x) \cdot (k - 2) = x \cdot (k - 2x)^2$

b) $V_k{}'(x) = 12x^2 - 8kx + k^2 = 0$

$x_1 = \frac{1}{2}k \;\Leftarrow\; V_k = 0 \;\left(\text{Randbedingung: } x < \frac{k}{2}\right)$

$x_2 > \frac{1}{6}k$

$V_k\left(\frac{1}{6}k\right) = \frac{2}{27}k^3$, dies ist das maximale Volumen.

c)

k	x	$V_{k;\,max}$
5	$\frac{5}{6}$	9,26
10	$\frac{5}{3}$	74,07
23,811	3,969	1000
30	5	2000

5.   Fortsetzung

c)

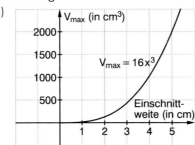

Die Tabelle zeigt, dass für ein Volumen von 1000 cm³ ein Pappkarton mit der Kantenlänge von 23,811 cm benötigt wird. Daraus ergibt sich eine Gesamtpappfläche von etwa 567 cm².

6.   *Optimieren 2*

a)   Parameter a bestimmt die „Breite" der Parabel und ist Öffnungsfaktor.
Parameter b bestimmt die „Höhe" der Parabel und gibt den Schnittpunkt mit der y-Achse an.

b) $A(t) = 2 \cdot t \cdot f(t)$, $f(t)$ ist achsensymmetrisch zur y-Achse

$\Rightarrow A_a(t) = 2 \cdot t \cdot f_a(t) = -2at^3 + 24t$

$A_a{}'(t) = -6at^2 + 24 = 0$

$\Rightarrow t = \dfrac{2}{\sqrt{a}}$ (wegen Symmetrie eigentlich $\pm \dfrac{2}{\sqrt{a}}$) $\Rightarrow a = \dfrac{4}{t^2}$

$A_a\left(\dfrac{2}{\sqrt{a}}\right) = \dfrac{32}{\sqrt{a}}$

$\Rightarrow y = 16t$

$\Rightarrow A_b(t) = 2 \cdot t \cdot f_b(t) = -\dfrac{2}{3}t^3 + 2bt$

$A_b{}'(t) = -2t^2 + 2b = 0$

$\Rightarrow t = \sqrt{b}$ (wegen Symmetrie eigentlich $\pm \sqrt{b}$) $\Rightarrow b = t^2$

$A_b(\sqrt{b}) = \dfrac{4}{3}b\sqrt{b}$

$\Rightarrow y = \dfrac{4}{3}t^3$

74 **Kopfübungen**

1 – 15

2

	2D	3D
a)	Auf der Mittelsenkrechten der Strecke $\overline{AB}$	auf einer Ebene, die alle Mittelsenkrechten der Strecke $\overline{AB}$ enthält
b)	Auf der Kreislinie mit C als Mittelpunkt	auf einer Kugel mit C als Mittelpunkt

3 Im Fall einer Zufallsgröße wird jeder mögliche Wert von X durch einen eigenen Kreissektor dargestellt. Das anteilige Winkelmaß eines Sektors gibt die dazugehörige Wahrscheinlichkeit an.

Kreisdiagramm für einen gewöhnlichen Spielwürfel:

4

	Grad 1	Grad 2	Grad 3	Grad 4
a)	wahr	falsch	falsch	falsch
b)	wahr	wahr	falsch	falsch

75 **7.** *Bewegte Punkte oder: Kurven und Kurvenstücke*

a) $f(x) = (x - 1)^2$; $x \in [-1 ; 4]$

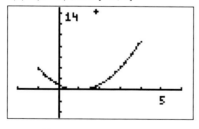

b) $f(x) = 0,5x - 3$; $x \geq 2$

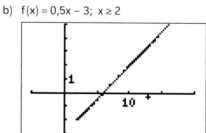

c) $f(x) = \sqrt{1 - x^2}$; $x \in [-1 ; 1]$

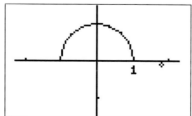

d) $f(x) = (x - 1)^2$; $x \in [-2 ; 4]$

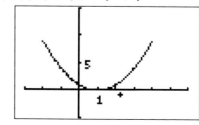

7. Fortsetzung

e) Definitionslücke für $t = 0$

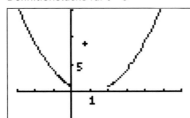

f) $f(x) = \arcsin(x);\ x \in [-1\ ;\ 1]$

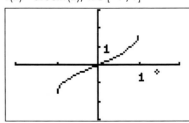

8. *Vielfältige Muster – auch selbst erzeugen*

a) (1) $\Leftrightarrow$ B $\Rightarrow$ S$(\cos(t)\,|\,\sin(t)) \Rightarrow y = \pm\sqrt{1 - x^2}$

   (2) $\Leftrightarrow$ A $\Rightarrow$ S$(k\,|\,k^2) \Rightarrow y = x^2$

b) $f(x) = \dfrac{1}{2}x^2$

9. *Eine seltsame Ortskuve*

a) Für $t < 0$: nach unten geöffnete Parabel

   Je größer der Betrag von t ist, umso weiter wird die Parabel; der Hochpunkt im 1. Quadranten wird nach rechts oben verschoben.

   Füt $t > 0$: nach oben geöffnete Parabel

   Je größer t ist, umso weiter wird die Parabel; der Tiefpunkt im 4. Quadranten wird nach unten rechts verschoben.

b) $f_t'(x) = \dfrac{x}{t} - t$

   $f_t'(0) = -t \Rightarrow$ Tangente n_t: $y = -tx$

c) $f_t(x) = 0 \Rightarrow x_1 = 0;\ x_2 = 2t^2$

   $\Rightarrow A(t) = \displaystyle\int_0^{2t^2} f_t(x)\,dx = -\dfrac{2}{3}t^5$

   $A(t) = 162 \Rightarrow t = \pm 3$ (Vorzeichen wegen Flächenorientierung)

d) $f_t(x) = \dfrac{1}{2t}(x - t^2)^2 - \dfrac{t^3}{2}$

   $\Rightarrow S\left(t^2\,\Big|\,-\dfrac{t^3}{2}\right)$

   $y = -\dfrac{t^3}{2}$ ($\Leftarrow$ Vorzeichen abhängig vom Vorzeichen von t)

   $x = t^2 \Rightarrow t = \pm\sqrt{x},\ x \geq 0$

   $\Rightarrow y = \mp\dfrac{x \cdot \sqrt{x}}{2}$ ($\Leftarrow$ Vorzeichen abhängig vom Vorzeichen von t)

10. *Kreise, Ellipsen und Spiralen im Koordinatensystem*

a) • Kreis: K: $x(t) = 3 \cdot \cos(t) + 1$
$y(t) = 3 \cdot \sin(t) + 2$ $\quad 0 \le t \le 2\pi$

• Ellipse: E: $x(t) = 3 \cdot \cos(t)$
$y(t) = \sin(t)$

b)
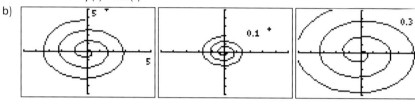

11. *Die Parameterdarstellung einer Zykloide*

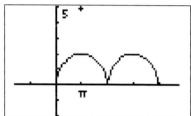

2.4 Stetigkeit und Differenzierbarkeit

1. *Füllgraphen*

a) Die Gefäßbreite wird sprunghaft kleiner, sodass die Füllgeschwindigkeit ebenfalls einen Sprung macht und die Füllhöhe einen Knick.

b) Der Vorgang wurde an der Knickstelle kurz beschleunigt.

c) Gefäß A   Gefäß B   Gefäß C

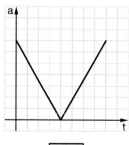
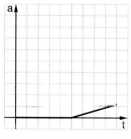
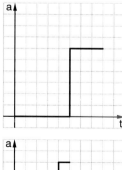

d)
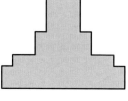

2. *Verhalten von Funktionen an kritischen Stellen*

a) A – (4); B – (1); C – (3); D – (2)

b) (2) bei x = 1 nicht definiert

    (1) Knick, aber zusammenhängend   (2) Sprungstelle, nicht zusammenhängend

    (3) Glatte Verbindung, ohne Knick   (4) Sprung von –∞ nach ∞

c) (1)   Ableitung

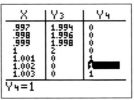 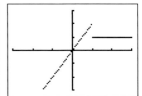

   (2)   Ableitung

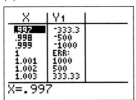 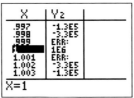 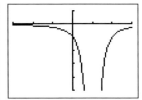

Durch Näherung der Ableitung (*nderiv*) entstehen ‚falsche' Werte.

Benutzt man $f'(x) = \dfrac{-1}{(x-1)^2}$ erhält man ‚richtige' Werte.

   (3)   Ableitung

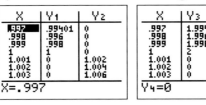 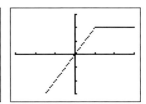

Es bestätigen sich die aus der Anschauung gewonnenen Erkenntnisse, vor allem der glatte Übergang bei (3).

d) Stetig: Wenn man sich von links und rechts der Stelle nähert, müssen die Werte gegen denselben Wert konvergieren.

Diffenzierbar: Wenn man sich von links und rechts der Stelle nähert, müssen die Steigungswerte gegen denselben Wert konvergieren.

(1) Nicht stetig, nicht differenzierbar

(2) An der Stelle x = 1 nicht definiert, nicht stetig, nicht differenzierbar

(3) Stetig und differenzierbar

(4) Stetig, nicht differenzierbar

80

3. *Stetigkeit und Differenzierbarkeit in Sachzusammenhängen*

(1)

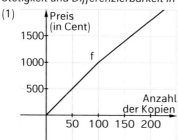

Stetigkeit: Gibt es bei 100 Kopien einen Preissprung?

Differenzierbarkeit: Ändert sich der Preis der Kopien abrupt?

Der Graph ist stetig, aber nicht differenzierbar.

$$f(x) = \begin{cases} 10x & x \le 100 \\ 8x + 200 & x > 100 \end{cases} \text{ für}$$

$$f'(x) = \begin{cases} 10 & x \le 100 \\ 8 & x > 100 \end{cases} \text{ für}$$

(2)

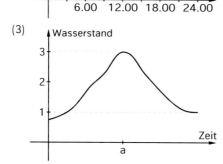

Der Graph wird stetig und differenzierbar sein.

Abrupte Temperatursprünge in „Nullzeit" kann es nicht geben, die Änderungen werden auch nicht abrupt sein.

(3)

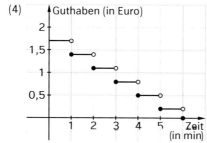

Der Graph ist stetig, weil nicht in „Nullzeit" Wasser verloren gehen kann. Er ist nicht differenzierbar, weil sich durch das plötzliche Öffnen des Verschlusses die Änderung des Wasserstandes abrupt ändert.

(4)

Der Graph ist weder stetig noch differenzierbar. Die Kosten ändern sich abrupt. (Vergleiche hier auch Seite 82, Übung 10 b).)

4. *Stetige und differenzierbare Funktionen 1*

(1)

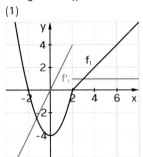

(2)

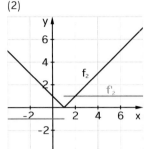

(3)

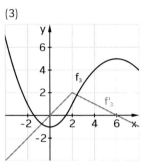

f_1 ist stetig und an der Stelle $x = 2$ nicht differenzierbar (Knick).

f_2 ist stetig und an der Stelle $x = 1$ nicht differenzierbar (Knick).

f_3 ist stetig und differenzierbar.

$$f_3'(x) = \begin{cases} x & x < 2 \\ -\frac{1}{2}x + 3 & x \geq 2 \end{cases} \text{ für }$$

$f_3'(2) = 2$
(Grenzwert bei Annäherung von links und rechts)

(4)

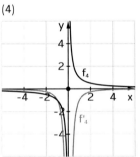

(5)

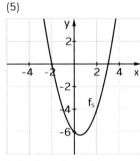

(6)

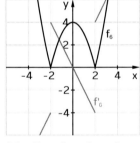

f_4 ist an der Stelle $x = 0$ weder stetig noch differenzierbar.

f_5 ist überall stetig und differenzierbar.

f_6 ist überall stetig und an den Stellen $x = -2$ und $x = 2$ nicht differenzierbar.

(7)

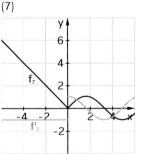

(8)

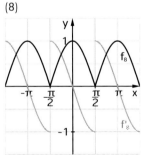

(9)

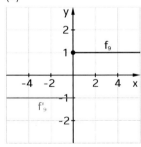

f_7 ist überall stetig und an der Stelle $x = 0$ nicht differenzierbar.

f_8 ist überall stetig und an den Stellen $x = \frac{\pi}{2} + k \cdot \pi$, $k \in \mathbb{Z}$ nicht differenzierbar.

f_9 ist an der Stelle $x = 0$ weder stetig noch differenzierbar.

5. *Ähnlich und doch nicht gleich*

a) f(x)

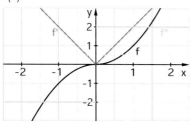

g(x)

f: stetig und differenzierbar

f': stetig, in x = 0 nicht differenzierbar

f": nicht stetig in x = 0

g, g', g": überall stetig und differenzierbar

Anmerkung: f und g sehen zunächst ganz ähnlich aus, qualitative Unterschiede offenbaren sich erst bei den Ableitungen.

b) f(x)

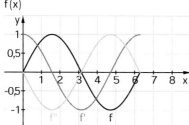

g(x)

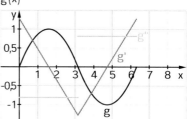

f, f', f": überall stetig und differenzierbar

g: stetig und diferenzierbar

g': an der Stelle x = π stetig und nicht differenzierbar

g": an der Stelle x = π nicht stetig und nicht differenzierbar

Anmerkung: f und g sehen zunächst ganz ähnlich aus, qualitative Unterschiede offenbaren sich erst bei den Ableitungen.

6. *Stetige und differenzierbare Funktionen 2*

a)

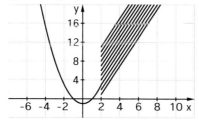

b)

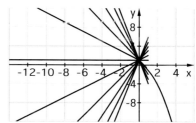

x = 2: f ist stetig, aber nicht differenzierbar für t = 3.

x = 1: f ist stetig und differenzierbar für t = −2.

7. *Vielfältige Verbindungen*

(1) a) Die Gleichung $ax^2 + b = -2$ hat unendlich viele Lösungen.

Grafisch: Es gibt verschiedene Parabeln der Schar $f_{a,b}(x) = ax^2 + b$ durch den Punkt $(2|-2)$.

Bedingung: $4a + b = -2$; $b = -2 - 4a$

b) $f'_{a,b}(x) = \begin{cases} 2ax & x \le 2 \\ -1 & x > 2 \end{cases}$ für $\quad : \quad 4a = -1 \;\Rightarrow\; a = -\dfrac{1}{4} \;\Rightarrow\; b = -1$

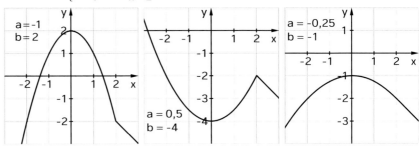

(2) a) Begründung analog zu (1): $2a + 1 = 4 + b \;\Rightarrow\; b = 2a - 3$

b) $f'_{a,b}(x) = \begin{cases} a & x \le 2 \\ 2x & x > 2 \end{cases}$ für $\quad : \quad a = 4 \;\Rightarrow\; b = 5$

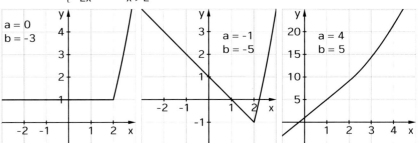

8. *Zwei unterschiedliche Kurvenanpassungen*

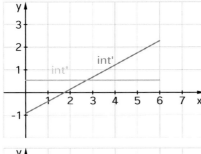

Beide Ableitungen von int sind stetig und differenzierbar in $x = 5$.

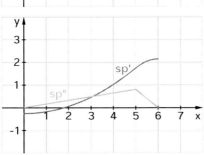

$sp'''(x) = \begin{cases} \dfrac{4}{25} & 0 \le x \le 5 \\ -\dfrac{4}{5} & 5 < x \le 6 \end{cases}$ für

8. *Fortsetzung*

Die Stetigkeit von sp′ und sp″ und die Differenzierbarkeit von sp′ an der Stelle x = 5 folgen aus den Bedingungen.

sp″ ist an der Stelle x = 5 nicht differenzierbar $\left(\frac{4}{25} \neq -\frac{4}{5}\right)$.

9. *Zwei Sätze*

(1) Anschauliche Begründung: Tangente als gemeinsame Grenzlage der Sekanten bei Annäherung von links oder rechts setzt Stetigkeit („Verbindung ohne Sprung") voraus (vgl. auch Übung 10 b)).

Begründung mit Termen und Ableitungen:

$$\lim_{x \to a} f(x) = \lim_{x \to a} \left(\frac{f(x) - f(a)}{x - a} \cdot (x - a) + f(a)\right)$$

$$= \lim_{x \to a} \frac{f(x) - f(a)}{x - a} \cdot \lim_{x \to a} (x - a) + \lim_{x \to a} f(a)$$

$$= f'(a) \cdot 0 + f(a)$$

$$= f(a)$$

Anmerkung: Die Grenzwertsätze können implizit vorausgesetzt werden.

(2) Je mehr man zoomt, desto geradliniger wird der Graph, man sieht näherungsweise die Tangente. Damit liegt Differenzierbarkeit vor (Differenzierbarkeit als beste lokale lineare Näherung).

Bei f(x) = |x| bleibt der Knick unabhängig vom Zoomen erhalten („Selbstähnlichkeit" des Graphen).

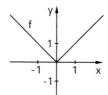 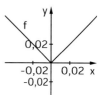

Kubische Polynomfunktionen sind stetig, weil ihre Ableitungen quadratische Funktionen sind. Weil diese stetig und differenzierbar sind, sind auch die kubischen Funktionen stetig und differenzierbar. Mit analoger Argumentation begründet man die Stetigkeit und Differenzierbarkeit für beliebigen Grad n unter Verwendung von $f'(x) = n \cdot x^{n-1}$.

10. *Zwei Sonderfälle*

a) Weil f für x < 0 nicht definiert ist, ist f in (0|0) nicht differenzierbar: $\frac{\sqrt{0+h} - \sqrt{0}}{h} = \frac{\sqrt{h}}{h} = \frac{1}{\sqrt{h}} \xrightarrow{h \to 0} \infty$

Die Sekanten streben also gegen die y-Achse; die y-Achse ist Grenzlage der Sekanten. Die y-Achse ist damit geometrisch die Tangente, an die sich der Graph von f anschmiegt.

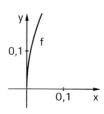

b) f ist nicht stetig (Sprungstelle bei x = 1):

$$\lim_{\substack{h \to 0 \\ h < 0}} \frac{f(1 + h) - f(1)}{h} = \lim_{\substack{h \to 0 \\ h < 0}} \frac{f(1 + h) - f(1)}{h} = 2$$

Beide Grenzwerte stimmen überein, damit ist ein Kriterium für Differenzierbarkeit erfüllt. Wegen der Sprungstelle gibt es aber keine eindeutige Grenzlage der Sekanten, f ist nicht in x = 1 differenzierbar.

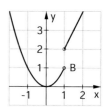

82 ## Kopfübungen

1   a) Falsch: Gegenbeispiel mit $a = -1$

     b) Wahr; „positiv mal positiv ist positiv", „negativ mal negativ ist positiv", „null mal null ist null".

2 $\vec{v} = \begin{pmatrix} 2 \\ -3 \\ -1 \end{pmatrix}$

3   Die Wahrscheinlichkeit, mit der A eintritt, hängt nicht davon ab, ob B bereits eingetreten ist.

    Beispiel: Die Anzahl der Personen in einem Haushalt und dessen Hausnummer.

4   a) $x = \dfrac{2}{a-3}$ (mit $a \neq 3$) und $a = \dfrac{3x+2}{x}$ (mit $x \neq 0$)

     b) $x = \dfrac{4}{3} b$ und $b = \dfrac{3}{4} x$

83 **11.** *Mathematik und Sprache*

„Er hat stetig gleich gut gearbeitet." „Stetig" ist hier mehr im Sinne von „unverändert" zu verstehen, also nicht so nahe an der mathematischen Definition.

„Die Anzahl der freien Stellen stieg stetig". „Freie Stellen" ist diskret, also nicht stetig (über $\mathbb{R}$).

„Das Wasser steigt langsam, aber stetig." Hier ist „stetig" mehr unter dem Aspekt der wachsenden Monotonie zu verstehen.

Hinweis: Mithilfe von Synonymen lässt sich eine unterschiedliche Nähe zur mathematischen Definition verdeutlichen.

12. *Mathematik und Anschauung*

  a) Es entstehen immer wieder ähnliche Bilder: Der Graph oszilliert um den Ursprung.

  b) Für $x = \dfrac{2}{9\pi} \approx 0{,}071$ ist $f(x) = 1$, für $x = \dfrac{2}{11\pi} \approx 0{,}058$ ist $f(x) = -1$.

  c) Für $x = \dfrac{2}{65\pi} \approx 0{,}0098$ ist $f(x) = 1$, für $x = \dfrac{2}{67\pi} \approx 0{,}0095$ ist $f(x) = -1$.

    Wenn man n groß genug wählt, findet man Zahlen $x = \dfrac{2}{\pi(4n+1)}$ und $x = \dfrac{2}{\pi(4n+3)}$ zwischen 0 und jeder noch so kleinen Zahl, für die $f(x) = 1$ bzw. $f(x) = -1$ ist. Es existiert also kein Grenzwert.

  d) Der Graph oszilliert um den Ursprung mit gegen Unendlich wachsenden Amplituden.

    Anschaulich: Die Steigung des Ausgangsgraphen nimmt immer weiter zu, in kleiner werdenden Intervallen von -1 zu 1.

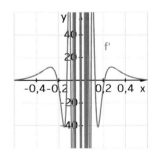

83

13. *Mathematik und Denken*

a) Ohne Stetigkeit kann der Graph einen „Sprung über die x-Achse" machen.

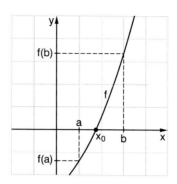

b) Ganzrationale Funktionen 3. Grades streben für $x \rightarrow \pm\infty$ von $-\infty$ gegen $+\infty$. Damit gibt es sowohl positive als auch negative Funktionswerte und deshalb dazwischen eine Nullstelle.

c) Die Nullstellen von $f(x) = x^2 - 2$ sind $x = \sqrt{2}$ und $x = -\sqrt{2}$, also irrational. Hat man nur rationale Zahlen zur Verfügung, existiert also trotz Vorzeichenwechsel $(f(0) = -2, f(2) = 2)$ keine Nullstelle.

Kapitel 3
Modellieren mit Funktionen – Kurvenanpassung

Didaktische Hinweise

Funktionen sind ein zentrales Werkzeug zur Beschreibung von vielfältigen innermathematischen Problemen und außermathematischen Sachverhalten. Im bisherigen Unterricht haben die Schülerinnen und Schüler alle grundlegenden Funktionen und die spezifischen Verläufe ihrer Graphen kennengelernt und untersucht. Mit der Differenzialrechnung stehen auch die Bestimmung charakteristischer Punkte und die Beschreibung des Änderungs- bzw. Steigungsverhaltens der Graphen zur Verfügung. In diesem Kapitel stehen Beschreibungen und Modellierungen vorgegebener bzw. antizipierter Kurvenverläufe im Mittelpunkt, wie sie durch Sachsituationen oder auch innermathematische Kontexte gegeben sind. Als Ausgangsmaterial dienen dabei Messwerte, Bilder oder vorgegebene bzw. erarbeitete Eigenschaften der benötigten Funktionen. Während bisher eher vom globalen Funktionsverlauf auf lokale Eigenschaften und Besonderheiten der Funktionen und ihrer Graphen geschlossen wurde, verläuft der Weg jetzt andersherum, aus lokalen Eigenschaften wird ein Globalverlauf entwickelt.

Das Spektrum reicht dabei von klassischen „Steckbriefaufgaben" (3.3) bis zur Modellierung der Formen und Bögen.

Es ist ein Leitprinzip von NEUE WEGE und dem Vorrang des Verstehens geschuldet, dass zu zentralen Begriffen und Konzepten zunächst adäquate Grundvorstellungen erzeugt werden, ehe algorithmische Verfahren in den Blick genommen werden. So wie deswegen im ersten Lernabschnitt zum Änderungsverhalten in der Einführung der Analysis (vgl. hier 1.1) zunächst rein grafisch-anschaulich leistungsfähige Grundvorstellungen aufgebaut werden und dies auch später bei der Rekonstruktion von Beständen aus Änderungen geschieht (4.1), so soll auch hier durch ein zunächst meist qualitativ orientiertes Arbeiten mit Funktionen der sichere, verstehensorientierte Umgang mit ihnen erzeugt und gefördert werden (3.1). Dies setzt Verfahren voraus, die nicht durch hohe Algebralastigkeit den Blick auf das Wechselspiel aus Sachzusammenhang und mathematischer Funktion unnötig erschweren. Hier leisten grafikfähige Taschenrechner, dynamische Funktionenplotter und Regressionen wertvolle Dienste, weil sie die Funktionen als ganze Objekte mit einfacher Variation zur Verfügung stellen. Im Mittelpunkt steht also nicht das Erzeugen einer Funktion, sondern der verständige Umgang mit schnell zur Verfügung stehenden Funktionen. Während der mathematische Hintergrund von Parametervariationen bei Funktionenplottern für Schüler unmittelbar erfassbar ist, bleiben die Regressionsfunktionen zunächst eine „black box". Deswegen wird in einem Kasten eine inhaltlich aufklärende Information so gegeben, dass Fehlvorstellungen zu den Regressionen vermieden werden, ohne dass die algebraischen Methoden zu ihrer Ermittlung weiter thematisiert werden.

Auf der mathematisch-algebraischen Seite führt das Bestimmen von Funktionen aus Daten meist zu linearen Gleichungssystemen, die in diesem Kapitel zum universellen mathematischen Werkzeug werden. Aus diesem Grund ist dem systematischen Lösen solcher Systeme ein vorgängiger, eigener Lernabschnitt gewidmet (3.2), der neben einer händischen Einführung des Gauß-Algorithmus, auch die Bearbeitung mit Matrizen und grafikfähigen Taschenrechnern behandelt. Damit wird den Schülern das für den Lernabschnitt 3.3 zentrale Werkzeug zur Verfügung gestellt.

In 3.3 werden sowohl aus innermathematisch gegebenen Eigenschaften geeignete Funktionen entwickelt (‚Steckbriefaufgaben') als auch vielfältige Formen beschreibend modelliert. Trassierungsprobleme und Biegelinien sind weitere Anwendungsbereiche und bilden damit einen ersten Abschluss dieses Themenbereichs.

Zu **3.1**

In der ersten grünen Ebene werden mit der Beschreibung der Reichstagskuppel und der Auswertung der CO_2-Daten zwei archetypische Grundsituationen mit Funktionen modelliert, eine vorgegebene Gestalt und ein Datensatz. Dabei liegen die Schwerpunkte der geforderten Schüleraktivitäten einmal in der Auswahl unterschiedlicher Strategien (A1), das andere Mal im Vergleich unterschiedlicher Modelle zum gleichen Datensatz (A2). Damit werden in der Einführung grundlegende Prinzipien des Modellierens thematisiert. Im Basiswissen wird dementsprechend konsequent der Prozess des Modellierens systematisch an einem Beispiel dargestellt: Von der Auswahl einer geeigneten Funktion, über die Bestimmung geeigneter Parameter mit unterschiedlichen Strategien, zur Abschätzung der Güte des Modells und Interpretation der Modellierung als Beschreibung und nicht Ergebnis eines gesetzmäßigen Zusammenhangs. In den Übungen werden die Strategien und Verfahren in vielfältigen Sachsituationen trainiert. Zunächst werden Formen von Brücken und Gebäuden beschrieben (A3), ehe dann Datensätze im Mittelpunkt stehen. Hier wird dann auch das Prinzip der Regression erläutert, so dass ein verständiger Umgang damit möglich ist. Weil das Erzeugen von Daten durch eigene Experimente besonders sinnstiftend ist, wird in einem Projekt zu einem Experiment und seiner Auswertung angeregt.

Zu **3.2**

Nachdem Schüler im vorangegangenen Unterricht das Bestimmen einer Geraden durch zwei Punkte erlernt haben, wird in diesem Lernabschnitt die naheliegende Bestimmung einer Parabel durch drei Punkte zum Ausgangspunkt für das Lösen eines linearen Gleichungssystems mithilfe des Gauß-Algorithmus benutzt. Die Beschränkung auf dieses Verfahren ist hier bewusst gewählt, weil es den mathematischen Hintergrund für das Lösen der Gleichungssysteme mit dem grafikfähigen Taschenrechner beleuchtet. Die wesentliche Funktion dieses Lernabschnitts ist also die verständige Bereitstellung eines wirkmächtigen Werkzeuges. Die Herleitung erfolgt daher instruktiv und nicht problemorientiert. Nach einem grundlegenden Training per Hand, wird das Kalkül auf den Taschenrechner übertragen, der im Weiteren dessen Durchführung übernimmt, sodass dann verstehensorientierte Aufgaben in den Übungen Einsicht und Überblick fördern. Geübt wird der Umgang mit dem GTR auch beim Bestimmen von Interpolationspolynomen zu vorgegebenen Punkten (A6, A7), wodurch Inhalte von 3.3 vorbereitet werden.

Zu **3.3**

In den Einführungsaufgaben sammeln Schüler Erfahrungen zum Aufstellen von Funktionsgleichungen aus gegebenen Bedingungen sowohl in einem innermathematischen als auch in einem außermathematischen Sachzusammenhang (knickfreie Verbindung).

Im Basiswissen wird das Vorgehen nicht nur kalkülorientiert angegeben sondern auch prozessorientiert die Strategien und der Modellierungszusammenhang dargestellt. Im ersten Teil der Übungen (A3–A8) stehen zunächst innermathematische Aufgaben im Mittelpunkt, im zweiten Teil Anwendungssituationen (A9–A14). Mit „Sanfte Übergänge" (A15) wird eine Themenseite zu einer klassischen Anwendung angeboten. Die Trassierungsproblematik wird dabei in intellektuell redlicher Art zunächst beschrieben und es wird darauf hingewiesen, dass in der Realität meist andere Modelle benutzt werden.

Zum Abschluss werden je zwei projektartig angelegte Angebote zum Anwenden und Modellieren bzw. zu innermathematischen Fragestellungen gemacht. Damit können sowohl Fähigkeiten und Fertigkeiten im Modellieren vertiefend geübt werden als auch innermathematische Vernetzungen und Vertiefungen erfahren werden. Daneben ermöglichen diese Probleme verschiedene Formen der Binnendifferenzierung.

1. Modellieren von vielfältigen Formen aus der Architektur.
2. Modellierung der Form einer Vase für eine computergestützte Fertigung mit Splines (mehrfaches Durchlaufen des Modellierungskreislaufs).
3. Die Approximation von Winkelfunktionen durch Polynome (Grundvorstellung für Taylorpolynome).
4. Das Problem, die Krümmung von Funktionsgraphen zu messen.

Lösungen

3.1 Funktionen beschreiben Wirklichkeit

92   1.   *Die Reichstagskuppel in Berlin – eine Parabel?*
–

93   2.   *CO_2-Gehalt der Luft*

a)   Je nach Skalierung der Achsen wird der Anstieg ver- oder entschärft.

b)   Die Werte von 1960 bis 1982 ergeben mit dem GTR folgende mögliche Regressionen:

Lineare Regression: $f_{LR}(x) = 2{,}17\,x + 314{,}6$
Quadratische Regression: $f_{QR}(x) = 0{,}078\,x^2 + 1{,}31\,x + 316$
Exponentielle Regression: $f_{ER}(x) = 314{,}79 \cdot 1{,}0066^x$

Es passen alle drei Modellierungen gut zu den Messdaten.

c)   Die Verdopplung des CO_2-Gehalts aus dem Jahre 1980 beträgt 674 ppm. Zu dieser Zahl suchen wir nun den passenden Funktionswert bzw. die Jahreszahl. Eine Möglichkeit besteht nun darin, dass wir am Graphen der jeweiligen Funktion den gesuchten Wert einfach ablesen. Algebraisch setzen wir die entsprechende Funktion gleich dem Wert 674 und lösen dann nach x auf.

Es folgt mit obigen Gleichungen:

$f_{LR}(x) = 2{,}17\,x + 314{,}6$ $\qquad\Rightarrow x \approx 166$, d. h. nach diesem Modell im Jahr 2292
$f_{QR}(x) = 0{,}078\,x^2 + 1{,}31\,x + 316$ $\Rightarrow x \approx \;\,60$, d. h. nach diesem Modell im Jahr 2080
$f_{ER}(x) = 314{,}79 \cdot 1{,}0066^x$ $\qquad\Rightarrow x \approx 116$, d. h. nach diesem Modell im Jahr 2192

Wird der Wert aus dem Jahr 2013 mit 398 ppm dazu genommen, dann nehmen lineare und exponentielle Regression den neuen Messpunkt (23,5 | 398) nicht mehr mit und weichen „nach unten" ab. Die quadratische Regression weist hingegen noch eine gute Verträglichkeit mit dem Wert aus dem Jahr 2013 auf.

Bemerkung:
Die Jahreszahlen in der Tabelle im Buch laufen in 2er-Schritten und werden mit 1er-Schritten auf der x-Achse besetzt: $x = 0 \;\hat{=}\; 1960$, $x = 1 \;\hat{=}\; 1962$, $x = 2 \;\hat{=}\; 1964$, …
Hierzu wird am besten folgende Rekursionsformel genutzt: Jahreszahl = $2x + 1960$

95

3. *Bögen und Funktionsgraphen*

a) Berliner Bogen

Sinnvoll ist die weitere Benutzung der symmetrisch liegenden Punkte

(1) Quadratische Regression: $f(x) = -0{,}1555 x^2 + 5{,}9980$

(2) Ansatz: $f(x) = ax^2 + 6$ und z. B. $(6|0)$: $f(x) = -\frac{1}{6}x^2 + 6$

- Innerer Bogen: SP $(0|5)$ und $(6|0)$: $f(x) = -\frac{5}{6}x^2 + 6$
- Glasbogen: SP $(0|6{,}5)$; $(6{,}5|0)$

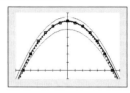

b) Pont du Gard

(1) Geradenstücke zwischen $(5|0)$ und $(5|5)$ bzw. $(-5|0)$ und $(-5|5)$

(2) Parabel mit SP $(0|8{,}5)$ und $(5|5)$: $f(x) = -0{,}14 x^2 + 8{,}5$

Für gute Passung müsste $f(2) \approx 8$ und $f(4) \approx 6{,}5$ gelten: $f(2) = 7{,}94$; $f(4) = 6{,}26$.

f passt hinreichend gut.

c) Europapassage

Außenbogen: Parabel mit SP $(0|6{,}5)$ und $(4|0)$: $f(x) = -\frac{13}{32}x^2 + 6{,}5$

$f(2) = 4{,}875$; $f(3) = 2{,}84375$

d) Brücke in Sydney

Der untere Bogen kann bis zur Wasseroberfläche gut mit einer quadratischen Funktion beschrieben werden. Der konkrete Term hängt von der Skalierung und der Lage des Ursprungs ab. Empfehlenswert ist die Ausnutzung von Symmetrien, hier also: Scheitel $(0|0)$, dann ist $f(x) = a \cdot x^2$. Je nach Skalierung erhält man unterschiedliche Werte für a. Überprüfung der Passung durch Ablesen eines Punktes und Berechnen des zugehörigen Funktionswerts.

96

4. *Auch schwere Vögel können fliegen*

a) Wir gehen davon aus, dass ein Vogel der Masse 0 g eine Flügelfläche von 0 cm² aufweist. Daher beginnt die zugehörige Regressionsfunktion im Ursprung. Eine lineare Regression liefert die am besten angepasste Modellierung, doch müssen hier Abstriche gemacht werden. Es lässt sich also für dieses Modell feststellen, dass mit Zunahme des Gewichts des Vogels auch seine Flügelfläche linear dazu ansteigt.

Mögliche Abhängigkeit: $f(x) = 3{,}2x$

b) Entweder im Diagramm ablesen oder per Rechnung mit der Funktionsgleichung:

Flügelfläche $f(x) = 500$ cm² $\Rightarrow$ $x = 156$ g

Masse $x = 300$ g $\Rightarrow$ $f(x) = 960$ cm²

Blaureiher: Modell passt nicht mehr, die Werte weichen zu stark ab.

97

5. *Mobilfunkanschlüsse*

a) (1) Regressionsfunktionen:
Linear: $L_1(x) = 8x + 17{,}2$
Quadratisch: $Q(x) =$
$-0{,}07x^2 + 8{,}87x + 14{,}93$

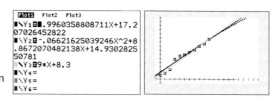

(2) Gerade mit Messpunkten
$(0\,|\,8{,}3)$, $(11\,|\,107{,}3)$:
$L_2(x) = 9x + 8{,}3$

b) Die Modelle passen alle ganz gut zu den Daten. Die Prognosen schwanken für 2013 zwischen 140 und 152 Millionen.
Die neuen Daten zeigen aber, dass alle drei Modelle nicht mehr passen, die Wachstumsgeschwindigkeit der Mobilfunkanschlüsse hat abgenommen.
Prognosen:

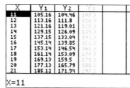 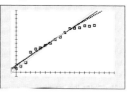

c) Langfristig wird sich die Anzahl bei einer Maximalzahl einpendeln (Sättigung), spätestens, wenn alle Bewohner einen Anschluss haben.

6. *Wassererwärmung in der Mikrowelle*
Modellierung mit Regressionsfunktionen:
y_1: linear
y_2: quadratisch
y_3: exponentiell

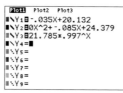 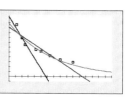

y_2 und y_3 passen ähnlich gut,
y_1 schlechter.

Linear: Bei über 600 ml gibt es keine Temperaturzunahme mehr (Gerät überlastet?)
Quadratisch: Ab mehr als 400 ml gibt es eine stärkere Zunahme der Temperatur trotz Volumenzunahme, das ist unsinnig.
Exponentiell: Langfristig gibt es kaum Temperaturzuwachs. Dies ist ein sinnvolles, zur Realität wohl passendes Modell.

97

7. *How hot is Death Valley?*

a) Je nach Kontext ist das Stabdiagramm oder die Regressionskurve zu nutzen. Während das Stabdiagramm ausschließlich die Maximalwerte erkennen lässt, so sind aus der Regressionskurve auch mögliche Zwischenwerte abzulesen. Allerdings sind diese nicht exakt, da sich die Regressionskurve nicht gänzlich an die Messwerte anpasst.

b)

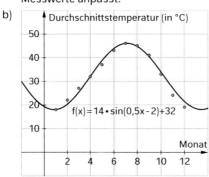 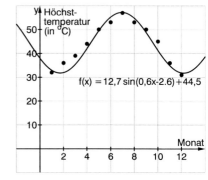

Ein Vergleich liefert: Die „record maximum"-Temperaturwerte sind jeweils größer und damit ist die zugehörige Regressionskurve nach oben verschoben. Entsprechend modifizieren sich die Koeffizienten der Sinusfunktion zu höheren Werten.

98

8. *Ernteertrag und Stickstoffeintrag*
Nach Augenmaß erscheint ein lineares Modell sinnvoll zu sein.

(1) Lineare Regression: $f(x) = 23{,}12x + 6037$

(2) Nach Augenmaß: Gerade durch $(0\,|\,500)$ und $(600\,|\,20\,000)$: $f(x) = 25x + 5000$

Wenn der Stickstoffeintrag zu hoch ist, dann gibt es vermutlich Überdüngung. In diesem Fall ist ein quadratisches Modell sinnvoller. Regression liefert: $f(x) = -0{,}1x^2 + 28{,}7x + 5384$

Nach diesem Modell würde der Ertrag bei mehr als 1500 kg/ha Stickstoffeintrag abnehmen, bei ca. 3000 kg/ha gäbe es keinen Ertrag mehr.

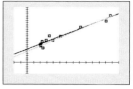

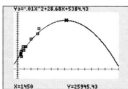

9. *Regressionskurven mit wenig Punkten*

a)

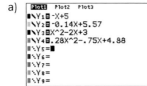 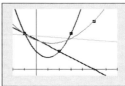

b) Zwei Punkte legen eine Gerade fest und drei Punkte eine quadratische Funktion. Deswegen verlaufen die zugehörigen Regressionsfunktionen exakt durch die Punkte. Wenn die Anzahl der Punkte größer ist, sind Regressionsfunktionen nur Näherungen.

98 Kopfübungen

1 Zwei Paare äquivalenter Terme: $(-x)^6 = (x^2)^3$; $-x^6 = -x \cdot x^5$

2 a)

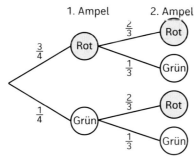

Die beiden Steigungsdreiecke stimmen in ihren Winkeln überein („ähnliche Dreiecke"); die Längen entsprechender Strecken (z. B. der beiden Katheten) stehen im gleichen Verhältnis. Es gilt jeweils $\frac{\Delta y}{\Delta x} = \frac{3}{4}$.

b) $P(8 \mid f(8)) = P(8 \mid 6)$ hat den Abstand $d = \sqrt{8^2 + 6^2} = 10$ vom Ursprung.

$P(a \mid f(a))$ hat vom Ursprung den Abstand $d = \sqrt{a^2 + \left(\frac{3}{4}a\right)^2} = \sqrt{\frac{25}{16}a^2}$;

also $d = \frac{5}{4}|a|$.

3

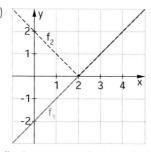

$P(\text{Rot, Rot}) = \frac{6}{12}$

$P(\text{Rot, Grün}) = \frac{3}{12}$

$P(\text{Grün, Rot}) = \frac{2}{12}$

$P(\text{Grün, Grün}) = \frac{1}{12}$

4 a)

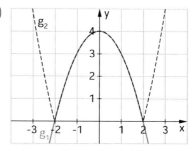

Teile der Ausgangsfunktion (f_1 bzw. g_1), die im negativen y-Bereich liegen, werden bei der Betragsfunktion (f_2 bzw. g_2) an der x-Achse in den positiven y-Bereich gespiegelt.

3.2 Gauß-Algorithmus zum Lösen linearer Gleichungssysteme

100   1.   *Gauß-Algorithmus am Beispiel*

a) Mit den Lösungen aus dem Buch ($a = 1$; $b = -2$; $c = 3$) folgt für das gesuchte Polynom: $y = x^2 - 2x + 3$

Punktproben: $A(-1|6)$ $6 = (-1)^2 - 2(-1) + 3 = 1 + 2 + 3$

$B(2|3)$ $3 = \ \ 2^2 - 2 \cdot 2 \ \ + 3 = 4 - 4 + 3$

$C(3|6)$ $6 = \ \ 3^2 - 2 \cdot 3 \ \ + 3 = 9 - 6 + 3$

b) Die drei Punkte $P(1|4)$, $Q(2|9)$ und $R(3|18)$ ergeben folgendes LGS:

I $1a + 1b + 1c = 4$

II $4a + 2b + 1c = 9$ $\Big\}$ Lösung: $a = 2$; $b = -1$; $c = 3$

III $9a + 3b + 1c = 18$

Wir erhalten das zugehörige Polynom mit $y = 2x^2 - x + 3$ (Abb. unten links).

102   2.   *Training per Hand*

a) $x = 1$; $y = 2$; $z = -1$ b) $x = -1$; $y = 3$; $z = 4$ c) $x = 2$; $y = 2$; $z = -1$

3.   *Training per Hand*

a) I $1a + 2b + 1c = 1$

II $2a + 1b - 1c = -1$ $\Big\}$ Lösung: $a = 1$; $b = -1$; $c = 2$

III $-1a + 2b + 2c = 1$

b) I $1a + 2b + 1c = 1$

II $1a + 1b - 1c = 2$ $\Big\}$ Lösung: $a = -3$; $b = 3$; $c = -2$

III $0 + 2b + 1c = 4$

c) I $3a - 2b + 4c = 5$

II $4a + 6b - 1c = 9$ $\Big\}$ Lösung: $a = 1$; $b = 1$; $c = 1$

III $5a - 4b + 3c = 4$

4.   *Von der Dreiecksform zur Diagonalform*

a) $x = -3$; $y = 4$; $z = 1$

b) –

c) zu a) $\begin{pmatrix} 1 & 0 & 0 & 1 \\ 0 & 1 & 0 & 2 \\ 0 & 0 & 1 & -1 \end{pmatrix}$ zu b) $\begin{pmatrix} 1 & 0 & 0 & -1 \\ 0 & 1 & 0 & 3 \\ 0 & 0 & 1 & 4 \end{pmatrix}$ zu c) $\begin{pmatrix} 1 & 0 & 0 & 2 \\ 0 & 1 & 0 & 2 \\ 0 & 0 & 1 & -1 \end{pmatrix}$

103   5.   *Training mit dem GTR*

–

103

6. *Training – Geraden und Parabeln durch Punkte*
   a) (1) $y = -2x - 1$ (2) $y = \frac{2}{3}x + \frac{10}{3}$ (3) $y = \frac{10}{7}x - \frac{8}{7}$
   b) (1) $y = 2x^2 - x + 4$

   (2) $y = -x^2 + 3x - 2$

   (3) $y = \frac{1}{2}x^2 - 2$

   (4) $y = 2x^2 - x + 4$

7. *Ganzrationale Funktionen – die Anzahl der Punkte wächst*
   a) (1) $y = 4x^3 - 8x^2 + x + 3$ (2) $y = -\frac{1}{2}x^3 + 3x^2 - 4$
   b) (1) $y = -\frac{1}{4}x^4 + 4x^2 + x - 1$

   (2) $y = -x^4 + 3x^3 + 6x^2 - 8x$

8. *Fragen zum Verstehen des Gauß-Algorithmus*
   a) Weil damit eine Äquivalenzumformung eingespart wird. Das Ergebnis für die
      zweite Zeile steht schon da, wenn die Zeilen 1 und 2 vertauscht werden und
      kommt der angestrebten „Dreiecksform" somit entgegen.
      Weil lediglich die Reihenfolge der Zeilen vertauscht wird und nicht deren „Inhalt".
      Beide Versionen (vertauscht und nicht vertauscht) ergeben identische Lösungen,
      wenn der Gauß-Algorithmus konsequent angewandt wird.
   b) $(-1; 5; 3)$.
   c) Nur, wenn beim Spaltentausch alle Variablen entsprechend vertauscht werden.

Kopfübungen

1 Das Volumen wird achtmal größer: $V_{alt} = a^3 \Rightarrow V_{neu} = (2a)^3 = 8 \cdot a^3 = 8 \cdot V_{alt}$

2 Die Seiten: $\vec{AB} = \begin{pmatrix} -2 \\ 0 \end{pmatrix}$; $\vec{BC} = \begin{pmatrix} 0 \\ -2 \end{pmatrix}$; $\vec{CD} = \begin{pmatrix} 2 \\ 0 \end{pmatrix}$ und $\vec{DA} = \begin{pmatrix} 0 \\ 2 \end{pmatrix}$
   Die Diagonalen: z. B. $\vec{CA} = \begin{pmatrix} 2 \\ 2 \end{pmatrix}$; $\vec{BD} = \begin{pmatrix} 2 \\ -2 \end{pmatrix}$

3 a) Gegenereignis: kein Wappen, d. h. „zweimal Zahl": $P(Z, Z) = 1 - 0{,}64 = 0{,}36$
   b) Aus a) folgt $p = \sqrt{0{,}36} = 0{,}6$ für „Zahl" und damit $q = 1 - 0{,}6 = 0{,}4$ für
      „Wappen" $\Rightarrow$ $P(\text{„genau einmal Zahl"}) = P(Z, W) + P(W, Z) = 0{,}6 \cdot 0{,}4 = 0{,}48$

4 $a = -4$

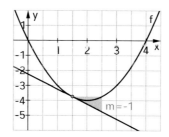

9. *Alte Aufgabe in neuem Gewand*

Wir legen die Variablen im Bezug zum Text: x = „gut", y = „mittel", z = „schlecht"

Es entsteht folgendes LGS:

I $3x + 2y + 1z = 39$
II $2x + 3y + 1z = 34$ Lösung: x = 9,25; y = 4,25; z = 2,75
III $1x + 2y + 3z = 26$

10. *Rechendreiecke*

a) –

b) (1) Ecke oben: x

(1) $(32 - x) + (46 - x) = 54$ $\Rightarrow$ x = 12; y = 20; z = 34
(2) $(30 - x) + (17 - x) = 26$ $\Rightarrow$ x = 10,5; y = 19,5; z = 6,5
(3) $(96 - x) + (107 - x) = 71$ $\Rightarrow$ x = 66; y = 41; z = 30
(4) $(62 - x) + (37 - x) = 21$ $\Rightarrow$ x = 39; y = – 2; z = 23

(2) Lösungen wie in (1)

(1) I $x + y = 32$
    II $x + z = 46$
    III $y + z = 54$
(2) I $x + y = 30$
    II $x + z = 17$
    III $y + z = 26$
(3) I $x + y = 96$
    II $x + z = 107$
    III $y + z = 71$
(4) I $x + y = 62$
    II $x + z = 37$
    III $y + z = 21$

11. *Die Tennisballpyramide – Mit Polynom und LGS zur Formel*

Der Polynomansatz $f(x) = a x^3 + b x^2 + c x + d$ (x $\triangleq$ Stufe, y = f(x) $\triangleq$ Anzahl der Bälle) führt mit den Werten aus der Tabelle zum nachfolgenden LGS und damit zum Erfolg:

I $1a + 1b + 1c + 1d = 1$
II $8a + 4b + 2c + 1d = 4$
III $27a + 9b + 3c + 1d = 10$ Lösung: $a = \frac{1}{6}$; $b = \frac{1}{2}$; $c = \frac{1}{3}$; d = 0
IV $64a + 16b + 4c + 1d = 20$

Wir erhalten eine Funktion dritten Grades mit $f(x) = \frac{1}{6}x^3 + \frac{1}{2}x^2 + \frac{1}{3}x$.

x = 50 $\Rightarrow$ f(50) = 22 100 Bälle

x = 100 $\Rightarrow$ f(100) = 171 700 Bälle

Setzen wir für einen Tennisball den Durchmesser d = 6,5 cm, dann gilt für dessen Volumen ungefähr $V_T = 143\ cm^3 = 143 \cdot 10^{-6}\ m^3$. Somit erzeugen 171 700 Tennisbälle ein Volumen von ca. 24 m³. Ein Kleintransporter weist ein Volumen von ca. 8 m³ auf und damit passen die 171 700 Tennisbälle nicht hinein.

3.3 Bestimmung ganzrationaler Funktionen zu vorgegebenen Daten und Eigenschaften

105

1. *Bedingungen für den Funktionsgraphen*
    a) I wird von allen Funktionen erfüllt
        II wird von allen Funktionen erfüllt
        III wird von allen Funktionen erfüllt
        IV wird von B und C erfüllt
    b)

	II	III	IV
Bedingung	$f'(0) = 2$	$f'(2) = 0$	▪
Gleichung	$3a \cdot 0^2 + 2b \cdot 0 + c = 2$	▪	$6a \cdot 0 + 2b = 0$

   Lösung des Systems $a = -\frac{1}{6}$; $b = 0$; $c = 2$; $d = 1$

   Der Graph von $f(x) = -\frac{1}{6}x^3 + 2x + 1$ stimmt mit B überein.
    c) Da Funktionen 2. Grades keine Wendepunkte haben.

106

2. *Übergänge – mit und ohne Ruck*
    a) Es ist der rechte Übergang zu bevorzugen, da sich bei diesem an die Rechtskurve zunächst eine gerade Strecke anfügt, bevor an die Strecke eine Linkskurve anschließt. Bei der linken Streckenführung fehlt dieses gerade Teilstück, sodass hier der Kurvenwechsel abrupter verläuft.
    b) Der Ruck lässt sich durch das Krümmungsverhalten im Übergangsbereich erklären. Da bei den Beispielen kein bzw. nur ein sehr geringer Übergang vorliegt, kommt es zu dem beschriebenen Ruck an diesen Stellen.
    c) $f(x) = ax^3 + bx + c$
        Bedingungen: $f(1) = -1$ Lösung: $a = \frac{1}{2}$; $b = -\frac{3}{2}$; $c = 0$
        $\qquad\qquad\quad f'(1) = 0$ Funktion: $f(x) = \frac{1}{2}x^3 - \frac{3}{2}x$
        $\qquad\qquad\quad f(0) = 0$

    d) $f(x) = ax^5 + bx^3 + cx$
        Bedingungen: $f(1) = -1$
        $\qquad\qquad\quad f'(1) = 0$
        $\qquad\qquad\quad f''(1) = 0$

        Lösung: $a = -\frac{3}{8}$; $b = \frac{5}{4}$; $c = -\frac{15}{8}$

        Funktion: $f(x) = -\frac{3}{8}x^5 + \frac{5}{4}x^3 - \frac{15}{8}x$

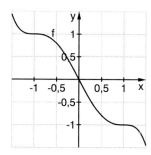

109

3. *Steckbriefe mit Vorgabe des Kandidaten*

a) Bedingungen:
$$f(0) = 0$$
$$f(-2) = 0$$
$$f(4) = 0$$
$$f'(2) = -2$$

Funktion: $f_a(x) = \frac{1}{2}x^3 - x^2 - 4x$

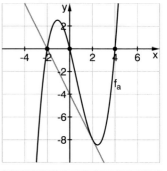

b) Bedingungen:
$$f(0) = -12$$
$$f'(4) = 0$$
$$f(3) = 6$$
$$f''(3) = 0$$

Funktion: $f_b(x) = x^3 - 9x^2 + 24x - 12$

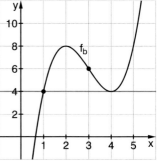

Eine Probe oder das Betrachten des Graphen zeigt, dass wirklich Extremum und Wendepunkt vorliegen.

c) Bedingungen:
$$f(0) = 0$$
$$f'(0) = 0$$
$$f''(0) = 0$$
$$f(1) = -1$$
$$f''(1) = 0$$

Funktion: $f_c(x) = x^4 - 2x^3$

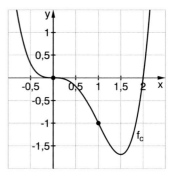

Eine Probe oder das Betrachten des Graphen zeigt, dass wirklich Wendepunkte vorliegen.

109   4.   *Steckbriefe ohne Vorgabe des Kandidaten*

a)   Bedingungen (Funktion 3. Grades):

$$f(0) = 1$$
$$f(1) = 4$$
$$f'(1) = 0$$
$$f'(4) = 0$$

Funktion: $f_a(x) = \frac{6}{11}x^3 - \frac{45}{11}x^2 + \frac{72}{11}x + 1$

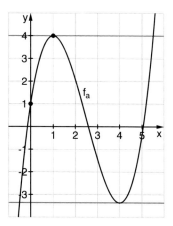

Eine Probe oder das Betrachten des Graphen zeigt, dass wirklich ein Hochpunkt vorliegt.

b) $f(0) = 3$
$f'(0) = 0$
$f''(3) = 0$
$f(1) = 1$

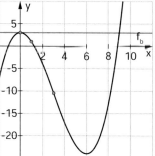

4 Bedingungen, also Funktion vom Grad 3

$$f(x) = \frac{1}{4}x^3 - \frac{9}{4}x^2 + 3$$

c)   Funktion 4. Grades:

$$f(-2) = 3$$
$$f'(-2) = 0$$
$$f(1) = 1$$
$$f'(1) = 0$$
$$f'(2) = 0$$

$$f_c(x) = -\frac{2}{45}x^4 + \frac{8}{135}x^3 + \frac{16}{45}x^2 - \frac{32}{45}x + \frac{181}{135}$$

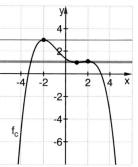

d)   Funktion 5. Grades:

$$f(1) = 5$$
$$f'(1) = 0$$
$$f''(1) = 0$$
$$f(2) = 2$$
$$f'(2) = 0$$
$$f'(4) = 0$$

$$f_d(x) = -3x^5 + 30x^4 - 105x^3 + 165x^2 - 120x + 38$$

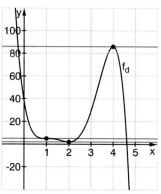

109 5. *Übersetzungstabelle*

a)

Punkt P (a|0) liegt auf dem Graphen.	Die Steigung an der Stelle a ist m.	▦	Der Graph hat an der Stelle a ein Extremum.	Der Graph hat an der Stelle a einen Sattel-punkt.
	▦			▦
▦	$f'(a) = m$	$f''(a) = 0$ und $f'''(a) \neq 0$	▦	$f'(a) = 0$ $f''(a) = 0$ $f'''(a) \neq 0$

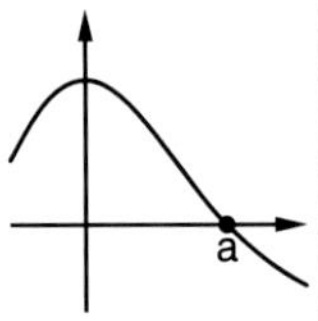

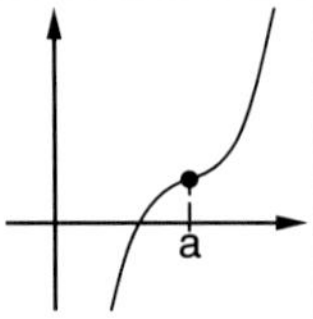

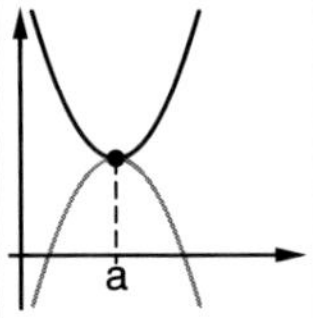

b)

Der Graph ist achsensymmetrisch zur y-Achse.	Der Graph ist punktsymmetrisch zu (0|0).
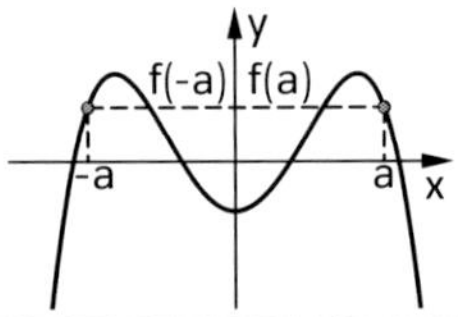	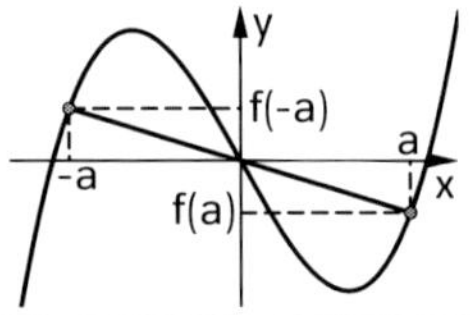
$f(-a) = f(a)$	$f(-a) = -f(a)$

6. *Dichte Steckbriefe*

a) $f(x) = ax^4 + bx^3 + cx^2 + dx + e$; wegen der Symmetrie ist $b = d = 0$

Bedingungen:
$\left.\begin{array}{l} f(0) = 2 \\ f(1) = 0 \\ f'(1) = 0 \end{array}\right\}$ $f(x) = 2x^4 - 4x^2 + 2$

b) Ansatz: $f(x) = ax^5 + bx^3 + cx$

$f(-1) = -\frac{9}{2}$;

$f(2) = 0$;

$f'(2) = 0$;

$f(x) = \frac{1}{2}x^5 - 4x^3 + 8x$

c) • falsch

• richtig

110   7. *Grafische Steckbriefe*
(1) Funktion 2. Grades, da kein Wendepunkt vorliegt
Bedingungen: $f(0) = -2$
$f(2) = 2$ $f(x) = -x^2 + 4x - 2$
$f'(2) = 0$ Parabel ist nach unten geöffnet, also Hochpunkt

(2) Funktion 3. Grades, da 2 Extrema (oder ein Wendepunkt)
Bedingungen: $f(2) = 4$
$f'(2) = 0$
$f(5) = 1$ $f(x) = \frac{2}{9}x^3 - \frac{7}{3}x^2 + \frac{20}{3}x - \frac{16}{9}$
$f'(5) = 0$

(3) Funktion 4. Grades, da 3 Extrema (oder 2 Wendepunkte); symmetrisch
$f(x) = ax^4 + bx^2 + c$
Bedingungen: $f(0) = 2$
$f'(2) = 0$ $f(x) = \frac{3}{16}x^4 - \frac{3}{2}x^2 + 3$
$f(0) = 3$

8. *Reichhaltige Steckbriefe*
a)/b) ① Funktion 3. Grades
$f(-2) = 8$
$f(0) = 4$
$f(2) = 0$ $f(x) = \frac{1}{4}x^3 - 3x + 4$
$f'(2) = 0$

Die Probe zeigt, dass auch
die übrigen Gleichungen bzw.
Ungleichungen erfüllt sind.

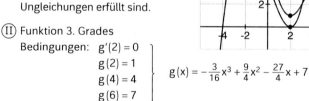

② Funktion 3. Grades
Bedingungen: $g'(2) = 0$
$g(2) = 1$
$g(4) = 4$ $g(x) = -\frac{3}{16}x^3 + \frac{9}{4}x^2 - \frac{27}{4}x + 7$
$g(6) = 7$
Die Probe zeigt, dass auch die übrigen Eigenschaften vorliegen.

9. *Ganzrationale Funktionen durch zwei, drei und vier Punkte*
a) (1) $f(x) = -\frac{3}{4}x + \frac{11}{4}$

(2) $f(x) = -\frac{7}{15}x^2 + 2x + \frac{7}{15}$

(3) $f(x) = -0,4x^3 - 0,4x^2 + 1,8x + 3$

b) Zwei Punkte legen eine Gerade fest (Grad 1), drei Punkte eine Parabel (Grad 2)
usw. Eine ganzrationale Funktion vom Grad n – 1 hat n Koeffizienten, jeder Punkt
legt einen Koeffizienten fest.
Beispiel: $A(0|0)$, $B(1|1)$, $C(2|2)$ liegen auf $y = x$ (Grad 1).

110

10. *Keine und viele Kandidaten 1*

a) $g_{AB}(x) = 2x + 2$; $g_{AB}(3) = 8$. Es gibt keine lineare Funktion durch A, B und C.

$$\left.\begin{array}{ll} \text{I} & -a + b = 0 \\ \text{II} & a + b = 4 \\ \text{III} & 3a + b = 7 \end{array}\right\} \rightarrow \begin{pmatrix} 1 & 0 & 0 \\ 0 & 1 & 0 \\ 0 & 0 & 1 \end{pmatrix}$$

Die letzte Zeile liefert die falsche Aussage $0 = 1$. Es gibt keine Lösung.
g_{AB} verläuft durch $C(3|8)$.

$$\left.\begin{array}{ll} \text{I} & -a + b = 0 \\ \text{II} & a + b = 4 \\ \text{III} & 3a + b = 8 \end{array}\right\} \xrightarrow{\text{RREF}} \begin{pmatrix} 1 & 0 & 2 \\ 0 & 1 & 2 \\ 0 & 0 & 0 \end{pmatrix}$$

Die letzte Zeile liefert die wahre Aussage $0 = 0$; $a = 2$ und $b = 2$, also $y = 2x + 2$.

b) *Fehler im Buch: $B(1|2)$ statt $B(1|4)$; $f_a(x) = ax^2 + x + 1 - a$*
Es verläuft natürlich auch eine Gerade durch die beiden
Punkte.

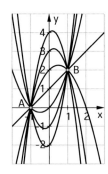

$$\left.\begin{array}{ll} \text{I} & a - b + c = 0 \\ \text{II} & a + b + c = 2 \end{array}\right\} \xrightarrow{\text{RREF}} \begin{pmatrix} 1 & 0 & 1 & 1 \\ 0 & 1 & 0 & 1 \end{pmatrix}$$

Die zweite Zeile liefert $b = 1$, die erste Zeile $a + c = 1$,
also $c = 1 - a$.

$f_a(-1) = a - 1 + 1 - a = 0$

$f_a(1) = a + 1 + 1 - a = 2$

111

11. *Keine und viele Kandidaten 2*

a) $$\left.\begin{array}{ll} \text{I} & c = 3 \\ \text{II} & 4a + 2b + c = 1 \\ \text{III} & 2a + b = 0 \end{array}\right\} \rightarrow \begin{pmatrix} 1 & 0,5 & 0 & 0 \\ 0 & 0 & 1 & 0 \\ 0 & 0 & 0 & 1 \end{pmatrix}$$

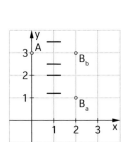

Die letzte Zeile liefert $0 = 1$; es gibt also keine quadratische Funktion, die die Bedingungen erfüllt.

b) $$\left.\begin{array}{ll} \text{I} & c = 3 \\ \text{II} & 4a + 2b + c = 3 \\ \text{III} & 2a + b = 0 \end{array}\right\} \rightarrow \begin{pmatrix} 1 & 0,5 & 0 & 0 \\ 0 & 0 & 1 & 3 \\ 0 & 0 & 0 & 1 \end{pmatrix}$$

1. $a + 0,5b = 0$, also: $b = -2a$
2. $c = 3$
3. $0 = 0$

Die Parabeln der Schar $f_a(x) = ax^2 - 2ax + 3$ verlaufen durch A und B.
Der Scheitelpunkt liegt jeweils bei $x = 1$ (Steigung 0). Wegen der Symmetrie von
Parabeln müssen dann Punkte, die links und rechts gleich weit weg von $x = 1$
liegen, dieselbe y-Koordinate haben. Dies ist bei b) der Fall, bei a) nicht.

111

12. *Steckbriefe ohne und mit seltsamen Kandidaten*

a) $\begin{vmatrix} 1 & 1 & 1 & 1 & 1 \\ 6 & 2 & 0 & 0 & 0 \\ 12 & -4 & 1 & 0 & 0 \\ 12 & 4 & 1 & 0 & 0 \end{vmatrix} \rightarrow \begin{vmatrix} 1 & 0 & 0 & 0 & 0 \\ 0 & 1 & 0 & 0 & 0 \\ 0 & 0 & 1 & 0 & 0 \\ 0 & 0 & 0 & 1 & 1 \end{vmatrix}; f(x) = 1$

Es gibt keine ganzrationale Funktion vom Grad 3, die die Bedingungen erfüllt, da die Extrempunkte bei diesen Funktionen immer symmetrisch zum Wendepunkt liegen.

b) $\begin{vmatrix} 0 & 0 & 0 & 1 & 1 \\ 0 & 2 & 0 & 0 & 0 \\ 12 & -4 & 1 & 0 & 0 \\ 12 & 4 & 1 & 0 & 0 \end{vmatrix} \rightarrow \begin{vmatrix} 1 & 0 & \frac{1}{12} & 0 & 0 \\ 0 & 1 & 0 & 0 & 0 \\ 0 & 0 & 0 & 1 & 1 \\ 0 & 0 & 0 & 0 & 0 \end{vmatrix} \Rightarrow d = 1; b = 0; a + \frac{1}{12}c = 0$

$f_a(x) = a x^3 - 12 a x + 1$

Es gibt unendlich viele Funktionen vom Grad 3, die die Bedingungen erfüllen. Die Angabe der einen Extremstelle legt die andere Extremstelle fest (Symmetrie zum Wendepunkt). Man hat damit nur drei Bedingungen für vier Koeffizienten.

13. *Widersprüchliche Zeugenaussagen?*

Wenn eine ganzrationale Funktion vom Grad 3 einen Sattelpunkt hat, kann sie keine Extrempunkte haben. Begründung: Funktionen 3. Grades sind symmetrisch zum Wendepunkt. Wenn es einen Extrempunkt gibt, gibt es auch einen weiteren. Wenn es dann noch einen Sattelpunkt geben würde, gäbe es drei Punkte mit waagerechter Tangente. Das ist unmöglich, weil die erste Ableitung maximal zwei Nullstellen haben kann.

14. *Mehrdeutiger Steckbrief*

a) $f(x) = \frac{1}{2}x^2 - 2x + 5$. Es gibt drei Bedingungen für die drei Koeffizienten.

b) $f_1(0) = 5$; $f_1'(x) = \frac{3}{4}x^2 - 2x + 1$; $f_1'(2) = 0$; $f_1''(x) = \frac{3}{4}x - 2$; $f_1''(2) = 1$

$f_c'(x) = \left(\frac{1}{4}c + \frac{1}{2}\right)x^2 - (c + 1)x + c$; $f_c''(x) = \left(\frac{1}{2}c + 1\right)x - (c + 1)$

$f_c(0) = 5$; $f_c'(2) = c + 2 - 2c - 2 + c = 0$; $f_c''(2) = c + 2 - c - 1 = 1$

112

15. *Eine Geradenschar und eine Parabelschar*

a) (1) $g_a(x) = a x - a + 2$ oder $g_b(x) = (2 - b)x + b$

(2) $p_a(x) = a x^2 + (-a - 1)x + 3$

Es gibt jeweils eine Bedingung weniger als es zu bestimmende Koeffizienten gibt.

b) $g_a(4) = 4a - a + 2 = 3 \Rightarrow a = \frac{1}{3}$

c) Man erhält jeweils genau eine passende Funktion.

(1) $g(x) = \frac{1}{3}x + \frac{5}{3}$; (2) $f(x) = \frac{4}{21}x^2 - \frac{25}{21}x + 3$

16. *Viele Kandidaten 1*

a) Bei $x = 1$ und $x = 5$ liegt eine waagerechte Tangente vor. $(3|2)$ ist Wendepunkt.

b) Es gibt unendlich viele Lösungen des Gleichungssystems. Zwischen den Extrema liegt bei einer Funktion 3. Grades der Wendepunkt immer genau in der Mitte. Daher ist die Bedingung $f''(3) = 0$ bereits in den Bedingungen $f'(1) = 0$ und $f'(5) = 0$ enthalten und liefert keine neue Information.

c) Verwenden Sie zum Beispiel die Bedingungen

$$\left. \begin{aligned} f(1) &= 1 \\ f'(1) &= 0 \\ f(3) &= 2 \\ f'(5) &= 0 \end{aligned} \right\} \quad \text{Lösung: } f(x) = -\frac{1}{16}x^3 + \frac{9}{16}x^2 - \frac{15}{16}x + \frac{23}{16}$$

d) Mit $c - \frac{5}{3}d = -\frac{10}{3}$ (3. Zeile) erhält man $c = \frac{5}{3}d - \frac{10}{3}$

2. Zeile der Matrix: $b + d = 2$, also: $b = 2 - d$

1. Zeile der Matrix: $a - \frac{1}{9}d = -\frac{2}{9}$, also: $a = \frac{1}{9}d - \frac{2}{9}$

Schargleichung: $f_d(x) = \left(\frac{1}{9}d - \frac{2}{9}\right)x^3 + (2 - d)x^2 + \left(\frac{5}{3}d - \frac{10}{3}\right)x + d$

17. *Viele Kandidaten 2*

a) *fehlende Angabe im Buch:* $f_a'(2) = 0$

$f_a(0) = 1$

$f_a'(x) = 4ax^3 - \left(8a + \frac{1}{2}\right)x^2 + 2; \quad f_a'(0) = 2$

$\qquad\qquad\qquad\qquad\qquad\qquad f_a'(2) = 32a - 32a - 2 + 2 = 0$

$f_a''(x) = 12ax^2 - (16a + 1)x; \quad f_a''(0) = 0$

b) 1. Zeile: $a + \frac{3}{8}b = -\frac{1}{16} \quad \Rightarrow \quad b = -\frac{8}{3}a - \frac{1}{6}$

2. Zeile: $c = 0$

3. Zeile: $d = 2$

4. Zeile: $e = 1$

18. *Funktionenscharen*

a) Bedingungen:

$$\left. \begin{aligned} f(-2) &= 0 \\ f(2) &= 0 \\ f(4) &= 0 \end{aligned} \right\} \quad \text{Lösungsschar: } f_d(x) = \frac{d}{16}x^3 - \frac{d}{4}x^2 - \frac{d}{4}x + d$$

Extrema: $f_d'(x) = 0 \quad \Rightarrow \quad x_{1/2} = \frac{4 \pm 2\sqrt{7}}{3}$

Wegen der drei Nullstellen müssen zwei Extrema vorliegen.

Wendepunkt: $f_d''(x) = 0 \quad \Rightarrow \quad x_w = \frac{4}{3}$

Es muss ein Wendepunkt sein, da es eine Funktion 3. Grades ist.

b) Nur eine Bedingung ist gegeben: $f''(0) = 0$; d. h. $b = 0$

Lösung: $f_{a,c,d}(x) = ax^3 + cx + d$

Wenn es Extrempunkte gibt, müssen sie punktsymmetrisch zum Wendepunkt liegen.

Bedingung: $f_{a,c,d}'(x) = 0 \Leftrightarrow 3ax^2 + 0 \Leftrightarrow x = \pm\sqrt{\frac{-c}{3a}}$

Wenn $-\frac{c}{3a} > 0$, gibt es 2 Extrema.

Wenn $-\frac{c}{3a} = 0$, ist der Wendepunkt ein Sattelpunkt.

Wenn $-\frac{c}{3a} < 0$, gibt es keine Extrema.

112

19. *Der Graph bestimmt die Vorzeichen der Koeffizienten*
Wegen der Symmetrie ist $b = d = 0$.
Da der Schnittpunkt mit der y-Achse unter der x-Achse liegt, ist $e < 0$.
Wegen der Grenzwerte ist $a > 0$.
Bedingung für die Extrema: $f'(x) = 0 \Leftrightarrow 4ax^3 + 2cx = 0 \Leftrightarrow x = 0 \lor x = \pm\sqrt{\dfrac{-2c}{4a}}$
Damit 3 Extrema existieren, muss $\dfrac{-2c}{4a} > 0$; wegen $a > 0$ muss $c < 0$ sein.
Beispiel: $a = 1$; $c = -4$; $e = -1$: $f(x) = x^4 - 4x^2 - 1$

113

20. *Minigolf mit Mathe*
$f(1) = 4$
$f'(1) = 4$
$f(4) = 5$
$f'(4) = -1$
$f(x) = \dfrac{7}{27}x^3 - \dfrac{25}{9}x^2 + \dfrac{79}{9}x - \dfrac{61}{27}$

21. *Firmenlogo*
f_1: $f_1(0) = 0$
$\quad\ f_1(3) = 0$
$\quad\ f_1(2) = 1$
$\quad\ f_1'(2) = 0$
$f_1(x) = -\dfrac{1}{4}x^3 + \dfrac{3}{4}x^2$

f_2: $f_2(0) = 0$
$\quad\ f_2(1) = -1$
$\quad\ f_2'(1) = 0$
$\quad\ f_2(3) = 0$
$f_2(x) = -\dfrac{1}{4}x^3 + \dfrac{3}{2}x^2 - \dfrac{9}{4}x$

22. *Dach*
a) Ansatz: $f(x) = ax^4 + bx^2 + c$
Bedingungen: $\quad f(0) = 8$
$\qquad\qquad\qquad f(10) = 6$
$\qquad\qquad\qquad f'(10) = 0$
$f(x) = \dfrac{1}{5000}x^4 - \dfrac{1}{25}x^2 + 8$

b) $x = \pm\sqrt{\dfrac{100}{3}} \approx 5,77$; $f'\left(\sqrt{\dfrac{100}{3}}\right) \approx -0,308$
Das stärkste Gefälle beträgt ca. 31 %.

23. *Skaterbahn*
a) Bedingungen: $\quad f(0) = -4$
$\qquad\qquad\qquad f'(0) = 0$
$\qquad\qquad\qquad f(4) = 0$
$\qquad\qquad\qquad f'(4) = 0$
$f(x) = -\dfrac{1}{8}x^3 + \dfrac{3}{4}x^2 - 4$
$f(2) = -2$

113 23. Fortsetzung

b) Parabel durch A und C:

Ansatz: $f(x) = ax^2 - 4$

Bedingung: $f(2) = -2$

$f(x) = \frac{1}{2}x^2 - 4$

Parabel durch C und B:

Ansatz: $f(x) = a(x-4)^2$

Bedingung: $f(2) = -2$

$f(x) = -\frac{1}{2}(x-4)^2 = -\frac{1}{2}x^2 + 4x - 8$

c) Es muss gezeigt werden, dass $K(x)$ einen konstanten Abstand zu $(0\,|\,0)$ hat:

$d^2 = x^2 + \left(-\sqrt{16-x^2}\right)^2 = x^2 + 16 - x^2 = 16 \quad \Rightarrow \quad d = 4$

d) Von B nach A:

Parabel und Funktion vom Grad 3: Zunächst zunehmende „Fallgeschwindigkeit",
maximal in C, dann abnehmende „Fallgeschwindigkeit".

Kreis: Zu Beginn fast freier Fall, dann abnehmende „Fallgeschwindigkeit".

Von A nach B:

Entsprechend umgekehrt. Da die Steigung beim Kreis am Ende gegen Unendlich
strebt, wird es am Ende zunehmend schwerer den Aufstieg zu schaffen.

114 24. *Vereinfachte Modellierung von Übergängen mit ganzrationalen Funktionen*

a) $f(-2) = 2$

$f'(-2) = 0$

$f''(-2) = 0$

$f(2) = -2$

$f'(2) = 0$

$f''(2) = 0$

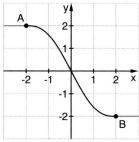

$f(x) = -\frac{3}{128}x^5 + \frac{5}{16}x^3 - \frac{15}{8}x$

b) $f(-1) = 0$

$f'(-1) = 0$

$f''(-1) = 0$

$f(2) = 2$

$f'(2) = 1$

$f''(2) = 0$

$f(x) = \frac{1}{81}x^5 - \frac{4}{81}x^4 - \frac{2}{81}x^3 + \frac{28}{81}x^2 + \frac{41}{81}x + \frac{16}{81}$

114 24. Fortsetzung

c) $f(-1) = 1$
   $f'(-1) = -1$
   $f''(-1) = 0$
   $f(1) = 1$
   $f'(1) = 1$
   $f''(1) = 0$

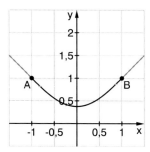

Ansatz mit einer Funktion 5. Grades liefert:

$f(x) = -\frac{1}{8}x^4 + \frac{3}{4}x^2 + \frac{3}{8}$

d) $f(0) = 4$
   $f'(0) = -1$
   $f''(0) = 0$
   $f(2) = 1$
   $f(4) = 0$
   $f'(4) = -1$
   $f''(4) = 0$

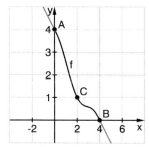

$f(x) = \frac{1}{64}x^6 - \frac{3}{16}x^5 + \frac{3}{4}x^4 - x^3 - x + 4$

115 25. *Biegelinien 1*

$f(x) = ax^3 + bx^2 + cx + d$

Bedingungen: $\left. \begin{array}{l} f(0) = 19 \\ f(17) = 0 \\ f(7) = 16 \\ f'(0) = 0 \end{array} \right\}$ $f(x) = -0{,}00045\,x^3 - 0{,}058\,x^2 + 19$

Zu Abweichungen können sowohl Ungenauigkeiten beim Abmalen der Projektion sowie beim Ablesen der Punkte führen. Des Weiteren kann nicht unbedingt immer eine waagerechte Einspannung sowie ein ruhiger Hang gewährleistet werden. Außerdem kann die Rundung bei der Rechnung zu weiteren Ungenauigkeiten führen.

26. *Biegelinien 2*

Kurve 1:

$\left.\begin{array}{l} f(0) = 0 \\ f'(0) = \tan(25°) \approx 0,4663 \\ f(0,5) = 0 \\ f(0,25) = 0,08 \\ f'(0,25) = 0 \end{array}\right\}$ $f(x) = 5,56x^4 - 5,56x^3 + 0,457x^2 + 0,4663x$

Kurve 2:

$\left.\begin{array}{l} f(0) = 0 \\ f'(0) = 0 \\ f(0,5) = 0 \\ f'(0,32) = 0 \\ f(0,32) = 0,09 \end{array}\right\}$ $f(x) = 3,39x^4 - 7,66x^3 + 2,98x^2$

Kurve 3:

$\left.\begin{array}{l} f(0) = 0 \\ f(0,5) = 0 \\ f'(0) = 0 \\ f'(0,25) = 0 \\ f(0,25) = 0,05 \end{array}\right\}$ $f(x) = \frac{64}{5}x^4 - \frac{64}{5}x^3 + \frac{16}{5}x^2$

Die Graphen zeigen die Funktionsverläufe. Es hat der Graph von K3 den geringsten Anstieg, auf der Hälfte des Intervalls befindet sich der Hochpunkt der symmetrischen Funktion. Dadurch verteilt sich das auf dem Träger lastende Gewicht gleichmäßiger.

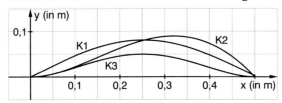

Kopfübungen

1 a) Alle reellen Zahlen, kurz: $x \in \mathbb{R}$.
　 b) Alle reellen Zahlen außer $x = -1$, kurz: $x \in \mathbb{R} \setminus \{-1\}$.
　 c) Alle reellen Zahlen größer oder gleich -1, kurz: $x \geq -1$.

2 $h = 10\,\text{m} \cdot \sin(30°) = 5\,\text{m}$

3 Es bedeutet bedingte Wahrscheinlichkeit, hier: $P(A|B)$ ist die Wahrscheinlichkeit dafür, dass Ereignis A eintritt, wenn das Ereignis B bereits eingetreten ist.

4 $x = 1$ und $y = -1$

117

Eine Vase

Modell 1

Einzig geeignete Regression ist ein Polynom vom Grad 3. Bei Regression mit einem Polynom 4. Grades wird es bei 5 Punkten schon Interpolationspolynom.

- Interpolation mit A, B, D, E: $f(x) = 0{,}02471\,x^3 - 0{,}3625\,x^2 + 1{,}2986\,x + 1{,}6$
- Interpolation mit A, C, D, E: $f(x) = 0{,}03876\,x^3 - 0{,}5943\,x^2 + 2{,}2329\,x + 1{,}6$
- Interpolation mit A, B, C, D, E:
  $f(x) = 0{,}007\,02\,x^4 - 0{,}112\,27\,x^3 + 0{,}45232\,x^2 - 0{,}102\,822\,x + 1{,}6$

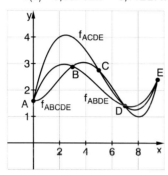

⇒ Die Vasenform wird mit keinem Polynom gut erfasst.

Modell 2

Eine Verbindung mit Geraden ist wegen der Knicke in den Stützpunkten ungeeignet. Mögliche Verbesserung: Man liest ganz viele Punkte eng nebeneinander aus. Dann wird der Polygonzug „fast rund".

Modell 3

(1)
$$f(x) = \begin{cases} f_{AB}(x) = 0{,}433\,x + 1{,}6 \\ f_{BC}(x) = -0{,}254\,x^2 + 1{,}957\,x - 0{,}685 \\ f_{CD}(x) = -0{,}0442\,x^2 - 0{,}1446\,x + 4{,}578 \\ f_{DE}(x) = 0{,}465\,36\,x^2 - 7{,}2784\,x + 29{,}5464 \end{cases}$$

f_{AB} ist eine Gerade, weil mit A und B auch die mittlere Steigung festlegt und eine Gerade alle Bedingungen erfüllt.

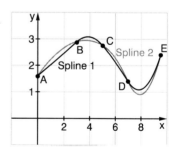

(2) Variation mit Interpolation mit A, B, C:
$$f(x) = \begin{cases} f_{ABC}(x) = -0{,}1017\,x^2 + 0{,}7383\,x + 1{,}6 \\ f_{CD}(x) = -0{,}1985\,x^2 + 1{,}707\,x - 0{,}8225 \\ f_{DE}(x) = 0{,}5888\,x^2 - 9{,}315\,x + 37{,}75 \end{cases}$$

118

Modell 4

Bezüglich der Verbindung durch Polynome 3. Grades ergibt sich folgende Regressionsfunktion:

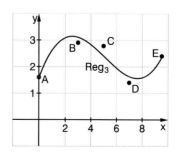

119 Für die Tabelle ergibt sich:

	a_1	b_1	c_1	d_1	a_2	b_2	c_2	d_2	a_3	b_3	c_3	d_3	a_4	b_4	c_4	d_4	
$f_A(0)=1{,}6$	0	0	0	1	0	0	0	0	0	0	0	0	0	0	0	0	1,6
$f_A(3)=2{,}9$	27	9	3	1	0	0	0	0	0	0	0	0	0	0	0	0	2,9
$f_D(3)=2{,}9$	0	0	0	0	27	9	3	1	0	0	0	0	0	0	0	0	2,9
$f_D(5)=2{,}75$	0	0	0	0	125	25	5	1	0	0	0	0	0	0	0	0	2,75
$f_F(5)=2{,}75$	0	0	0	0	0	0	0	0	125	25	5	1	0	0	0	0	2,75
$f_F(7)=1{,}4$	0	0	0	0	0	0	0	0	343	49	7	1	0	0	0	0	1,4
$f_H(7)=1{,}4$	0	0	0	0	0	0	0	0	0	0	0	0	343	49	7	1	1,4
$f_H(9{,}5)=2{,}4$	0	0	0	0	0	0	0	0	0	0	0	0	857,375	90,25	9,5	1	2,4
$f_A'(3)=f_D'(3)$	27	6	1	0	-27	-6	-1	0	0	0	0	0	0	0	0	0	0
$f_D'(5)=f_F'(5)$	0	0	0	0	75	10	1	0	-75	-10	-1	0	0	0	0	0	0
$f_F'(7)=f_H'(7)$	0	0	0	0	0	0	0	0	147	14	1	0	-147	-14	-1	0	0
$f_A''(0)=0$	0	2	0	0	0	0	0	0	0	0	0	0	0	0	0	0	0
$f_A''(3)=f_D''(3)$	18	2	0	0	-18	-2	0	0	0	0	0	0	0	0	0	0	0
$f_D''(5)=f_F''(5)$	0	0	0	0	30	2	0	0	-30	-2	0	0	0	0	0	0	0
$f_F''(7)=f_H''(7)$	0	0	0	0	0	0	0	0	42	2	0	0	-42	-2	0	0	0
$f_H''(9{,}5)=0$	0	0	0	0	0	0	0	0	0	0	0	0	57	2	0	0	0

Das Modell passt sehr gut. Bessere Ergebnisse wird man erzielen, wenn man mehr Punkte ausliest, allerdings wird dann auch das Gleichungssystem schnell sehr groß. Für den Sockel müsste man auch noch einen zusätzlichen Punkt am linken Rand auslesen.

120 27. *Die Liege „Hammock PK 24"*

a) • Spline mit A, B, C, D:

Bedingungen	1. Funktion				2. Funktion				3. Funktion				z
$f_1(-7)=2{,}1$	-343	49	-7	1	0	0	0	0	0	0	0	0	2,1
$f_1(-5)=1{,}8$	-125	25	-5	1	0	0	0	0	0	0	0	0	1,8
$f_1''(-7)=0$	-42	2	0	0	0	0	0	0	0	0	0	0	0
$f_1'(-5)-f_2'(-5)=0$	75	-10	1	0	-75	10	-1	0	0	0	0	0	0
$f_1''(-5)-f_2''(-5)=0$	-30	2	0	0	30	-2	0	0	0	0	0	0	0
$f_2(-5)=1{,}8$	0	0	0	0	-125	25	-5	1	0	0	0	0	1,8
$f_2(-3)=1{,}2$	0	0	0	0	-27	9	-3	1	0	0	0	0	1,2
$f_2'(-3)-f_3'(-3)=0$	0	0	0	0	27	-6	1	0	-27	6	-1	0	0
$f_2''(-3)-f_3''(-3)=0$	0	0	0	0	-18	2	0	0	18	-2	0	0	0
$f_3(-3)=1{,}2$	0	0	0	0	0	0	0	0	-27	9	-3	1	1,2
$f_3(-1)=0{,}4$	0	0	0	0	0	0	0	0	-1	1	-1	1	0,4
$f_3''(-1)=0$	0	0	0	0	0	0	0	0	-6	2	0	0	0

$$f_1(x) = -0{,}0083\,x^3 - 0{,}175\,x^2 - 1{,}3417\,x - 1{,}575; \quad -7 \le x \le -5$$
$$f_2(x) = 0{,}0042\,x^3 + 0{,}0125\,x^2 - 0{,}4042\,x - 0{,}0125; \quad -5 \le x \le -3$$
$$f_3(x) = f_2(x); \quad -3 \le x \le -1$$

120 27. Fortsetzung

- Spline mit D, E, F, G:

  Weil an der linken Verbindung eine kubische Funktion vorhanden ist, also keine Gerade, ist hier eine knickfreie Verbindung, also die Übereinstimmung der 1. Ableitung sinnvoller: $f_3'(-1) = -0,42$

Bedingungen	1. Funktion				2. Funktion				3. Funktion				z
$f_4(-1) = 0,4$	−1	1	−1	1	0	0	0	0	0	0	0	0	0,4
$f_4(0) = 0$	0	0	0	1	0	0	0	0	0	0	0	0	0
$f_4'(-1) = -0,42$	3	−2	1	0	0	0	0	0	0	0	0	0	−0,42
$f_4''(-1) = 0$	−6	2	0	0	0	0	0	0	0	0	0	0	0
$f_4'(0) - f_5'(0) = 0$	0	0	1	0	0	0	−1	0	0	0	0	0	0
$f_4''(0) - f_5''(0) = 0$	0	2	0	0	0	−2	0	0	0	0	0	0	0
$f_5(0) = 0$	0	0	0	0	0	0	0	1	0	0	0	0	0
$f_5(1) = 0,6$	0	0	0	0	1	1	1	1	0	0	0	0	0,6
$f_5'(1) - f_6'(1) = 0$	0	0	0	0	3	2	1	0	−3	−2	−1	0	0
$f_5''(1) - f_6''(1) = 0$	0	0	0	0	6	2	0	0	−6	−2	0	0	0
$f_6(1) - 0,6$	0	0	0	0	0	0	0	0	1	1	1	1	0,6
$f_6(2) = 1,6$	0	0	0	0	0	0	0	0	8	4	2	1	1,6
$f_6''(2) = 0$	0	0	0	0	0	0	0	0	12	2	0	0	0

$f_4(x) = 0,4008x^3 + 0,8215x^2 + 0,0208x; \ -1 \le x \le 0$
$f_5(x) = -0,2423x^3 + 0,8215x^2 + 0,0208x; \ 0 \le x \le 1$
$f_6(x) = -0,0315x^3 + 0,1892x^2 + 0,6531x - 0,2108; \ 1 \le x \le 2$

- Spline mit G, H, I, J:

  $f_6'(2) = 1,02$

Bedingungen	1. Funktion				2. Funktion				3. Funktion				z
$f_7(2) = 1,6$	8	4	2	1	0	0	0	0	0	0	0	0	1,6
$f_7(2,5) = 2,5$	15,625	6,25	2,5	1	0	0	0	0	0	0	0	0	2,5
$f_7'(2) = 1,02$	12	4	1	0	0	0	0	0	0	0	0	0	1,02
$f_7'(2,5) - f_8'(2,5) = 0$	18,75	5	1	0	−18,75	−5	−1	0	0	0	0	0	0
$f_7''(2,5) - f_8''(2,5) = 0$	15	2	0	0	−15	−2	0	0	0	0	0	0	0
$f_8(2,5) = 2,5$	0	0	0	0	15,625	6,25	2,5	1	0	0	0	0	2,5
$f_8(3) = 3,5$	0	0	0	0	27	9	3	1	0	0	0	0	3,5
$f_8'(3) - f_9'(3) = 0$	0	0	0	0	27	6	1	0	−27	−6	−1	0	0
$f_8''(3) - f_9''(3) = 0$	0	0	0	0	18	2	0	0	−18	−2	0	0	0
$f_9(3) = 3,5$	0	0	0	0	0	0	0	0	27	9	3	1	3,5
$f_9(3,3) = 4,7$	0	0	0	0	0	0	0	0	35,94	10,89	3,3	1	4,7
$f_9''(3,3) = 0$	0	0	0	0	0	0	0	0	19,8	2	0	0	0

$f_7(x) = -3,0941x^3 + 21,67x^2 - 48,54x + 36,74; \ 2 \le x \le 2,5$
$f_8(x) = 3,8423x^3 - 30,35x^2 + 81,52x - 71,6412; \ 2,5 \le x \le 3$
$f_9(x) = -4,9288x^3 + 48,7954x^2 - 156,5318x + 167,0154; \ 3 \le x \le 3,3$

27. Fortsetzung

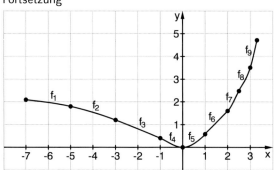

28. *Polynome durch Untersuchung einer Stelle*

a) (1) $f(x) = 2x + 1$ (2) $f(x) = -\frac{1}{2}x^2 + 2x + 1$ (3) $f(x) = x^3 - \frac{1}{2}x^2 + 2x + 1$

   Die Angabe des Punktes liefert eine Bedingung. Mit den n Ableitungen hat man
   n + 1 Bedingungen. Diese legen ein Polynom vom Grad n fest.

b) Für $f(x) = x^n$ gilt: $f(0) = f'(0) = f''(0) = \ldots = f^{(n)}(0) = 0$

   Achtung: Wenn man mit diesen Bedingungen den Ansatz $f(x) = a_n x^n + a_{n-1} x^{n-1} + \ldots$
   macht, erhält man als einzige Lösung $a_n = a_{n-1} = \ldots = a_0 = 0$, also: $f(x) = 0$! Es gelingt
   also nicht, mit diesen Bedingungen die Potenzfunktionen zu bestimmen.

29. *Approximation der Sinusfunktion durch Polynome 1*

Fehler im blauen Kasten: $f'(0) = 1$ statt $f(0) = 1$

Ansatz: $f(x) = a x^3 + b x$ (Punktsymmetrie zu $(0|0)$, $(0|0)$ ist immer Wendepunkt)

(1) $f'(0) = 1$; $f(\pi) = 0$: $f_1(x) = -\frac{1}{\pi^2}x^3 + x$

(2) $f'(0) = 1$; $f'\left(\frac{\pi}{2}\right) = 0$: $f_2(x) = -\frac{4}{3\pi^2}x^3 + x$

(3) $f(\pi) = 0$; $f'\left(\frac{\pi}{2}\right) = 0$: $f(x) = 0$

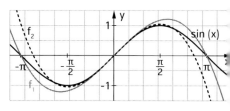

Beide Funktionen passen in der Nähe von $x = 0$ gut, je weiter man vom Ursprung entfernt ist, desto schlechter ist die Passung.

121   **30.** *Approximation der Sinusfunktion durch Polynome 2*

Bei geraden Ableitungen der Sinusfunktion tritt immer die Sinusfunktion auf, die in (0|0) eine positive Steigung hat.

Für das Polynom 3. Grades $f_3(x) = ax^3 + bx^2 + cx + d$ ergeben sich:

$$b = d = 0; \quad c = 1; \quad a = -\frac{1}{6}$$

$$\Rightarrow \quad f_3(x) = -\frac{1}{6}x^3 + x$$

Für ein Polynom 4. Grades ergibt sich keine Verbesserung, da dort der Vorfaktor von x^4 gleich Null ist (gleiches gilt dann auch für die Polynome 6. und 8. Grades).

Für ein Polynom 5. Grades $f_5(x) = ax^5 + bx^4 + cx^3 + dx^2 + ex + f$ erhalten wir mit den entsprechenden Bedingungen:

$$b = d = f = 0; \quad e = 1; \quad c = -\frac{1}{6}; \quad a = \frac{1}{120}$$

$$\Rightarrow \quad f_5(x) = \frac{1}{120}x^5 - \frac{1}{6}x^3 + x$$

Für das Polynom 7. Grades bestimmt man entsprechend:

$$f_7(x) = -\frac{1}{5040}x^7 + \frac{1}{120}x^5 - \frac{1}{6}x^3 + x$$

Es lassen sich bei der Bildung der Funktionsterme folgende Gesetzmäßigkeiten feststellen:

- immer abwechselndes Vorzeichen
- Nenner des Vorfaktors sind Fakultäten, und zwar den Potenzen entsprechende.

Dementsprechend wäre dann eine Vermutung für f_9:

$$f_9(x) = \frac{1}{9!}x^9 - \frac{1}{7!}x^7 + \frac{1}{5!}x^5 - \frac{1}{3!}x^3 + \frac{1}{1!}x$$

Mit jeder Erhöhung des Grades um 2, wird eine Welle der Sinusfunktion mehr erfasst.

122   **31.** *Krümmung eines Funktionsgraphen und die zweite Ableitung*

(1) Krümmung der Geraden ist 0; $f''(x) = 0$ für lineare Funktionen $\Rightarrow$ ✓

(2) Anschaulich ist die Krümmung im Scheitelpunkt maximal. Bei einer quadratischen Funktion hat jedoch die 2. Ableitung überall den gleichen Wert.

32. *Über Krümmungskreise zur Krümmung*

Die Krümmungsfunktion nähert sich für $x \to \pm\infty$ asymptotisch der x-Achse und hat an der Stelle $x = 0$ ein Maximum. Das entspricht den Erwartungen. Für $x \to \pm\infty$ wird die Krümmung der Normalparabel immer kleiner (Graph immer ‚geradliniger'), die stärkste Krümmung liegt bei $x = 0$ ((0|0) ist Scheitelpunkt, also Punkt mit maximaler Krümmung).

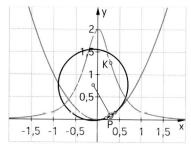

33. *Über Normalen zur Krümmung*

Für P $(1\,|\,1)$ ergibt sich mithilfe der Tangente an den Punkt die Normalengleichung

n_p: $y = -\frac{1}{2}x + \frac{3}{2}$

Für einen allgemeinen Punkt Q $(1 + h\,|\,(1 + h)^2)$ erhalten wir die Steigung der Tangente mit $f'(1 + h) = 2 \cdot (1 + h)$ und somit die Steigung der Normalen in Q als $m_N = -\frac{1}{2 \cdot (1 + h)}$.

Einsetzen von Q ergibt:

n_Q: $y = -\frac{1}{(1 + h) \cdot 2}x + \left((1 + h)^2 + \frac{1}{2}\right)$

Gleichsetzen von n_P und n_Q liefert uns den Schnittpunkt A mit den Koordinaten:

$\left(-2 \cdot (2 + h)(1 + h)\,\Big|\,(2 + h)(1 + h) + \frac{3}{2}\right)$

Der Radius ergibt sich als $r = |\overrightarrow{AQ}| = \sqrt{(x_Q - x_A)^2 + (y_Q - y_A)^2}$.

Für $h \to 0$ nähert sich der Mittelpunkt A dem Wert $\left(-4\,\Big|\,\frac{7}{2}\right)$ an.

Der Radius $r = \sqrt{((1 + h) + 2 \cdot (2 + h)(1 + h))^2 + ((1 + h)^2 - ((2 + h)(1 + h) + \frac{3}{2})^2)^2}$

nähert sich für $h \to 0$ dem Wert $r = \sqrt{31{,}25} \approx 5{,}59017$ an, entsprechend nähert sich der Wert für das Krümmungsmaß dem Wert $\frac{1}{r} \approx 0{,}178885$ an.

34. *Untersuchungen von Krümmungen*

a) $\kappa(x) = \dfrac{2}{\left(\sqrt{1 + 4x^2}\right)^3}$

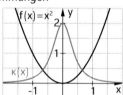

b) (1) $\kappa(x) = \dfrac{12x^2}{\left(\sqrt{1 + 16x^6}\right)^3}$

(2) $\kappa(x) = \dfrac{2x}{\left(\sqrt{1 + (x^2 - 1)^2}\right)^3}$

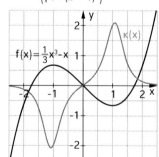

(3) $\kappa(x) = \dfrac{-\sin(x)}{\left(\sqrt{1 + \cos(x)^2}\right)^3}$

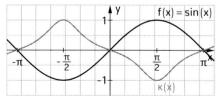

123

34. Fortsetzung

c) $f(x) = x^4$ hat zwei Scheitelpunkte und in $(0|0)$ minimale Krümmung; $f'(x) = x^2$ hat einen Scheitelpunkt in $(0|0)$. Forschungsaufgabe: Grafisch ist zu erkennen, dass das Krümmungsmaximum nicht im Extrempunkt von f liegt (Nullstelle von f')

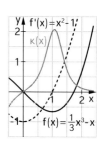

35. *Die Krümmungskreismittelpunkte*

$f(x) = x^2$

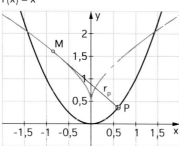

$f(x) = x^4$

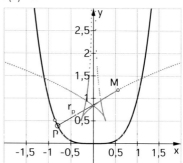

$f(x) = \frac{1}{3}x^3 - x$

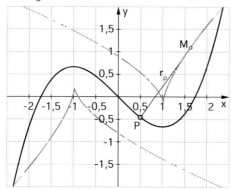

$f(x) = \sin(x)$

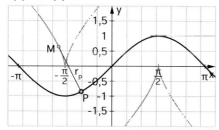

Beobachtung: Die Spitzen sind die Mittelpunkte der Krümmungskreise in den Scheitelpunkten.

Kapitel 4
Integralrechnung

Didaktische Hinweise

Die Leitfrage innerhalb der Differenzialrechnung ist in NEUE WEGE die Frage nach der Änderung bei gegebenem Bestand. Geometrisch bedeutet dies dann die Steigung von Funktionsgraphen. Konsequent und analog dazu nimmt die Integralrechnung ihren Ausgang von der Frage nach dem Bestand, wenn das Änderungsverhalten gegeben ist (Rekonstruktion aus Änderung). Zentral ist dann die Erkenntnis, dass dies geometrisch auf die Bestimmung von Flächeninhalten unter dem Änderungsgraphen führt, Bestände also als „Summation unendlich vieler momentaner Änderungen" aufgefasst werden können. Charakteristisch für dieses Konzept ist damit die fast parallele Einführung der beiden Grundkonzepte zur Integralrechnung, Flächenbestimmung (Gesamtbilanz) und Rekonstruktion. Dies erfolgt auch analog zur Einführung der Differenzialrechnung. Es steht zunächst der Aufbau adäquater Grundvorstellungen im Mittelpunkt, ehe Kalküle entwickelt werden. Der Verzicht auf die frühzeitige Einführung komplexerer Theorieelemente und Begriffsfestlegungen ermöglicht es, dass von Beginn an in qualitativer Weise substanzreiche Probleme behandelt werden können. Der Integralbegriff wird also nicht nach einer vorgängigen Durststrecke über Unter- und Obersummen eingeführt, ehe er in Anwendungen kalkülorientiert genutzt wird, sondern es wird ein qualitativer Weg zum Hauptsatz mit dessen frühzeitiger, auf Einsicht fußender Einführung, aufgezeigt, der es ermöglicht, alle klassischen Anwendungen zu behandeln. Das Konzept „Rekonstruktion aus Änderung" begünstigt das frühe Erfassen der Kernaussage des Hauptsatzes.

In 4.1 geht es um qualitative Einsichten und Erfahrungen in vielfältigen Sachzusammenhängen analog zum einführenden Lernabschnitt in der Differenzialrechnung. In 4.2 stehen dann die Begriffsbildungen und innermathematischen Zusammenhänge im Mittelpunkt. Der schon in 4.1 intuitiv erfasste Hauptsatz wird formuliert, plausibel begründet, anschaulich bewiesen und das daraus abgeleitete Kalkül entwickelt. Im Anschluss daran wird ein Weg zur analytischen Definition des Integrals nach Riemann gegeben. In 4.3 werden dann mit krummlinig berandeten Flächen die kanonischen und weitere Anwendungen thematisiert.

Zu **4.1**

In drei vereinfachten Sachsituationen aus unterschiedlichen Gebieten (Füllvorgang, Bewegungen, Gewinnentwicklung) erarbeiten Schüler das Entwickeln von Bestandsgraphen aus gegebenem Wissen über das Änderungsverhalten. Im Mittelpunkt steht hier das Erfassen des Zusammenhanges mit einer Flächenbestimmung. Dieser wird in einem ersten Basiswissen qualitativ und an einem archetypischen Beispiel erläutert. Innerhalb der Übungsphase wird zunächst der erarbeitete Zusammenhang in vielfältigen Kontexten variierend durchgearbeitet, indem immer wieder die inhaltliche Bedeutung der Rekonstruktion eingefordert wird und grafisch umgesetzt werden soll.

Es werden Exkurse zu Anwendungssituationen (Gewinn in Wirtschaft, „Elefantenrennen") ebenso angeboten, wie eine effektive Möglichkeit, Näherungswerte für krummlinig berandete Flächen zu bestimmen (Trapezformel), ohne dass eine dahinterliegende Begriffsbildung (Integralbegriff) in den Blick genommen wird. Im zweiten Teil der Übungen wird der vermutlich schon vorher ‚in der Luft liegende' Zusammenhang zum Ableiten (Aufleiten, 1. Teil des Hauptsatzes) in einem weiteren Basiswissen dokumentiert und Stammfunktionen und erste Regeln zu ihrer Bestimmung eingeführt.

Neben diesem analytischen Weg wird mit der näherungsweisen Berechnung von Integralen mit Trapezsummen ein numerisches Verfahren angeboten.

Abschließend wird ein Bezug zur Physik angeboten.

Zu **4.2**

Nachdem Schüler in 4.1 angemessene Grundvorstellungen aufgebaut und dazu auch gewisse Routinen durch operatives Üben entwickelt haben, werden nun die notwendigen Begriffe eingeführt. Dieser Lernabschnitt ist damit im Wesentlichen innermathematisch motiviert und orientiert. Im Kern geht der Weg dabei von der Integralfunktion als verallgemeinerte Bestandsfunktion über die explizite Formulierung des 1. Teils des Hauptsatzes zur vollständigen Formulierung des Hauptsatzes. Das Basiswissen ist begriffs- und verstehensorientiert formuliert, es wird bewusst noch auf das Verständnis erschwerende „dx" verzichtet. Zum Hauptsatz wird ein anschaulicher Beweis vorgestellt und dazu zwei verständnisfördernde Aufgaben gegeben. Über unterschiedliche Integrationsvariablen wird die Schreibweise mit „dx" motiviert. Diese erfährt ihre letztendliche Legitimation durch die folgende Hinführung zum Integralbegriff über Grenzwerte von Unter- und Obersummen. Zur Einstimmung und Motivation wird ein Lesetext angeboten. Zur Erzeugung und Festigung adäquater Grundvorstellungen werden Applets zur dynamischen Veranschaulichung von Unter- und Obersummen mit Verfeinerung der Unterteilung des Integrationsintervalls und gleichzeitiger näherungsweisen Erzeugung der zugehörigen Integralfunktionen gegeben. Die eigentätige exemplarische Berechnung von Unter- und Obersummen mündet dann in der analytischen Definition des Integrals nach B. Riemann. Zur Vertiefung werden weitere Untersuchungen zu Unter- und Obersummen sowie eine Reflexion und Weitung des Integralbegriffs angeboten.

Zu **4.3**

In den einführenden Aufgaben wird der zentrale Anwendungsaspekt, die Berechnung von Inhalten krummlinig berandeter Flächen, erarbeitet und im Basiswissen gesichert. In vielfältigen Übungen wird dies dann durchgearbeitet, dabei werden immer wieder Bezüge zu bekannten Inhalten hergestellt, um Vernetzungen und festigendes Üben zu sichern. Dazu gehört auch eine Wiederaufnahme der „Rekonstruktion aus Änderungen" (A25–A27). In binnendifferenzierendem Sinne werden jeweils auf einer Seite anspruchsvollere Aufgaben zur Flächenbestimmung (A20–A24) sowie zum Modellieren (A28 und A29) angeboten. Mit „Lorenzkurve und Gini-Koeffizient" wird projektartig eine bedeutsame Anwendung vorgestellt und mit Übungen gesichert. Hier kommt es auch zu Vernetzungen mit anderen Themenbereichen (Flächen von Trapezen, Modellieren aus Daten). Modulartig auf jeweils drei Seiten werden dann die weiteren Pflichtinhalte (Rotationsvolumina und uneigentliche Integrale) behandelt (S.167–169 bzw. S.170–172). In beiden Teilen werden historische Bezüge mit zugehörigen Aufgaben als binnendifferenzierende Erweiterung angeboten. Darüber hinaus wird Modellieren vertiefend geübt (A39) und der kritische Umgang mit digitalen Werkzeugen angeregt (A43 und A44).

Als fakultative Inhalte werden zum Abschluss die dritte Grundvorstellung zum Integral (Integral als Mittelwert) sowie die Berechnung von Bogenlängen angeboten.

Lösungen

4.1 Von der Änderungsrate zur Bestandsfunktion

130

1. *Der Zufluss liefert die Füllmengen – ein vereinfachtes Beispiel*

a)

Zeitintervall (in min)	Aktion
$t \in [0\,;25]$	Konstanter Zufluss: 10 l/min
$t \in [25\,;30]$	Konstanter Abfluss: – 16 l/min
$t \in [30\,;35]$	Konstanter Zufluss: 14 l/min
$t \in [35\,;55]$	Keine Aktion
$t \in [55\,;70]$	Konstanter Abfluss: – 16 l/min

Der Zufluss bzw. Abfluss ist die Änderungsrate des Wasserbestandes in der Badewanne.

b)

Zeitpunkt t (in min)	Füllmenge (in l iter)
5	50
10	100
15	150
20	200
25	250
30	170
35	240
...	240
55	240
60	160
65	80
70	0

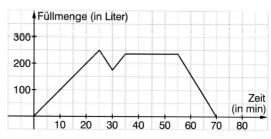

Der Graph Zeit → Füllmenge beschreibt Inhalte der Flächen, die im Intervall [0 ; t] zwischen dem Zuflussgraphen und der Zeitachse eingeschlossen sind. Die Flächeninhalte oberhalb der Zeitachse im Zuflussdiagramm vergrößern und die unterhalb der Zeitachse verkleinern die Füllmenge.

c)

Zeitpunkt t (in min)	Füllmenge (in Liter)
20	$20 \cdot 10 = 200$ Inhalt des Rechtecks
25	$25 \cdot 10 = 250$ Inhalt des Rechtecks
30	$25 \cdot 10 - 5 \cdot 16 = 170$ Inhalt des Rechtecks oberhalb der Zeitachse minus Inhalt des Rechtecks unterhalb der Zeitachse
70	$25 \cdot 10 - 5 \cdot 16 + 5 \cdot 14 + 20 \cdot 0 - 15 \cdot 16 = 0$ Inhalte der Rechtecke oberhalb der Zeitachse gehen mit positivem Vorzeichen und die Inhalte der Rechtecke unterhalb der Zeitachse gehen mit negativem Vorzeichen in die Bilanz ein.

131

2. *Fahren mit einem Elektroauto*
   a) In den ersten 20 Sekunden beschleunigt das Auto von $0 \frac{m}{s}$ auf $30 \frac{m}{s}$ und fährt mit erreichter Geschwindigkeit weitere 12 Sekunden.
   b) Wegstrecke: $10 \, s \cdot 30 \frac{m}{s} = 300 \, m$ (Geometrisch: Flächeninhalt des gefärbten Rechtecks)
   c) Problem: Die Fläche ist von einem krummlinigen Graphen begrenzt.
      Schätzung: ca. 400 m
   d) Die Aussage passt. Bildsequenz: Die Fläche unter der Kurve lässt sich durch immer schmaler werdende Rechtecke immer besser annähern.
   e)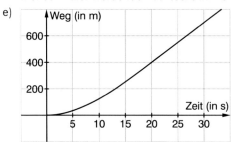

   Da die Geschwindigkeit die Änderung des Weges ist, ist eine Funktion gesucht, deren Ableitung $f'(x) = -0,075 \, x^2 + 3x$ ist. Durch Probieren kann man hier $f(x) = 0,025 \, x^3 + 1,5 \, x^2$ erhalten.

3. *Gewinn – Verlust*
   a) Gewinn in Zeitintervallen $[0 \, ; 9]$ und $[14 \, ; 18]$, Verlust im Zeitintervall $[9 \, ; 14]$.
      (Die Zeitangabe bedeutet das Ende eines Monats.)
   b) Gesamter Gewinn beträgt ca. $1575 - 350 + 600 = 1825$ (in Tausend €).

134

4. *Zufluss bekannt, Bestand gesucht*

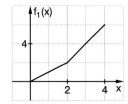 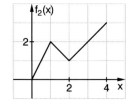 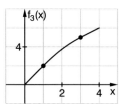

5. *A ball on a hill – Ein Ball am Abhang*
   a) Der Ball wird immer schneller und seine Beschleunigung (d. h. momentane Steigung im Geschwindigkeitsgraphen) wird immer größer. Danach rollt er mit erreichter Geschwindigkeit und wird plötzlich, z. B. durch ein Hindernis, abgebremst.
   b) Der Inhalt der Fläche unter dem Graphen entspricht dem Weg, den der Ball zurückgelegt hat.

134

5. Fortsetzung

c) Die Bestandsfunktion der Geschwindigkeit ist die im Intervall [0 ; t] zurückgelegte Wegstrecke.

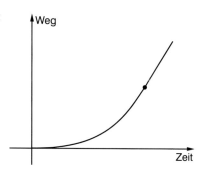

6. *Pumpenspeicherwerk*

a)

Graph oberhalb der Zeitachse	Graph unterhalb der Zeitachse
Das Wasser fließt in den Speichersee. Je höher der Graph der Zuflussrate, desto schneller fließt das Wasser in den See.	Das Wasser fließt aus dem Speichersee. Je tiefer der Graph der Zuflussrate, desto schneller fließt das Wasser aus dem See.

b) Schätzung: Die Wassermenge hat sich um ca. $200 \, m^3$ bis $230 \, m^3$ verringert.

c) Graph Zeit → zugeflossene Wassermenge:

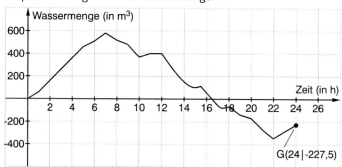

7. *Geschwindigkeit-Zeit-Diagramm eines Rennwagens*

Mögliches Geschwindigkeit-Zeit-Diagramm (Modell Streckenzug):

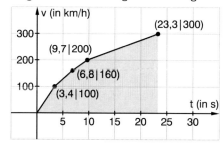

Bis der Wagen $300 \, \frac{km}{h}$ schnell ist, legt er nach dem oben gewählten Modell ca. 1,26 km zurück. Lösungsweg: Die zurückgelegte Wegstrecke entspricht dem Flächeninhalt unter dem Graphen der Geschwindigkeit. Dieser Inhalt beträgt ca. 4534 Einheiten, wobei 1 Einheit $= 1 \, s \cdot 1 \, \frac{km}{h} = \frac{1}{3600} \, km$ gilt.

Die Wegstrecke beträgt also $4534 \cdot \frac{1}{3600} \, km \approx 1,26 \, km$.

8. *Fahrtenschreiber*

a) Der Lkw 1 fährt mit gleichmäßiger Beschleunigung von $10\,\frac{km}{h}$ pro Minute und überholt so den Lkw 2, der in der ersten Minute mit $40\,\frac{km}{h}$ fährt. Der Lkw 2 beschleunigt dann aber seinerseits in den folgenden 3 Minuten und ist ab dem Zeitpunkt t_2 schneller als Lkw 1. Die Bestandsfunktion der Geschwindigkeit ist die im Zeitintervall $[0\,;\,t]$ zurückgelegte Strecke.

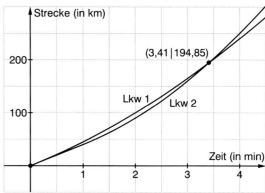

b)

Begründung im Kontext der Sachsituation:	Begründung anhand des Geschwindigkeit-Zeit-Diagramms
Der Lkw 1 war zu jedem Zeitpunkt in $[0\,;\,t_1]$ schneller als der Lkw 2 und hat deshalb im selben Zeitintervall eine größere Strecke zurückgelegt.	Der zurückgelegten Strecke entspricht der orientierte Flächeninhalt unter dem Graphen der Geschwindigkeit. Dieser orientierte Flächeninhalt in $[0\,;\,t_1]$ ist bei Lkw 1 größer als bei Lkw 2.

c) Der Lkw 2 überholt den Lkw 1 zum Zeitpunkt $t \approx 3{,}4\,min$.

9. *Elefantenrennen*

Die Aussagen stimmen. Das überholende Fahrzeug muss laut Text innerhalb von $45\,s$ eine um mindestens $50\,m + 25\,m + 50\,m = 125\,m$ größere Strecke zurücklegen als das überholte Fahrzeug. Diese Bedingung wird bei $70\,\frac{km}{h}$ bzw. $80\,\frac{km}{h}$ eingehalten:
Der Streckenunterschied nach $45\,s$ ist die Differenz der orientierten Flächeninhalte der beiden Fahrzeuge im Geschwindigkeit-Zeit-Diagramm.
Sie beträgt $10\,\frac{km}{h} \cdot 45\,s = \frac{10\,000}{3600}\,\frac{m}{s} \cdot 45\,s = 125\,m$.

10. *Zwei Lastkähne*

a) Kurt fährt stets mit gleichbleibender Geschwindigkeit.
Luise startet mit $0\,\frac{km}{h}$, ihre Geschwindigkeit steigt proportional zu der Zeit in den ersten 3 Stunden und erreicht $30\,\frac{km}{h}$. Diese Geschwindigkeit wird in den folgenden 2 Stunden beibehalten. Von der 5. bis zur 9. Stunde bremst Luise $\left(\text{von } 30\,\frac{km}{h} \text{ auf } 5\,\frac{km}{h}\right)$.

b) Nach 9 Stunden sind Kurt $180\,km$ und Luise ca. $175\,km$ gefahren. Kurt ist also etwas weiter gefahren.

c) Zusätzliche Annahme: Kurt und Luise sind zu Beginn ($t = 0$) gleichauf (Zeit t in h).
   $0 < t < 5$: Kurt ist vorn
   $5 < t < 8{,}2$: Luise ist vorn
   $8{,}2 < t$: Kurt ist vorn
   Insbesondere nach 9 Stunden ist Kurt vorn.

135   10. Fortsetzung

Hinweis: Der orientierte Flächeninhalt unter dem jeweiligen Zeit-Geschwindigkeits-Graphen im Zeitintervall [0 ; t] entspricht der Wegstrecke, die in diesem Zeitintervall zurückgelegt wurde (1 Kästchen entspricht 5 km).

136   11. *Nicht konstanter Gewinnzufluss*

Die Fläche unter dem krummlinigen Graphen lässt sich durch immer schmaler werdende Rechtecke immer besser annähern. Die Fläche eines Rechtecks ist gleich „Gewinnzufluss mal Zeitspanne", und das ist der Gewinn in dieser Zeitspanne. Aus einzelnen Gewinnen setzt sich der Gesamtgewinn zusammen.

12. *Wie entwickelt sich der Gesamtgewinn?*

a) Entwicklung des Gewinnzuflusses:

Zeit in Tagen	Gewinnzufluss in €/Tag
0	– 300
300	0
900	600
1200	600

In [0 ; 300] tägliche Verluste, die gleichmäßig geringer werden;
in [300 ; 900] täglicher Gewinnzufluss, der gleichmäßig größer wird;
in [900 ; …] konstanter täglicher Gewinnzufluss.

b)

Zeit in Tagen	Gesamtgewinn in €
0	0
150	– 33750
300	– 45000
450	– 33750
600	0
750	56250
900	135000
1050	225000
1200	315000

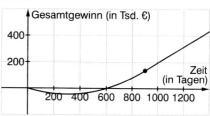

Zur Kontrolle mit Integral:

$$\text{Gesamtgewinn}(x) = \begin{cases} \frac{x^2}{x} - 300\,x, & 0 \le x < 900 \\ 600\,x - 405000, & 900 \le x \end{cases}$$

13. *Von der Zuflussrate zur Wassermenge*

a) Berechnung über Flächen:

Zeit (in min)	1	5	10
Wassermenge (in l)	26	250	800

b) $f'(t) = f(t)$

Die Funktion der Zuflussrate ist die Ableitung der Wasserstandsfunktion.

c) $f(4) = 176$; $6\,t^2 + 20\,t = 250$; $t = 5$ (vgl. a)

d) $f(t) = 6\,t^2 + 20\,t + 5$

137

14. *Funktionsgleichungen für Bestandsfunktionen finden*
    a) $f_1(x) = x + 0,25 x^2$, $\quad f_2(x) = -\frac{1}{6} x^3 + 3x$, $\qquad f_3(x) = \frac{1}{40} x^4 + 0,25 x^2$
    b) Schüleraktivität

15. *Änderungsratenfunktionen und Bestandsfunktionen*
    a) Die passenden Paare: (1) – (D), (2) – (C), (3) – (B), (4) – (A)
    b) Gesucht ist jeweils die Funktion f, sodass ihre Ableitung mit f′ übereinstimmt.

(1)	$f'(x) = 2$	$f(x) = 2x$	(D)
(2)	$f'(x) = -1,5 + 0,5 x$	$f(x) = -1,5 x + 0,25 x^2$	(C)
(3)	$f'(x) = 0,25\,(x-4)^2$ $= 0,25 x^2 - 2x + 4$	$f(x) = \frac{1}{12} x^3 - x^2 + 4x$	(B)
(4)	$f'(x) = 3 - x$	$f(x) = 3x - 0,5 x^2$	(A)

138

16. *Regeln für die Stammfunktionen suchen*
    (1) $F(x) = \frac{1}{4} x^2 + 3x + c$
    (2) $F(x) = \frac{1}{3} x^3 - 2 x^2 + c$
    (3) $F(x) = -\frac{1}{10} x^5 + x^3 - x + c$

17. *Training: Stammfunktionen gesucht*
    a) $F(x) = x^3 - 2 x^2 + x$
    b) $F(x) = -\frac{1}{2} x^4 - 3 x^2$
    c) $F(x) = \frac{1}{20} x^5 - \frac{2}{3} x^3 + 8x$
    d) $F(x) = \frac{-2}{x} + \frac{1}{4} x^4$
       $f(x) = x^2 - x - 6$
    e) $F(x) = \frac{1}{3} x^3 - \frac{1}{2} x^2 - 6x$
    f) $F(x) = 4 \cdot \cos(x)$

139

18. *Eine Quelle*
    (1) Daten legen Gerade nahe:
        Lineare Regression: $f(x) = -24,72 x + 456,18 \approx -25 x + 450$
        Die Quelle versiegt nach ca. 18 Tagen.
        Wassermenge in 8 Tagen: ca. 2 960 000 Liter $(8 \cdot 260 + 8 \cdot 110)$
        Wassermenge bis zum Versiegen: ca. 4 320 000 Liter $(18 \cdot 240)$
    (2) Trapezsummen zu Messwerten:
        Wassermenge nach 8 Tagen: ca. 2 790 000 Liter
        Für Prognose muss Funktion für Restzeitraum modelliert werden:
        Lineare Fortsetzung: $y = -15 x + 380$
        Quelle versiegt nach ca. 25 Tagen.
        Wassermenge bis zum Versiegen: $2 790 000 + 1 725 000 = 4 515 000$ Liter.

139

19. *Anwenden der Trapezregel*
    a) Die Fläche beträgt ca. 28,7905 (Näherungswert mit 5 Trapezen) bzw. 28,5546 (Näherungswert mit 10 Trapezen).
    b) Genauer gesagt, fehlt der Faktor $\frac{1}{2}$ bei den übrigen Werten von f in der Trapezformel, weil sie jeweils doppelt in die Rechnung eingehen.
    Hier ein Beispiel mit 2 Trapezen:

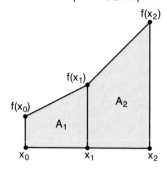

$$A = A_1 + A_2 = \Delta x \cdot \frac{1}{2}\big(f(x_0) + f(x_1)\big) + \Delta x \cdot \frac{1}{2}\big(f(x_1) + f(x_2)\big)$$
$$= \Delta x \cdot \Big(\frac{1}{2}f(x_0) + f(x_1) + \frac{1}{2}f(x_2)\Big)$$

140

20. *„Vorausschauende" Ersatzteilproduktion*
    Das Verfahren soll zum Ziel haben, den orientierten Flächeninhalt unter dem Graphen zu schätzen. Dafür existieren verschiedene Möglichkeiten, z. B. das Annähern mit Rechtecken. (Zur Kontrolle mit Integral: Es sind ca. 988 Netzteile herzustellen.)

21. *Geförderte Gasmenge*
    Die mit der Trapezformel berechnete Gasmenge beträgt 9,57 Millionen m^3.
    (Zur Kontrolle mit Integral: ca. 9,95 Millionen m^3)

Kopfübungen

1   $x_1 = 5$ und $x_2 = 11$

2   $|\vec{a}| = \sqrt{14} < \sqrt{18} = |\vec{b}|$

3   r: rote Kugel; w: weiße Kugel

ω_i	(r, r)	(r, w)	(w, r)	(w, w)
$P(\omega_i)$	$\frac{2}{30}$	$\frac{8}{30}$	$\frac{8}{30}$	$\frac{12}{30}$

4   a) Die Steigung der Tangente des Graphen an dieser Stelle.
    b) Die momentane Änderungsrate einer Größe, z. B. zeigt die Beschleunigung a an, wie schnell sich die Geschwindigkeit v zum Zeitpunkt t ändert: $a(t) = v'(t)$.

141   22.   *Freier Fall auf dem Mond*

	Fallzeit t (Gesucht ist t mit $1,4 = s(t) = \frac{1}{2}gt^2$)	Aufprallgeschwindigkeit $v(t) = gt$ mit der Fallzeit t
Mond $g = 1,67 \frac{m}{s^2}$	ca. 1,29 s	ca. 2,16 $\frac{m}{s}$
Erde $g = 9,81 \frac{m}{s^2}$	ca. 0,53 s	ca. 5,24 $\frac{m}{s}$

23.   *Wachsende Beschleunigung*
Das Fahrzeug hat 25 m zurückgelegt.
Lösungsweg: $v(t) = 0,6t^2 \Rightarrow s(t) = 0,2t^3 \Rightarrow s(5) = 25\,m$

4.2 Der Hauptsatz der Differenzial- und Integralrechnung

142   1.   *Variationen der Bestandsfunktion*

a)

x	Füllmenge (in l)		
(in min)	Pkw 1	Pkw 2	Pkw 3
– 1	0	–	–
0	30	0	–
1	60	30	0
2	90	60	30
3	120	90	60
4	150	120	90
5	180	150	120

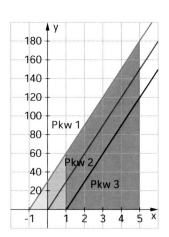

Bestandsfunktionen:
Pkw1 $(x) = 30(x + 1)$;
Pkw2 $(x) = 30x$;
Pkw3 $(x) = 30(x – 1)$
Die Bestandsfunktionen verlaufen parallel in y-Richtung verschoben. Unterschied ist die Füllmenge in vorherigem Zeitraum.
Grafisch: Fläche zwischen x = – 1 und x = 0 bzw. x = 0 und x = 1

b) $F(x) = x^3$; $F'(x) = 3x^2$ und $F(0) = 0$.
Pkw1 $(x) = x^3 + 1$
Pkw2 $(x) = x^3$
Pkw3 $(x) = x^3 – 1$

c)   Die Konstante ist der Flächeninhalt zwischen a und b.

x	Füllmenge (in l)		
(in min)	Pkw 1	Pkw 2	Pkw 3
– 1	0	–	–
0	1	0	–
1	2	1	0
2	9	8	7
3	28	27	26
4	65	64	63
5	126	125	124

143

2. *Erkunden von Integralfunktionen*

a) Experimente führen zur Nullstelle und zur Verschiebung in y-Richtung der Bestandsfunktionen.

b) (1) Fläche hat Breite „0". (2) c ist Fläche zwischen a und b.

c) $I_a(x)$ sind Stammfunktionen von $f(x)$, also $I'_a(x) = f(x)$

(1) $I_{-1}(x) = -\frac{1}{4}x^2 + 2x + \frac{9}{4}$ $I_1(x) = -\frac{1}{4}x^2 + 2x - \frac{7}{4}$

3. *Integralfunktionen und orientierte Flächeninhalte*

a) Ergibt sich, wenn man den Inhalt des Kastens „Integralfunktion" mit der Rekonstruktion aus Änderung aus 4.1 vergleicht.

b) Der orientierte Inhalt zwischen a und b ist die Differenz aus dem orientierten Inhalt von 0 bis b und 0 bis a.

c) (1) Stammfunktion: $F(x) = x^2$; $F(3) = 9$, also $I_0(3) = 9$; $I_0(0,5) = 0,25$
   Orientierter Inhalt zwischen 0,5 und 3: $I = 8,75$

(2) Stammfunktion: $F(x) = x^3$; $I_0(2) = 8$; $I_0(1) = 1$
   Orientierter Inhalt zwischen 1 und 2: $I = 7$.

145

4. *Vom Bild zur Integralfunktion*

a) Roter Graph: $f(x) = 2 - 0,5x$;   Blauer Graph: $I_2(x) = 2x - \frac{1}{4}x^2 - 3$

b) Der blaue Graph geht aus dem Graphen von $I_0(x) = 2x - \frac{1}{4}x^2$ durch eine Verschiebung um 3 LE nach unten hervor.

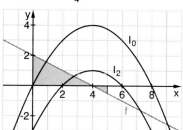

5. *Integralfunktion finden*

Nur g kann der Graph von $I_1(x)$ sein, denn:

(i) Die im Intervall $[1;1]$ eingeschlossene Fläche hat die Breite Null.
   ⇒ Der orientierte Flächeninhalt hat in $[1;1]$ den Wert Null.
   ⇒ Es muss $I_1(1) = 0$ gelten. Der Graph von h kommt nicht infrage.

(ii) f schließt in $[1;2]$ einen negativ orientierten Flächeninhalt ein und wechselt an der Stelle $x = 2$ in den positiven Wertebereich.
   ⇒ Der orientierte Flächeninhalt muss an der Stelle $x = 2$ einen Tiefpunkt besitzen. Der Graph von k kommt nicht infrage.

6. *Integralfunktionen berechnen*

a)	b)	c)	d)
$I_0(x) = 1,5x^2 - x$	$I_0(x) = -\cos(x) + 1$	$I_0(x) = x^4 + 0,5x^2 - 2x$	$I_2(x) = \frac{1}{x} - 0,5$
$I_3(x) = 1,5x^2 - x - 10,5$	$I_\pi(x) = -\cos(x) - 1$	$I_2(x) = x^4 + 0,5x^2 - 2x - 14$	(für $x > 0$)

145

7. *Übersetzen und Begründen*

a) (1) $\int_a^a f = 0$ (2) –

(3) Für $a < b < c$ gilt $\int_a^c f = \int_a^b f + \int_b^c f$.

b)

(1)	Die eingeschlossene Fläche hat die Breite 0 und somit den orientierten Flächeninhalt mit dem Wert 0.
(2)	Der orientierte Flächeninhalt in [a ; x] setzt sich zusammen aus dem orientierten Flächeninhalt in [b ; x] und dem konstanten Wert k des orientierten Flächeninhalts in [a ; b].
(3)	Der orientierte Flächeninhalt in [a ; c] setzt sich aus dem orientierten Flächeninhalt in [a ; b] und dem orientierten Flächeninhalt in [b ; c] zusammen.

146

8. *Aussagen überprüfen*

Aussage	Wahrheits- wert	Begründung
a)	richtig	Anfangsbedingung
b)	richtig	Anfangsbedingung
c)	falsch	Gegenbeispiel: x = 2
d)	falsch	Gegenbeispiele: x = a oder x ≈ 8
e)	richtig	$d = \int_0^1 f$
f)	falsch	$I_a(b)$ beschreibt stets den orientierten Flächeninhalt; dieser setzt sich aus den orientierten Inhalten der Teilflächen zusammen. Zu dem Flächenstück S_1 gehört der orientierte Flächeninhalt $- S_1$.
g)	richtig	Siehe Begründung zu f)

9. *Lesen, Wiedergeben und Verstehen*
Schüleraktivität

10. *Genauer hingeschaut*
Die Integralfunktion I_0 ist an der Stelle 2, an welcher der Graph von f unstetig ist, nicht differenzierbar, denn:
- Der Graph von I_0 hat an der Stelle 2 einen Knick.
- Die Sekantensteigungen des Graphen von I_0 haben links und rechts der Stelle 2 für $x \to 2$ unterschiedliche Grenzwerte; der Grenzwert der Sekantensteigung von I_0 existiert dort also nicht.

Skizze der zugehörigen Integralfunktion zu

$$f(x) = \begin{cases} 2 \text{ für } 0 \le x < 2 \\ 1 \text{ für } 2 \le x \le 4 \end{cases}$$

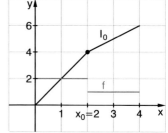

146 11. *Orientierten Inhalt berechnen*

a) Die Fläche ist die Differenz aus der Fläche von 0 bis 2 und der Fläche von 0 bis 1.

b) $\int_0^x f = \frac{1}{2}x^3 + x$; $\int_1^x f = \frac{1}{2}x^3 + x - \frac{3}{2}$, also: $\int_0^1 f = \frac{3}{2}$; $\int_0^2 f = 6$; $\int_1^2 f = \frac{9}{2}$

147 12. *Berechnung von Integralen*

Hauptsatz: $\int_a^b f(x)dx = [F(x)]_a^b = F(b) - F(a)$ mit einer Stammfunktion F zu f

a)	b)	c)	d)	e)	f)	g)	h)
15	− 16	4	1	$\frac{2}{3} = 0,\overline{6}$	$\frac{40}{3} = 13,\overline{3}$	0	28

148 13. *Integrationsregeln*

- Durch die Vervielfachung aller Werte einer Funktion vervielfacht sich im gleichen Maße der orientierte Inhalt der Fläche, die zwischen dem Graphen der Funktion und der x-Achse in einem Intervall eingeschlossen ist.
- Der orientierte Inhalt der Fläche unter dem Graphen einer Summenfunktion setzt sich zusammen aus den orientierten Inhalten der Flächen unter den Summandenfunktionen.

14. *Eine weitere Integrationsregel*

Unterscheidet sich eine Funktion von einer anderen nur um das Vorzeichen, so gilt dasselbe auch für ihre Integralwerte im Intervall [a ; b].
Geometrische Begründung:
Entsteht der Graph einer neuen Funktion g durch Spiegelung des Graphen der gegebenen Funktion f an der x-Achse, so sind die jeweils in [a ; b] eingeschlossenen Flächen kongruent, aber entgegengesetzt orientiert. Die Integralwerte, die diesen Flächeninhalten entsprechen, unterscheiden sich nur um das Vorzeichen.

15. *Eine bekannte Formel*

Für positive Zahlen a und b gilt

$$\int_0^a b = [b \cdot x]_0^a = b \cdot a - b \cdot 0 = b \cdot a.$$

Der Flächeninhalt eines Rechtecks mit den Seitenlängen a und b ist gleich Breite · Höhe = a · b.

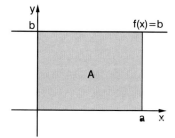

148 16. *Integrale und Symmetrie*

Beide Aussagen sind wahr.

	a)	b)
Voraussetzungen	$f(-x) = -f(x)$ für alle $x \in \mathbb{R}$, f ist stetig	$f(-x) = f(x)$ für alle $x \in \mathbb{R}$, f ist stetig
Behauptung	$$\int_{-a}^{a} f = 0 \ (a > 0)$$	$$\int_{-a}^{a} f = 2 \cdot \int_{0}^{a} f \ (a > 0)$$
Begründung	Der Graph von f schließt mit dem positiven Teil der x-Achse und mit dem negativen Teil der x-Achse kongruente Flächen ein (Kongruenzabbildung: Drehung). Beim Addieren heben sich die beiden unterschiedlich orientierten Flächeninhalte auf. $$\int_{-a}^{a} f = \int_{-a}^{0} f + \int_{0}^{a} (-f) + \int_{0}^{a} f = 0$$	Der Graph von f schließt mit dem positiven Teil der x-Achse und mit dem negativen Teil der x-Achse kongruente Flächen ein (Kongruenzabbildung: Spiegelung). Die Summe der beiden gleichsinnig orientierten Flächeninhalte ist das Doppelte eines dieser Inhalte. $$\int_{-a}^{a} f = \int_{-a}^{0} f + \int_{0}^{a} f = \int_{0}^{a} f + \int_{0}^{a} f = 2 \cdot \int_{0}^{a} f$$
Beispiel	$I_1 = -0,4$ $I_2 = 0,4$ $I = 0$ $f(x) = 0,6x^3 - x, \quad a = 2$	$I_1 = 0,14$ $I_2 = 0,14$ $I = 0,28$ $f(x) = \cos(x), \quad a = 3$

c) $f(x) = \frac{1}{x}$ ist punktsymmetrisch zu $(0|0)$, $f(x) = \frac{1}{x^2}$ ist achsensymmetrisch zur y-Achse

Die Integrale $\int_{-a}^{a} f(x)\, dx$ existieren aber nicht, weil $f(x)$ an der Stelle $x = 0$ nicht stetig und damit nicht integrierbar ist („Fläche ins unendliche offen").

17. *Stammfunktionen und Integralfunktionen*

a) $I_a(a) = 0$

b) $F(x) = x^2 + 1$ ist Stammfunktion von $f(x) = 2x$, kann aber keine Integralfunktion sein, weil sie keine Nullstelle besitzt.

148 18. *Terme veranschaulichen*

Veranschaulichung am Graphen von f	Veranschaulichung am Graphen von F
(1) und (3) $f(a) = F'(a)$ Der Term steht für den Wert der Funktion f an der Stelle a.	F $f(a) = F'(a)$ Der Term steht für die Steigung der Funktion F an der Stelle a.
(2) und (4) $\int_a^b f(x)dx = F(b) - F(a)$ Der Term steht für den orientierten Flächeninhalt zwischen f und der x-Achse in [a ; b].	F $\int_a^b f = F(b) - F(a)$ Der Term steht für den Zuwachs von F in [a ; b].
(5) $f_m = \dfrac{F(b) - F(a)}{b - a}$ Der Term steht für den Mittelwert der Funktion f in [a ; b].	F $\dfrac{F(b) - F(a)}{b - a}$ Der Term gibt die Steigung der Sekante durch die Punkte (a|F(a)) und (b|F(b)) an.

149 19. *Unterschiedliche Integrationsvariablen*

a) (1) $\frac{t}{3}$ (2) $\frac{x^2}{2}$ (3) 0   (4) $2x$

b) Herleitung:

- $\int_0^a (x^2)dx = \left[\dfrac{x^3}{3}\right]_0^a = \dfrac{a^3}{3}$

- Der Term $\int_0^a x^2\, da$ enthält einen Fehler: Die Integrationsvariable a „läuft" von 0 bis a.

- $\int_0^a (a^2)dx = [a^2 x]_{x=0}^{x=a} = a^2 \cdot a - a^2 \cdot 0 = a^3$

149

20. *Eine Gleichung – zwei Scharen*
a) Die Parabelschar (2) gehört zu $f_t(x)$, die Geradenschar (1) zu $f_x(x)$
$f_t(x)$: $t \in \{-2,9;\; -1,9;\; -0,9;\; 0,9;\; 1,9;\; 2,9;\; 3,9\}$
$f_x(x)$: $x \in \{-4;\; -3;\; -2;\; -1;\; 0;\; 1;\; 2;\; 3;\; 4\}$

b) (1) $\displaystyle\int_0^2 f_t(x)\,dx = \frac{8}{3} - 2t = 0$ $\Rightarrow t = \frac{4}{3}$

(2) $\displaystyle\int_0^2 f_t(x)\,dx = 2x^2 - 2x = 0 \Rightarrow x_1 = 0;\; x_2 = 1$

Man erhält jeweils den Wert für den Parameter, bei dem die zugehörige Kurve im Intervall [0 ; 2] mit der x-Achse einen orientierten Inhalt von 0 einschließt. Die Inhalte der Flächen, die in dem Intervall oberhalb und unterhalb der x-Achse liegen, sind gleich groß.

151

21. *Untersummen, Obersummen und Grenzwertprozesse*
- Die Unter- und Obersummen wachsen so lange wie f oberhalb der x-Achse liegt.
- Bei grober Einteilung (wenig Rechtecke) ist der Unterschied von Ober- und Untersumme groß, wenn die Unterteilung des Intervalls feiner wird, nähern sich die Werte einandner an.
- Die Ortskurven der Unter- und Obersumme sind Näherungen der Integralfunktion, im Grenzfall konvergieren beide gegen die Integralfunktion.

22. *Unter- und Obersummen*
a) Das Intervall [0 ; 1] wird in n = 2 (n = 4, n = 8) gleiche Abschnitte geteilt. Jeder Abschnitt $[x_i ; x_{i+1}]$ bildet die Grundseite eines kleinen Rechtecks der Höhe $f(x_i)$ und eines großen Rechtecks der Höhe $f(x_{i+1})$ (f ist in [0 ; 1] monoton steigend). Je kleiner die Abschnitte $[x_i ; x_{i+1}]$ (d. h. je höher n ist), desto besser ist die Näherung an den Inhalt der Fläche A durch O_n und U_n.
O_2 = Breite mal Höhe des 1. großen Rechtecks + Breite mal Höhe des 2. großen Rechtecks
U_2 = Breite mal Höhe des 1. kleinen Rechtecks + Breite mal Höhe des 2. kleinen Rechtecks, analog für die anderen Ober- und Untersummen
$O_2 = \frac{5}{8} = 0,625;\quad U_2 = \frac{1}{8} = 0,125$
$O_4 = \frac{15}{32} \approx 0,47;\quad U_4 = \frac{7}{32} \approx 0,22$
$O_8 = \frac{51}{128} \approx 0,40;\quad U_8 = \frac{35}{128} \approx 0,27$
Begründung für $U_n < A < O_n$:
f ist in [0 ; 1] monoton steigend und positiv. U_n setzt sich aus n Inhalten der Rechtecke zusammen, denen jeweils ein Stück bis zur Fläche unter f in $[x_i ; x_{i+1}]$ fehlt. O_n setzt sich aus n Inhalten der Rechtecke zusammen, die jeweils um ein Flächenstück größer sind als die Fläche unter f in $[x_i ; x_{i+1}]$. Damit ist A als Summe der Flächen unter f in $[x_i ; x_{i+1}]$ (i = 1, ..., n) nach unten durch U_n und nach oben durch O_n begrenzt.

151 22. Fortsetzung

b) Begründung für die Formeln:

Der 1. Faktor bei allen Summanden ist die Breite der Rechtecke $x_{i+1} - x_i = \frac{1}{n}$. Der 2. Faktor („Höhe") bei den Summanden in der Formel für O_n (bzw. U_n) ist der Wert von f an der rechten (bzw. linken) Grenze des i-ten Rechtecks. Der Wert von f an der linken Grenze des i-ten Rechtecks ist zugleich der Wert von f an der rechten Grenze des (i − 1)-ten Rechtecks.

$$O_{100} = \frac{6767}{20000} = 0{,}33835; \qquad\qquad U_{100} = \frac{6567}{20000} = 0{,}32835$$

$$O_{1000} = \frac{667667}{2000000} = 0{,}3338335; \qquad\qquad U_{1000} = \frac{665667}{2000000} = 0{,}3328335$$

152 23. *Ein Beweis für den Grenzwert von O_n für $f(x) = x^2$*

$$U_n = \frac{1}{n^3} \cdot (0^2 + 1^2 + \dots + (n-1)^2) = \frac{1}{n^3} \cdot \frac{(n-1) \cdot n \cdot (2(n-1)+1)}{6}$$

$$= \frac{1}{n^3} \cdot \frac{(n-1) \cdot n \cdot (2n-1)}{6} = \frac{1}{6} \cdot \left(1 - \frac{1}{n}\right) \cdot 1 \cdot \left(2 - \frac{1}{n}\right) \xrightarrow[n\to\infty]{} \frac{1}{3}$$

Kopfübungen

1 $x_1 = 3$ und $x_2 = -3$

2 Es handelt sich um die Formel zur Berechnung des Volumens eines Kegels:
Radius $r = \sqrt{\frac{3V}{\pi h}}$ und Höhe $h = \frac{3V}{\pi r^2}$ (r; $h < 0$ passt nicht zum Kontext)

3 $p = \frac{100}{100 + 105} = \frac{100}{205} \approx 0{,}49$

4 a) Die Aussage ist wahr, denn die 2. Ableitung ist eine lineare Funktion mit der Steigung $6 \cdot a \neq 0$ und hat daher stets eine Nullstelle mit Vorzeichenwechsel. Die hinreichende Bedingung für einen Wendepunkt ist erfüllt.

b) Die Aussage ist falsch (z. B. hat $f(x) = x^4$ keine Wendepunkte), denn die 2. Ableitung ist eine quadratische Funktion. Sie kann keine, eine (ohne Vorzeichenwechsel) oder zwei Nullstellen (mit Vorzeichenwechsel) haben.

153 24. *Flächenberechnung mit Unter- und Obersumme*

a) Jeder Streifen hat die Breite $\frac{b}{n}$, der k-te Streifen beginnt bei $k \cdot \frac{b}{n}$

$$U_n = \sum_{k=1}^{n-1} \left(\frac{k \cdot b}{n}\right)^3 \cdot \frac{b}{n} = \sum_{k=1}^{n-1} \left(\frac{b}{n}\right)^4 \cdot k^3 = \left(\frac{b}{n}\right)^4 \cdot S_3(n-1)$$

$$O_n = \sum_{k=1}^{n} \left(\frac{k \cdot b}{n}\right)^3 \cdot \frac{b}{n} = \sum_{k=1}^{n} \left(\frac{b}{n}\right)^4 \cdot k^3 = \left(\frac{b}{n}\right)^4 \cdot S_3(n)$$

$$U_n = \left(\frac{b}{n}\right)^4 \cdot S_3(n-1) = \left(\frac{b}{n}\right)^4 \cdot (S_3(n) - n^3) = \left(\frac{b}{n}\right)^4 \cdot \left(\frac{n^4}{4} + \frac{n^3}{2} + \frac{n^2}{4} - n^3\right) = \frac{b^4}{4} - \frac{b^4}{2n} + \frac{b^4}{4n^2}$$

$$O_n = \left(\frac{b}{n}\right)^4 \cdot S_3(n) = \left(\frac{b}{n}\right)^4 \cdot \left(\frac{n^4}{4} + \frac{n^3}{2} + \frac{n^2}{4}\right) = \frac{b^4}{4} - \frac{b^4}{2n} + \frac{b^4}{4n^2}$$

$$A = \lim_{n \to \infty} U_n = \frac{b^4}{4} = \lim_{n \to \infty} O_n$$

153

24. Fortsetzung

b) $U_n = \sum\limits_{k=1}^{n-1} \left(\frac{k \cdot b}{n}\right)^4 \cdot \frac{b}{n} = \sum\limits_{k=1}^{n-1} \left(\frac{b}{n}\right)^5 \cdot k^4 = \left(\frac{b}{n}\right)^5 \cdot S_4(n-1)$

$O_n = \sum\limits_{k=1}^{n} \left(\frac{k \cdot b}{n}\right)^4 \cdot \frac{b}{n} = \sum\limits_{k=1}^{n} \left(\frac{b}{n}\right)^5 \cdot k^4 = \left(\frac{b}{n}\right)^5 \cdot S_4(n)$

Es gilt analog: $S_4(n-1) = S_4(n) - n^4$

$U_n = \left(\frac{b}{n}\right)^5 \cdot (S_4(n) - n^4) = \left(\frac{b}{n}\right)^5 \cdot \left(\frac{n^5}{5} + \frac{n^4}{2} + \frac{n^3}{3} - \frac{n}{30} - n^4\right) = \frac{b^5}{5} - \frac{b^5}{2n} + \frac{b^5}{3n^2} - \frac{b^5}{30n^4}$

$O_n = \left(\frac{b}{n}\right)^5 \cdot \left(\frac{n^5}{5} + \frac{n^4}{2} + \frac{n^3}{3} - \frac{n}{30}\right) = \frac{b^5}{5} - \frac{b^5}{2n} + \frac{b^5}{3n^2} - \frac{b^5}{30n^4}$

$A = \lim\limits_{n \to \infty} U_n = \frac{b^5}{5} = \lim\limits_{n \to \infty} O_n$

25. *Trapezformel wieder im Einsatz*
   a) $n = 50$: $A = 1,6198...$
   b) $n = 50$: $A = 1,0644...$

26. *Integral bei nicht stetiger Funktion*
   Die Unter- und Obersummen stimmen wegen der zur x-Achse parallelen Rand-
   funktion für alle Intervalleinteilungen in $[0\,;2)$ und $[2\,;4]$ überein.
   $$\int\limits_0^4 f(x)\,dx = 6.$$

4.3 Anwendungen der Integralrechnung

154

1. *Befüllen eines Beckens*
   a) Das Wasser fließt zunächst zunehmend schneller ein. Nach 2,5 Stunden fließt es
      am schnellsten, ehe es dann zunehmend langsamer zufließt.
   b) $\int\limits_0^5 v(t)\,dt = \frac{125}{6}$; es fließen ca. $21\,m^3$ zu.

   $\int\limits_2^4 v(t)\,dt = \frac{34}{3}$; zwischen der 2. und 4. Stunde fließen ca. $11,3\,m^3$ zu.

   c) Nach knapp 7 Stunden ist das Wasser abgeflossen.
   d)

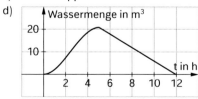

2. *Fläche zwischen Graphen und x-Achse auf verschiedenen Intervallen*
   Flächeninhalt der gefärbten Fläche (in FE):

   (1) $\int\limits_{1}^{3} f = \frac{16}{3} = 5,\overline{3}$

   (2) $\left|\int\limits_{-2}^{-1} f\right| + \int\limits_{-1}^{3} f = 13$

   (3) $\left|\int\limits_{-2}^{-1} f\right| + \int\limits_{-1}^{3} f + \left|\int\limits_{3}^{3,5} f\right| = 13 + \left|-\frac{13}{24}\right| = \frac{325}{24} \approx 13,54$

   Problem: Die Integralfunktion gibt die Bilanz der orientierten Flächeninhalte an. Die geometrischen Inhalte der Flächen müssen daher einzeln berücksichtigt werden und dürfen nicht negativ sein.
   Verfahren zur Bestimmung eines geometrischen Flächeninhalts:
   - Einzelne Flächenstücke identifizieren.
   - Die orientierten Inhalte der Flächenstücke einzeln berechnen.
   - Beträge der orientierten Flächeninhalte bilden und addieren.

3. *Fläche zwischen zwei Graphen*
   (I) Die gefärbte Fläche entsteht, wenn man von der Fläche zwischen f und der x-Achse die Fläche zwischen g und der x-Achse subtrahiert. Entsprechend gilt für die Flächeninhalte:

   $$A = \int\limits_{a}^{b} f - \int\limits_{a}^{b} g = \int\limits_{a}^{b} (f - g)$$

   a) (I)→(II): Der Graph von g liegt komplett unterhalb der x-Achse.
   Verallgemeinerung: Der Inhalt der gefärbten Fläche hat einen positiv und einen negativ orientierten Anteil.
   (II)→(III): Der Graph von g liegt teilweise unterhalb der x-Achse.
   Verallgemeinerung: Der positiv und der negativ orientierte Anteil hängen von den Nullstellen des Graphen von g ab.
   Mögliche Begründung (durch Rückführung auf Fall (I)): Statt f und g betrachte man f + k bzw. g + k mit einer Konstanten $k \in \mathbb{R}$ so, dass die neuen Graphen in [a; b] beide oberhalb der x-Achse liegen.
   Der Inhalt der eingeschlossenen Fläche ändert sich dabei nicht, also folgt:

   $$A = \int\limits_{a}^{b} (f + k) - \int\limits_{a}^{b} (g + k) = \int\limits_{a}^{b} (f + k - (g + k)) = \int\limits_{a}^{b} (f - g)$$

   b) (III)→(IV): Der Graph von g liegt teils oberhalb, teils unterhalb des Graphen von f.
   Das Integral $\int\limits_{a}^{b} (f - g)$ gibt den Wert von $(-A_1 + A_2)$ an, es wird jedoch der Wert von $(A_1 + A_2)$ gesucht. Strategie: [a; b] wird in Intervalle mit $f(x) \geq g(x)$ und mit $f(x) \leq g(x)$ unterteilt. Auf jedem dieser Teilintervalle tritt der Fall (I) ein.
   Also folgt: $A = A_1 + A_2 = \int\limits_{a}^{c} (f - g) + \int\limits_{c}^{b} (g - f)$

4. *Schätzen und rechnen*
Alle Flächeninhalte in FE:

a) $A = \left| \int_{-1}^{1} f \right| = \frac{2}{3}$

b) $A = \left| \int_{-1}^{1} f \right| = \frac{4}{3}$

c) $A = \left| \int_{0}^{1} f \right| = \frac{2}{3}$

d) Nullstellen von f: $-\sqrt{2}, \sqrt{2}$; $\quad A = \left| \int_{-2}^{-\sqrt{2}} f \right| + \left| \int_{-\sqrt{2}}^{\sqrt{2}} f \right| + \left| \int_{\sqrt{2}}^{2} f \right| = \frac{8\sqrt{2} - 4}{3} \approx 2,44$

e) $A = \left| \int_{0}^{\pi} f \right| = 2$

f) $A = \left| \int_{0}^{\frac{\pi}{2}} f \right| + \left| \int_{\frac{\pi}{2}}^{\frac{3\pi}{2}} f \right| = 3$

5. *Skizzieren, schätzen, rechnen und überprüfen*
Alle Flächeninhalte in FE:

a) Nullstellen von f: $-2, 1$; $\quad A = \left| \int_{-1}^{1} f \right| + \left| \int_{1}^{3} f \right| = 12$

b) Nullstellen von f: $-2, 2$; $\quad A = \left| \int_{-4}^{-2} f \right| + \left| \int_{-2}^{2} f \right| + \left| \int_{2}^{4} f \right| = 32$

c) Nullstellen von f: $\frac{\pi}{2}, \frac{3\pi}{2}$; $\quad A = \left| \int_{0}^{\frac{\pi}{2}} f \right| + \left| \int_{\frac{\pi}{2}}^{\frac{3\pi}{2}} f \right| + \left| \int_{\frac{3\pi}{2}}^{2\pi} f \right| = 4$

d) f hat keine Nullstellen; $\quad A = \left| \int_{1}^{4} f \right| = \frac{3}{4}$

e) Einzige Nullstelle von f: 0; $\quad A = \left| \int_{-2}^{0} f \right| + \left| \int_{0}^{2} f \right| = 12$

f) Nullstellen von f: $-\pi, 0, \pi$; $\quad A = \left| \int_{-\pi}^{0} f \right| + \left| \int_{0}^{\pi} f \right| = 4$

6. *Integral und Flächeninhalt 1*
Die Nullstellen von f sind $-\frac{2}{\sqrt{3}} \approx -1,15$; $\frac{2}{\sqrt{3}} \approx 1,15$. Der Inhalt der gefärbten Fläche sei mit A bezeichnet.

a)

	Wert des Integrals	Inhalt A der gefärbten Fläche in FE		Vergleich
(I)	$I_0(-2,5) = \frac{45}{8} = 5,625$	$A = \left\| \int_{-2,5}^{\frac{-2}{\sqrt{3}}} f \right\| + \left\| \int_{\frac{-2}{\sqrt{3}}}^{0} f \right\| = \frac{32}{3\sqrt{3}} + \frac{45}{8} \approx 11,78$		$A > I_0(-2,5)$
(II)	$I_0(-0,7) = -2,457$	$A = \left\| \int_{-0,7}^{0} f \right\| = 2,457$		$A = \|I_0(-0,7)\| > I_0(-0,7)$
(III)	$I_0(1,15) \approx 3,079$	$A = \left\| \int_{0}^{1,15} f \right\| \approx 3,079$		$A = I_0(1,15)$
(IV)	$I_0(1,8) = \frac{171}{125} \approx 1,368$	$A = \left\| \int_{0}^{\frac{2}{\sqrt{3}}} f \right\| + \left\| \int_{\frac{2}{\sqrt{3}}}^{1,8} f \right\| = \frac{16}{3\sqrt{3}} + \left\| \frac{171}{125} - \frac{16}{3\sqrt{3}} \right\|$ $\approx 4,790$		$A > I_0(1,8)$

158

6. Fortsetzung

   b) $I_0(k) = 0 \Leftrightarrow k = -2$, $k = 0$ oder $k = 2$

   Dem Wert $k = 0$ entspricht eine Fläche der Breite 0 („keine Fläche"). In den Fällen $k = -2$ und $k = 2$ besteht die eingeschlossene Fläche aus 2 gleich großen Flächenstücken, von denen das eine oberhalb und das andere unterhalb der x-Achse liegt.

   Jedes dieser Flächenstücke hat den Inhalt $A = \left| \int\limits_{0}^{\frac{2}{\sqrt{3}}} f \right| = \frac{16\sqrt{3}}{9}$ FE.

   Die eingeschlossene Fläche ist doppelt so groß, also $A = \frac{32\sqrt{3}}{9}$ FE $\approx 6{,}16$ FE.

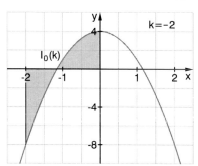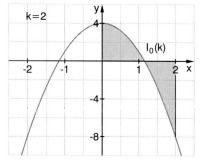

7. *Integral und Flächeninhalt 2*

	Nullstellen $x_1; \ldots; x_n$	$\int\limits_{a}^{b} f$	$A = \left\|\int\limits_{a}^{x_1} f\right\| + \ldots + \left\|\int\limits_{x_n}^{b} f\right\|$	Vergleich zwischen $\int\limits_{a}^{b} f$ und A
a)	$-1; 1$	$\frac{4}{3}$	4	$\int\limits_{a}^{b} f < A$
b)	0	3,75	4,25	$\int\limits_{a}^{b} f < A$
c)	$-\sqrt{5}; 0; \sqrt{5}$	$\frac{18}{25} \approx 0{,}72$	$\frac{4\sqrt{5}}{3} + \frac{18}{25} \approx 3{,}7$	$\int\limits_{a}^{b} f < A$
d)	$-1; 0; 1$	0	$\frac{1}{2}$	$\int\limits_{a}^{b} f < A$
e)	I	$\frac{20}{3} \approx 9{,}\overline{3}$	$\frac{28}{3} \approx 9{,}3$	$\int\limits_{a}^{b} f = A$ (alle Flächeninhalte sind positiv orientiert)

158

8. Integral und Flächeninhalt 3

$a = -2;\ b = 0;\ c = 3$

(1) $\displaystyle\int_{-2}^{3} f(x)\,dx = -\frac{125}{24}$: Orientierter Inhalt, den f mit x-Achse umschließt.

(2) $\displaystyle\int_{-2}^{0} f(x)\,dx + \int_{0}^{3} f(x)\,dx = -\frac{125}{24}$: Orientierter Inhalt, den f mit x-Achse umschließt.

(3) $\displaystyle\int_{-2}^{0} f(x)\,dx - \int_{0}^{3} f(x)\,dx = \frac{253}{24}$: Inhalt der Fläche, die f mit x-Achse umschließt.

159

9. Parameterwerte bestimmen

(1) $a = \sqrt[3]{12} \approx 2{,}289$ (2) $a_1 = 0;\ a_2 = 4$ (3) $a = -4$

 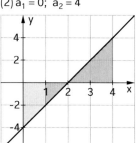 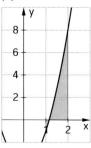

10. Flächenschrumpfung

a) Höhe der Rechtecke, von links nach rechts entsprechend: $1;\ \frac{1}{2};\ \frac{1}{3};\ \frac{1}{4};\ \frac{1}{5}$

b) Es gilt $h_n = \displaystyle\int_{0}^{1} f_n(x)\,dx = \left[\frac{x^{n+1}}{n+1}\right]_{0}^{1} = \frac{1}{n+1}$.

Weiter gilt $h_n = \frac{1}{n+1} < \frac{1}{1000} \Leftrightarrow n > 999$. Ab $n = 1000$ ist die Höhe kleiner als ein Tausendstel.

11. Parabelschar

a) $\displaystyle\int_{0}^{1} f_k(x)\,dx = -2;\ k = \frac{7}{3}$

b) $\displaystyle\int_{-2}^{2} f_k(x)\,dx = 0;\ k = \frac{4}{3}$

12. Flächen zwischen Graphen

(1) $A = \displaystyle\int_{-1}^{1}\big((2x+4) - (x^2 + 2x + 3)\big)dx = \left[x - \frac{x^3}{3}\right]_{-1}^{1} = \frac{4}{3} = 1{,}\overline{3}$

(2) $A = \displaystyle\int_{-1}^{1}\big((-2x^2 + 2) - (-x^2 + 1)\big)dx = \left[x - \frac{x^3}{3}\right]_{-1}^{1} = \frac{4}{3} = 1{,}\overline{3}$

(3) Drei Schnittstellen: $-1;\ 0;\ 3$ $A = \displaystyle\int_{-1}^{0}\big((x^3 - 3x) - 2x^2\big)dx + \int_{0}^{3}\big(2x^2 - (x^3 - 3x)\big)dx$

$$= \frac{71}{6} = 11{,}8\overline{3}$$

159   13.   *Skizzieren und berechnen*

Lösungsmuster: Die Schnittstellen x_1; ...; x_n von f und g werden bestimmt. Die ein-

geschlossene Fläche hat den Inhalt $A = \left| \int_{x_1}^{x_2} (f - g) \right| + ... + \left| \int_{x_{n-1}}^{x_n} (f - g) \right|$.

	Schnittstellen	Flächeninhalt A	Grafik
a)	$-2\sqrt{2} \approx -2,83;$ $2\sqrt{2} \approx 2,83$	$\frac{32\sqrt{2}}{3} \approx 15,08$	
b)	$-2; 4$	27	
c)	$-2; 4$	18	
d)	$-2; 0; 1$	$\frac{37}{12} = 3,08\overline{3}$	
e)	$-1; 2$	$4,5$	
f)	$-1; 1; 3$	8	

159

13. Fortsetzung

g) Hochpunkt von f ist H(0|4) ⇒ k = 4

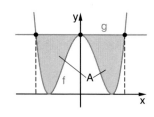

Schnittstellen:

$x_1 = -\sqrt{8} \approx -2{,}83$; $x_2 = 0$; $x_3 = \sqrt{8} \approx 2{,}83$

Für alle $x \in [x_1; x_3]$ gilt $g(x) \geq f(x)$, daher folgt

$$A = \int_{x_1}^{x_3} (g - f) = \frac{128 \cdot \sqrt{2}}{15} \approx 12{,}07.$$

160

14. Flächenvergleiche

a) Man erhält die Flächeninhalte:

(1) $A = \frac{4}{3}$ (Bild 1 und 6); (2) $A = \frac{32}{3}\sqrt{2}$ (Bild 2 und 4); (3) $A = \frac{8}{3}$ (Bild 3 und 5)

Was in einem Fall die Schnittstellen von $f(x)$ und $g(x)$ sind, sind im anderen die Nullstellen von $d(x) = f(x) - g(x)$. Da bei der Flächenbestimmung Integrale der Differenz beider Funktionen bestimmt werden, ist dies gleichbedeutend mit der Bestimmung der Fläche, die die Differenzfunktion mit der x-Achse umschließt. Mit $f(x) = g(x) \Leftrightarrow f(x) - g(x) = 0$ können also Schnittstellen von zwei Funktionen als Nullstellen der Differenzfunktion $f(x) - g(x)$ interpretiert werden.

b) Nach diesem Satz lassen sich die geometrisch komplizierten Flächenstücke, die zwischen den Graphen von zwei (stetigen) Funktionen eingeschlossen sind, in flächeninhaltsgleiche Flächenstücke mit übersichtlicher Form und Lage umwandeln. Statt Schnittstellen zweier Graphen müssen nun Nullstellen eines Graphen bestimmt werden. Die Integrationsgrenzen bleiben unverändert.
Begründung: Rückführung auf die Begründung in der Teilaufgabe a).

15. Kurvendiskussion und Flächeninhalte

a) Nullstellen von f: 0; 3   Inhalt der Fläche: $A = \int_0^3 f = \frac{9}{4} = 2{,}25$ (in FE)

b) $P(1|f(1))$ ist Hochpunkt von f. Die Tangente in P ist somit waagerecht und hat die Gleichung $t(x) = \frac{4}{3}$. Die eingeschlossene Fläche hat den Inhalt

$$\int_0^1 \left(\frac{4}{3} - f(x)\right)dx = \frac{5}{12} = 0{,}41\overline{6} \text{ (in FE)}.$$

c) Der Wendepunkt von f ist $W\left(2|\frac{2}{3}\right)$. Die Steigung der Geraden g beträgt $\frac{f(2) - f(0)}{2 - 0} = \frac{1}{3}$.
Also gilt $g(x) = \frac{1}{3}x$. Der Inhalt der zwischen f und g eingeschlossenen Fläche ist gleich

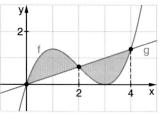

$$\int_0^2 (f - g) = \frac{4}{3}.$$ Den gleichen Inhalt hat die Fläche,

die im Intervall [2 ; 4] zwischen f und g eingeschlossen ist.

Begründung: $f(x) = g(x) \Leftrightarrow [x = 0 \text{ oder } x = 2 \text{ oder } x = 4] \Rightarrow \left|\int_2^4 (f - g)\right| = \frac{4}{3}$

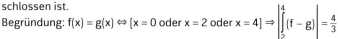

160

16. *Kurven in enger Nachbarschaft*

a) $f(0) = g(0) = 0$; $f(2) = g(2) = 0$; $\int_0^2 f(x) - g(x)\,dx = \frac{44}{15} = 2,9\overline{3}$

b) Weil g einen höheren Grad als f hat, verläuft der Graph von g für $x \to \pm\infty$ steiler als der Graph von f; der Graph von f, holt also den Graphen von f für $x > 2$ bzw. $x < 0$ noch einmal ein. Es gibt zwei weitere Schnittpunkte in diesen Bereichen.

f und g haben folgende Schnittstellen:
$a = 0$; $b = 2$; $c = -1 - \sqrt{13} \approx -4,6$; $d = -1 + \sqrt{3} \approx 2,6$

Die Graphen von f und g schließen unterhalb der x-Achse 2 Flächen mit folgendem Inhalt ein:

$\left| \int_c^a (f - g) \right| \approx 90,28$ (in FE)   sowie $\left| \int_b^d (f - g) \right| \approx 0,15$ (in FE)

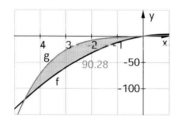 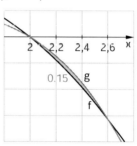

161

17. *Parabelsegmente*

a) Beispiel für eine Beschreibung: Wenn der Streifen von links nach rechts wandert, nimmt der Umfang so lange ab, bis die Symmetrieachsen des Streifens und der Parabel übereinstimmen. Danach nimmt der Umfang immer mehr zu.

b)

Funktionen	Schnittstellen	Streifenbreite	Flächeninhalt $A = \int_{x_1}^{x_2} (g - f)$
f und g_1	-2; 2	4	$\frac{32}{3} = 10,\overline{6}$
f und g_2	-1; 3	4	$\frac{32}{3} = 10,\overline{6}$
f und g_3	0; 4	4	$\frac{32}{3} = 10,\overline{6}$

Vermutung: Der Flächeninhalt bleibt konstant.
Für die Konstruktion der Segmente (mit $P(a \mid a^2)$, $Q(a + 4 \mid (a + 4)^2))$ gilt allgemein $g(x) = (2a + 4)(x - a) + a^2$ und damit $A = \int_a^b (g - f) = \frac{32}{3} = 10,\overline{6}$. Das bestätigt die Vermutung für $f(x) = x^2$ und die Streifenbreite 4.

c) Sei b die Breite des Streifens und $g(x)$ die Gerade, die die Parabel zu f_k in den Punkten $P(a \mid ka^2)$ und $Q(a + b \mid k(a + b)^2)$ schneidet. Für $g(x)$ gilt die Funktionsgleichung $g(x) = (2a + b) \cdot k \cdot (x - a) + ka^2$. Der Flächeninhalt des Segments beträgt stets $\int_a^{a+b} (g - f) = \frac{b^3 \cdot k}{6}$, er hängt also nicht von der Stelle a des Punktes P ab.

18. *Die Flächenformel von ARCHIMEDES für eine Parabelsegment*

a)

Funktion	Null-stellen $x_1; x_2$	Breite	Höhe	Integralformel $A = \int_{x_1}^{x_2} f$	Formel des Archimedes $A = \frac{2}{3} \cdot$ Breite $\cdot$ Höhe
f(x)	$-2; 2$	4	8	$\frac{64}{3}$	$\frac{64}{3}$
g(x)	$-3; 2$	5	$\frac{25}{4}$	$\frac{125}{6}$	$\frac{125}{6}$

Bemerkung: Die Höhe entspricht dem Wert der Funktion im Hochpunkt der Parabel.

Beobachtung: Die Formel des Archimedes wird durch die Integralrechnung für f und g bestätigt.

b) Nullstellen: $x_1 = -\sqrt{\frac{h}{a}}$; $x_2 = \sqrt{\frac{h}{a}}$ (mit $a \neq 0$, $\frac{h}{a} > 0$); Breite: $x_2 - x_1 = 2\sqrt{\frac{h}{a}}$

Hochpunkt: $(0 \,|\, h) \to$ Höhe: h

Beweis der Archimedesformel:

$$\int_{x_1}^{x_2} f = \left[hx - \frac{1}{3}ax^3 \right]_{x_1}^{x_2} = h(x_2 - x_1) - \frac{1}{3}a(x_2^3 - x_1^3) = (x_2 - x_1) \cdot \left(h - \frac{1}{3}a \cdot (x_2^2 + x_2 x_1 + x_1^2) \right)$$

$$= \text{Breite} \cdot \left(h - \frac{1}{3}a \cdot \left(\frac{h}{a} - \frac{h}{a} + \frac{h}{a} \right) \right) = \text{Breite} \cdot \left(h - \frac{1}{3}h \right) = \frac{2}{3} \cdot \text{Breite} \cdot \text{Höhe}$$

19. *Schmuckstücke im Parabeldesign*

Seien A_1, A_2, A_3 die Flächeninhalte der Schmuckstücke entsprechend den Abbildungen 1, 2 und 3. Das 1. Schmuckstück hat die größten Materialkosten, denn es gilt $A_1 > A_2 = A_3$.

Begründung: Um jeweils die gleichen Flächeneinheiten zu verwenden, ist die Wahl eines einheitlichen Koordinatensystems sinnvoll, z. B.: Das dargestellte Quadrat entspreche dem Fensterausschnitt $-1 \leq x \leq 1$; $-1 \leq y \leq 1$.

Bild 1: Geschickte Zerlegung und Verschiebung ergeben ein flächengleiches Rechteck, $A_1 = 2$ FE.

Bild 2 und Bild 3, einige alternative Begründungen (mit unterschiedlichen Modellierungen) anhand von Symmetrieüberlegungen:

Die Gesamtfläche des Schmuckstücks ist jeweils 4-mal so groß wie die Fläche zwischen $f(x) = \sqrt{x}$ und $g(x) = x^2$ in $[0;1]$: $A_2 = A_3 = 4 \cdot \int_0^1 (f - g) = \frac{4}{3}$ FE Analog wie oben: $f(x) = 1 - x^2$ und $g(x) = (x - 1)^2$ für A_3	Die Gesamtfläche des Schmuckstücks ist jeweils 8-mal so groß wie die Fläche zwischen $f(x) = x$ und $g(x) = x^2$ in $[0;1]$: $A_2 = A_3 = 8 \cdot \int_0^1 (f - g) = \frac{4}{3}$ FE

162

20. *Flächenhalbierung*

a) Die gesuchte Gerade: $g(x) = 9 - \left(\frac{3}{\sqrt[3]{2}}\right)^2 \approx 3{,}33$

Lösungsbeispiel:

Nullstellen von f: -3; 3

Der Graph von f schließt mit der x-Achse eine Fläche ein: $A = \int\limits_{-3}^{3} f(x)\,dx = 36$ (in FE).

Schnittstellen der gesuchten Geraden g mit dem Graphen von f seien $-k$ und k.

$\Rightarrow g(x) = 9 - k^2$ (g ist konstante Funktion)

f und g schließen miteinander die Fläche mit Inhalt $\int\limits_{-k}^{k} (f(x) - g(x))\,dx = \frac{4}{3}k^3$ ein.

Dieser Flächeninhalt soll halb so groß wie A sein: $\frac{4}{3}k^3 = \frac{1}{2}A \;\Rightarrow\; k = \frac{3}{\sqrt[3]{2}} \approx 2{,}38$

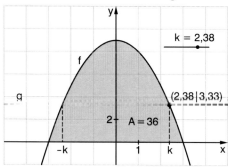

b) Die gesuchte Gerade: $g(x) = \left(3 - \frac{3}{\sqrt[3]{2}}\right)x \approx 0{,}62\,x$

Lösungsbeispiel:

Nullstellen von f: 0; 6

Der Graph von f schließt mit der x-Achse eine Fläche ein: $A = \int\limits_{0}^{6} f(x)\,dx = 18$ (in FE)

Die gesuchte Gerade schneidet den Graphen von f in den Punkten $(0|0)$ und

$P(a|f(a))$ mit $0 < a < 6$; sie hat also die Steigung $\frac{f(a)}{a} = 3 - 0{,}5\,a$.

$\Rightarrow g(x) = (3 - 0{,}5\,a)x$

f und g schließen miteinander eine Fläche mit Inhalt $\int\limits_{a}^{0} (f(x) - g(x))\,dx = \frac{a^3}{12}$ ein.

Dieser Flächeninhalt soll halb so groß wie A sein: $\frac{a^3}{12} = \frac{1}{2}A \;\Rightarrow\; a = 3 \cdot 2^{\frac{2}{3}} \approx 4{,}76$

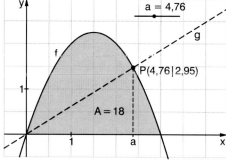

21. *Wandernder Streifen*

Der Streifen ist so zu legen, dass $k = \frac{\sqrt{13}+1}{2} \approx 2{,}3$ gilt.

Lösungsbeispiel:

f hat die Nullstellen 0 und 6. Das blaue Flächenstück hat den Inhalt

$$A(k) = \int\limits_{k}^{k+3} f = -\frac{1}{2}k^3 + \frac{3}{4}k^2 + \frac{9}{2}k + \frac{45}{8}.$$

An der Stelle $k = \frac{\sqrt{13}+1}{2} \approx 2{,}3$ ist dieser Flächeninhalt maximal.

22. *Flächenstücke*

a) Die gesuchte Funktionsgleichung: $g(x) = \frac{1}{4}$

Rechnung: $A_1 = A_2 \Leftrightarrow A_1 + (-A_2) = 0 \Leftrightarrow \int\limits_{0}^{1}(t^3 - x^3)dx = 0 \Leftrightarrow t = \left(\frac{1}{4}\right)^{\frac{1}{3}}$

Probe: $A_1 = A_2 = \frac{3}{32} \cdot 2^{\frac{1}{3}} \approx 0{,}118$ (in FE)

b) Die gesuchte Funktionsgleichung: $g(x) = \frac{1}{8}$

Rechnung: $A_1(t) + A_2(t) = \int\limits_{0}^{t}(t^3 - x^3)dx + \int\limits_{t}^{1}(x^3 - t^3)dx = 1{,}5t^4 - t^3 + 0{,}25;$

Minimum für $t = \frac{1}{2}$

Dann gilt: $A_1 + A_2 = \frac{7}{32} = 0{,}21875$ (in FE)

23. *Ein maximales Rechteck*

Lösungsbeispiel: Die Graphen von f und g schneiden sich an den Stellen $-\sqrt{3}$ und $\sqrt{3}$. Sie schließen die Fläche mit dem Inhalt $8\sqrt{3} \approx 13{,}86$ (in FE) ein. Die beiden unteren und die beiden oberen Eckpunkte des Rechtecks sind jeweils symmetrisch bezüglich der y-Achse, da f und g achsensymmetrisch sind. Seien $-a$ und a die x-Koordinaten der Eckpunkte des Rechtecks, dabei gelte $0 < a < \sqrt{3}$. Sein Flächeninhalt beträgt Breite $\cdot$ Höhe $= 2a \cdot (g(a) - f(a)) = -4a^3 + 12a$. Dieser Flächeninhalt ist für $a = 1$ am größten und beträgt 8 FE. Die Koordinaten der Eckpunkte sind $P(1|5)$, $Q(1|1)$, $P'(-1|5)$, $Q'(-1|1)$.

Die von f und g umschlossene Fläche ist um den Faktor $\sqrt{3}$ größer.

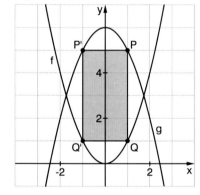

162

24. *Puzzeln*

Schnittpunkte: A(1|2), B(2|1), C(4|4); Überschlag: 3FE; Beispiele für Strategien:

Strategie 1	Strategie 2
Eine Gerade durch B parallel zur y-Achse teilt die gefärbte Fläche in zwei Stücke. $$A = \int_1^2 (h-g) + \int_2^4 (h-f) = \frac{17}{6} = 2{,}8\overline{3} \text{ (in FE)}$$	Man berechnet die Inhalte der Flächen, die von h in [1; 4], von g in [1; 2] und von f in [2; 4] mit der x-Achse eingeschlossen werden. $$A = \int_1^4 h - \int_1^2 g - \int_2^4 f = \frac{17}{6} = 2{,}8\overline{3} \text{ (in FE)}$$

163

25. *Pflanzenbestand*

a) Der Bestand nimmt in den ersten 12 Jahren zu (die Zuwachsrate ist dann positiv) und in den folgenden 8 Jahren ab (die Zuwachsrate ist dann negativ).

b) Der maximale Bestand ist am Ende der Wachstumsphase, d. h. nach 12 Jahren, erreicht.

c) Der maximale Bestand beträgt $100 + \int_0^{12} f(x)\,dx \approx 140$ Pflanzen.

Der minimale Bestand ist nicht am Ende der Abnahmephase, d. h. nach 20 Jahren, erreicht, sondern zu Beginn der Beobachtung (x = 0), denn zu jedem Zeitpunkt x > 0 wird die Gesamtänderung (Zuwachs) $\int_0^x f(t)\,dt$ positiv sein. Bestandswerte zum Vergleich: F(0) = 100; F(20) = 126,$\overline{6}$; für $0 \le x \le \frac{20}{3}$ gilt $100 \le F(x) \le 126{,}\overline{6}$

26. *Gewinnentwicklung*

a) Am Ende des 0-ten Monats beträgt der Verlust 1200 €/Woche. Bis Mitte des 3. Monats werden die Verluste geringer, daraufhin und bis zur Mitte des 12. Monats werden wöchentlich Gewinne erzielt; der maximale wöchentliche Gewinn ist am Ende des 8. Monats zu verzeichnen. Kurz vor Ablauf des Jahres endet die Zeitspanne der wöchentlichen Gewinne.

b) In den ersten 4 Monaten spricht man besser von einem Gesamtverlust von $\int_0^4 f = -960 \,€$ (Einheit: $\frac{1\,€}{1 \text{ Woche}} \cdot 1 \text{ Monat} \approx \frac{1\,€}{7 \text{ Tage}} \cdot \frac{365 \text{ Tage}}{12} \approx 4{,}345\,€$).

Der Gesamtverlust beträgt $-960 \cdot 4{,}345\,€ = 4171\,€$.

Der Gesamtgewinn von Beginn des 2. Monats (d. h. vom Ende des 1. Monats) bis zum Ende des 10. Monats beträgt $\int_1^{10} f = 19125\,€$, wobei eine Einheit 4,345 € beträgt. Das ergibt den Gesamtgewinn von $19125 \cdot 4{,}345\,€ \approx 83098\,€$.

c) Nein, f fällt stark im Intervall [12 ; 24]. Nach 24 Monaten gäbe es einen wöchentlichen Verlust von ca. 140 000 €.

163

27. *Helikopter*

a) $f_1 \to$ (B); $f_2 \to$ (A); $f_3 \to$ (C)

Gemeinsamkeiten (A), (B), (C)	Unterschiede
• Eine Steigphase am Anfang, eine Sink-phase zum Schluss • zunächst zunehmend, dann abnehmende Steig- bzw. Sinkgeschwindigkeiten. (Graphen immer Rechtskurve → Linkskurve)	• Zeitpunkte des Übergangs vom Steigen ins Sinken. • Maximale Steig- bzw. Sink-geschwindigkeit • Maximale Höhe • Höhe der Landestelle

Nullstellen: Übergänge vom Steigen ins Sinken und umgekehrt

Extrempunkte: Maximale Steig- bzw. Sinkgeschwindigkeit

b) Anmerkung: Wegen der Realsituation reichen graphisch-numerische Lösungen für die Berechnung der Integrale und Extremstellen aus.

	(A)	(B)	(C)
Höhe nach einer Minute	$\int_0^{60} f_2(x)\,dx = -180\,m$	$\int_0^{60} f_1(x)\,dx = 0\,m$	$\int_0^{60} f_3(x)\,dx = 180\,m$
Höchste Punkte	$\int_0^{20} f_2(x)\,dx = 33,\overline{3}\,m$	$\int_0^{30} f_1(x)\,dx = 141,75\,m$	$\int_0^{50} f_3(x)\,dx = 182,3\,m$
Maximale Steig- bzw. Sink-geschwindigkeit	Steigen: nach ca. 9 s: ≈ 2,52 m/s Sinken: nach ca. 44 s: ≈ 8,45 m/s	Steigen: nach ca. 13 s: ≈ 7,27 m/s Sinken: nach ca. 47 s: ≈ 7,27 m/s	Steigen: nach ca. 18 s: ≈ 6 m/s Sinken: nach ca. 44 s: ≈ 0,34 m/s
Landung auf Aus-gangshöhe		(B)	

164

28. *Wasser im Keller*

a) Die Phasen b und d stellen 2 Leistungsstufen der Wasserpumpe dar. In den Phasen a, c und e wird an-, um- bzw. ausgeschaltet. Zeitintervalle (in min):

a	b	c	d	e
[0 ; 0,5]	[0,5 ; 1,5]	[1,5 ; 2]	[2 ; 4]	[4 ; ca. 6,08]

b) Die Menge des bis zum Zeitpunkt x abgepumpten Wassers entspricht dem orientierten Flächeninhalt zwischen dem Graphen und der Zeitachse im Intervall [0 ; x].

c) Grafischer Verlauf ist ähnlich der Darstellung im Bild. In den „Stoßpunkten" stimmen die Funktionswerte überein. An den Stellen 0,5; 2 und 4 stimmen die Steigungen überein (jeweils gleich Null). Die Gesamtmenge des abgepumpten Wassers beträgt ca. 44,42 Liter:

$$\int_0^{0,5} a(x) + \int_{0,5}^{1,5} b(x) + \int_{1,5}^{2} c(x) + \int_{2}^{4} d(x) + \int_{4}^{6,08} e(x) \approx 44,42$$

164

29. *Schweinezucht – mit und ohne Medikament*

a) Die Flächen oberhalb der Zeitachse entsprechen der Gewichtszunahme in kg; die Flächen unterhalb der Zeitachse entsprechen dem Gewichtsverlust in kg im Zeitraum [5 ; 17] (in Tagen). Bei dem behandelten Ferkel B ist die Gewichtszunahme größer und der Gewichtsverlust kleiner als bei dem unbehandelten Ferkel A.

b)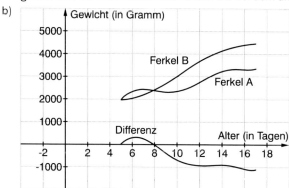

c) Das Integral $\int_{5}^{x} f_A(t)\,dt$ gibt die Gesamtänderung des Gewichts des Ferkels A vom 5. bis zum x-ten Lebenstag an. Entsprechende Bedeutung hat $\int_{5}^{x} f_B(t)\,dt$ für das Ferkel B. Die Differenz der beiden Integrale bedeutet den Unterschied bei der Gesamtänderung des Gewichts der beiden Ferkel im Zeitraum [5 ; x]. Ist diese Differenz negativ, so hat die Behandlung zu besserem Wachstum geführt.

165

30. *Gerechte und ungerechte Verteilungen*

a) L(x) = x bedeutet eine Gleichverteilung des Einkommens: x % der Bevölkerung besitzen x % des verfügbaren Einkommens. Das gilt für alle x mit $0 \le x \le 1$.
Gini-Koeffizient: G = 0

b) Größtmögliche Ungerechtigkeitsverteilung: „Einer besitzt alles."
Gini-Koeffizient: G = 1

Lorenzkurve: $L(x) = \begin{cases} 1 \text{ für } x = 1 \\ 0 \text{ für } 0 \le x < 1 \end{cases}$

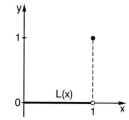

165 31. *Gini-Koeffizient als Streckenzug*

Anteil der Firmen	Marktanteil
0	0
0,25	0,1
0,5	0,3
0,75	0,6
1	1
G = 0,25	

166 32. *Gini-Koeffizient als Integral*

a) Der Gini-Koeffizient ist als Quotient zweier Flächeninhalte definiert. Der Zähler hat den Wert des Integrals zu der Funktion x-L(x) im Intervall [0 ; 1]. Der Nenner hat den Wert des Flächeninhalts des Dreiecks mit der Grundseite und der Höhe der Länge 1.

b) Modellierung der Lorenzkurve L(x) mit Polynomfunktionen:

vollzeitbeschäftigte Arbeitnehmer	$L(x) = 0{,}85x^2 + 0{,}09x + 0{,}02$	$G \approx 0{,}3029$
	$L(x) = 0{,}87x^3 - 0{,}59x^2 + 0{,}75x - 0{,}05$	$G \approx 0{,}3122$
	$L(x) = 2{,}18x^4 - 3{,}91x^3 + 2{,}91x^2 - 0{,}21x + 0{,}02$	$G \approx 0{,}3079$
Arbeitnehmer insgesamt	$L(x) = 1{,}25x^2 - 0{,}36x + 0{,}04$	$G \approx 0{,}4482$
	$L(x) = 0{,}53x^3 + 0{,}38x^2 + 0{,}04x - 0{,}01$	$G \approx 0{,}4538$
	$L(x) = 0{,}91x^4 - 1{,}47x^3 + 1{,}85x^2 - 0{,}36x + 0{,}03$	$G \approx 0{,}4520$

Bei den Arbeitnehmern insgesamt ist die Einkommensverteilung „ungerechter" als bei den Vollzeitbeschäftigten, die entsprechenden Gini-Koeffizienten unterscheiden sich um ca. 14 %. Je nach Modell „schwankt" der Gini-Koeffizient um weniger als 1 %.

c) Die Punkte gehören exakt zu der quadratischen Funktion $f(x) = 0{,}8x^2 + 0{,}2x$

$$G = 2 \cdot \int_0^1 (x - f(x))\,dx = \frac{4}{15} \approx 0{,}267$$

Der prozentuale Unterschied zur Polygonzugmethode beträgt ca. 7 %.

Anteil der Firmen	Marktanteil
0	0
0,25	0,1
0,5	0,3
0,75	0,6
1	1

166   **33.** *Gini-Koeffizient in verschiedenen Situationen*

(1) Polygonzugmethode	(2) Mit Lorenzfunktionen und Integralen
\"Markt von 4 Anbietern\" ist Wiederholung von Aufgabe 31 bzw. 32 c)	

Umsatz

Anteil der Unternehmen	Anteil am Umsatz
0	0
0,2	0,03
0,5	0,17
0,75	0,33
1	1
$G = 0{,}475$	

(A) Interpolationspolynom:
$$f(x) = 5{,}13x^4 - 7{,}86x^3 + 4{,}14x^2 - 0{,}40x$$
$G \approx 0{,}52$

(B) Grob passt auch $f(x) = x^3$: $G = 0{,}5$

Anteil der Angestellten	Anteil des Bruttolohns
0	0
0,15	0,2
0,35	0,4
0,55	0,6
0,95	0,8
1	1
$G = 0$	

Die Punkte liegen annähernd auf $y = x$.

167   **34.** *Kegelstumpf als Rotationskörper*

a) $r_1 = f(3) = 1{,}5$; $r_2 = f(1) = 0{,}5$; $h = 2$ (alle Angaben in LE)

b)   Summe der Volumina der beiden roten Scheiben:
$$\pi \cdot (f(1))^2 \cdot 1 + \pi \cdot (f(2))^2 \cdot 1 = \frac{5}{4} \cdot \pi \approx 3{,}93 \text{ (in VE)}$$

Summe der Volumina der beiden blauen Scheiben:
$$\pi \cdot (f(2))^2 \cdot 1 + \pi \cdot (f(3))^2 \cdot 1 = \frac{13}{4} \cdot \pi \approx 10{,}21 \text{ (in VE)}$$

Volumen des Kegelstumpfes, Schätzwert: ca. 7 VE

Volumen des Kegelstumpfes, Formelwert: $\frac{13}{6} \cdot \pi \approx 6{,}81$ (in VE)

c)   Je größer n ist, desto näher schmiegen sich die Zylinderscheiben von innen und von außen an den Kegel.

167

35. *Produktionsummen bei der Volumenberechnung von Rotationskörpern*

a) Näherungswert bei der Zerlegung in 4 Scheiben:

$$V_4 = \pi \cdot \sum_{k=1}^{4} \left(\sqrt{x_k}\right)^2 \cdot \Delta x = \pi \cdot \Delta x \cdot \sum_{k=1}^{4} x_k = \pi \cdot \Delta x \cdot (1+2+3+4) = 10\pi \text{ (mit } \Lambda x = 1)$$

Näherungswert bei der Zerlegung in 8 Scheiben:

$$V_8 = \pi \cdot \sum_{k=1}^{8} \left(\sqrt{x_k}\right)^2 \cdot \Delta x = \pi \cdot \Delta x \cdot \sum_{k=1}^{8} x_k = \pi \cdot \Delta x \cdot \left(\frac{1}{2} + 1 + \frac{3}{2} + \ldots + \frac{7}{2} + 4\right)$$

$$= \pi \cdot \Delta x \cdot 18 = 9\pi \ \left(\text{mit } \Delta x = \frac{1}{2}\right)$$

b) Das CAS liefert $V = 8\pi$.

c) $V = \pi \cdot \int_0^4 (\sqrt{x})^2 dx = 8\pi$

168

36. *Rotationskörper skizzieren und berechnen*

a)	b)	c)
$V = \frac{31}{20} \cdot \pi \approx 4{,}87$ (in VE)	$V = 16 \cdot \pi \approx 50{,}27$ (in VE)	$V = \frac{827}{1680} \cdot \pi \approx 1{,}55$ (in VE) (Der Wert hängt nicht von der Nullstelle in [a ; b] ab.)

37. *Hohlkörper*

$$V = \pi \cdot \int_0^1 (f(x))^2 dx - \pi \cdot \int_0^1 (g(x))^2 dx$$

a) $V = \frac{79}{20}\pi \approx 12{,}41$ b) $V = \frac{45}{2}\pi \approx 70{,}69$ (alle Angaben in VE)

169

38. *Potenzfunktionen*

a) Volumina (in VE): $V_1 = \frac{\pi}{3} \approx 1{,}05$; $V_2 = \frac{\pi}{5} \approx 0{,}63$; $V_3 = \frac{\pi}{7} \approx 0{,}45$

b) Für $n \to \infty$ streben sowohl die Volumina V_n, als auch die Flächeninhalte A_n gegen Null, denn:

$$V_n = \pi \cdot \int_0^1 (x^n)^2 dx = \pi \cdot \left[\frac{x^{2n+1}}{2n+1}\right]_0^1 = \frac{\pi}{2n+1} \quad \left(n \neq -\frac{1}{2}\right)$$

$$A_n = \pi \cdot \int_0^1 x^n dx = \left[\frac{x^{n+1}}{n+1}\right]_0^1 = \frac{1}{n+1} \quad (n \neq -1)$$

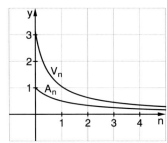

169

39. *Wie viel Wein passt ins Glas?*
   a) Schätzung: Zylinder: $V = \pi \cdot 3\,cm^2 \cdot 7\,cm \approx 28 \cdot 7\,cm^3 = 196\,cm^3 \approx 200\,cm^3$
   b) Nach der Form kann eine ganzrationale Funktion vom Grad 3 passen. Die Punkte $A(0|0,7)$, $B(2|3,1)$, $C(5|3,2)$ und $D(8|2,8)$ liefern eine sehr gut passende Funktion
   $$f(x) = 0,0257\,x^3 - 0,4132\,x^2 + 1,9236\,x + 0,7$$
   $$V = \pi \int_0^8 (f(x))^2\,dx = 216,01\ldots$$

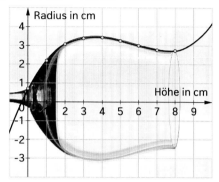

40. *Volumen eines Weinfasses*
   a) Gleichung der Parabel durch die Punkte $Q(0|5)$ und $P(6|4)$: $f(x) = -\frac{1}{36}x^2 + 5$
   Volumen (Integralformel): $V = \pi \cdot \int_{-6}^{6} (f(x))^2 = \pi \cdot 262,4 \approx 824,4$ (in dm^3 bzw. Liter)
   Volumen (Keplersche Formel): $V = 262,4\pi \approx 824,4$ (in dm^3 bzw. Liter).
   Die Werte sind gleich.
   b) Die Gleichung der Parabel durch die Punkte $Q(0|R)$ und $P\left(\frac{h}{2}|r\right)$:
   $$f(x) = -ax^2 + R \quad \text{mit} \quad a = \frac{4}{h^2} \cdot (R - r) \quad (\Rightarrow a \geq 0)$$
   Damit gilt: $V = \pi \cdot \int_{-\frac{h}{2}}^{\frac{h}{2}} (f(x))^2 dx = 2\pi \cdot \int_0^{\frac{h}{2}} (a^2 \cdot x^4 - 2aR \cdot x^2 + R^2) dx$

   Nach einer Reihe von Termumformungen erhält man die Keplersche Formel.

170

41. *Wenn Flächen nicht ganz dicht sind ...*
   a)

k	5	10	50	100	1000
$\int_1^k f(x)dx$	0,8	0,9	0,98	0,99	0,999
$\int_1^k g(x)dx$	$2\sqrt{5} - 2 \approx 2,47$	$2\sqrt{10} - 2 \approx 4,32$	$10\sqrt{2} - 2 \approx 12,14$	18	$20\sqrt{10} - 2 \approx 61,25$

   Vermutung: Für beide Funktionen f, g werden die Flächeninhalte mit $k \to \infty$ monoton wachsen. Während für f dieser Flächeninhalt nie größer als 1 sein wird, wächst für g der Flächeninhalt über alle Grenzen.

   b)

$f(x)$	$I_1(k) = \int_1^k f(x)dx = 1 - \frac{1}{k} \xrightarrow[k\to\infty]{} 1$	Der Graph links in (A)
$g(x)$	$I_1(k) = \int_1^k g(x)dx = 2\sqrt{k} - 2 \xrightarrow[k\to\infty]{} \infty$	Der Graph rechts in (B)

   Die Untersuchung bestätigt die Vermutung in a).

42.

a)	Das Integral in $[2\,;\infty]$ existiert nicht: $$\int_2^c f(x)dx$$ $$= 4(\sqrt{c}-\sqrt{2})\xrightarrow[c\to\infty]{}\infty$$	Das Integral in $[0\,;1]$ existiert: $$\int_c^1 f(x)dx$$ $$= 4(1-\sqrt{c})\xrightarrow[c\to0]{}4$$	
b)	Das Integral in $[2\,;\infty]$ existiert: $$\int_2^c f(x)dx$$ $$=\frac{1}{8}-\frac{1}{2c^2}\xrightarrow[c\to\infty]{}\frac{1}{8}$$	Das Integral in $[0\,;1]$ existiert nicht: $$\int_c^1 f(x)dx$$ $$=\frac{1}{2c^2}-\frac{1}{2}\xrightarrow[c\to0]{}\infty$$	
c)	Das Integral in $[2\,;\infty]$ existiert: $$\int_2^c f(x)dx=\left[\frac{-8}{\sqrt{x}}\right]_2^c$$ $$=-\frac{8}{\sqrt{c}}+\frac{8}{\sqrt{2}}\xrightarrow[c\to\infty]{}\frac{8}{\sqrt{2}}$$ $$\approx 5{,}66$$	Das Integral in $[0\,;1]$ existiert nicht: $$\int_c^1 f(x)dx$$ $$=-8+\frac{8}{\sqrt{c}}\xrightarrow[c\to0]{}\infty$$	
d)	Das Integral in $[2\,;\infty]$ existiert nicht: $$\int_2^c f(x)dx=\left[x-\frac{3}{x}\right]_2^c$$ $$=c-\frac{1}{c}-\frac{1}{2}\xrightarrow[c\to\infty]{}\infty$$	Das Integral in $[0\,;1]$ existiert nicht: $$\int_c^1 f(x)dx$$ $$=-c+\frac{3}{c}-2\xrightarrow[c\to0]{}\infty$$	

43. *Von unendlich zu endlich*

Es gilt $\displaystyle\int_1^k x^{-a}dx=\left[\frac{x^{-a+1}}{-a+1}\right]_1^k=\frac{k^{-a+1}}{-a+1}-\frac{1}{-a+1}=\frac{1}{a-1}-\frac{k^{1-a}}{a-1}.$

Sei a mit $a\neq 1$ angenommen; der Sonderfall $a=1$ soll hier nicht betrachtet werden.

Für $k\to\infty$ ist der Term $\frac{1}{a-1}$ konstant.

Weiter gilt: $\dfrac{k^{1-a}}{a-1}\xrightarrow[k\to\infty]{}\begin{cases}0, \text{ wenn } 1-a<0, \text{ d.h. } a>1\\ \infty, \text{ wenn } 1-a>0, \text{ d.h. } a<1\end{cases}$

Mit der Vorgabe $\frac{1}{2}<a<2$ folgt nun: Für $1<a<2$ hat der Flächeninhalt einen endlichen Wert, für $\frac{1}{2}<a<1$ wächst der Flächeninhalt über alle Grenzen.

171

44. *Seltsame Technik*

a) Es wird der Grenzwert des Integrals $\int_1^c \frac{1}{x^2} dx$ (bzw. des entsprechenden Flächeninhalts) für $c \to \infty$ untersucht.

Dieser Grenzwert ist 1, denn $f(x)$ ist stetig im Intervall $[1 ; c]$, $c > 1$;

es gilt $\int_1^c \frac{1}{x^2} dx = 1 - \frac{1}{c} \to 1$ für $c \to \infty$.

Für $c = 10^8$ muss $\int_1^c \frac{1}{x^2} dx$ einen größeren Wert besitzen als für $c = 10^7$, denn der

Graph von $f(x) = \frac{1}{x^2}$ liegt oberhalb der x-Achse und schließt mit ihr für $c = 10^8$ eine

größere Fläche als für $c = 10^7$ ein. Der GTR liefert aber für $c = 10^8$ einen viel kleineren Wert als für $c = 10^7$, das kann nicht stimmen.

b) GTR: (1) $\int_1^{1000} \frac{1}{x} dx = 6{,}907...$; $\int_1^{10\,000} \frac{1}{x} dx = 9{,}210...$; $\int_1^{100\,000} \frac{1}{x} dx = 11{,}512...$

Die Fläche scheint über alle Grenzen zu wachsen, aber sehr langsam.

(2) $\int_1^{1000} 2^{-x} dx = 0{,}721...$; $\int_1^{10\,000} 2^{-x} dx = 0{,}79 \cdot 10^{-12}$; $\int_1^{100\,000} 2^{-x} dx = 0$

Die letzten beiden Ergebnisse zeigen, dass hier Rundungsfehler im GTR auftreten. Man kann auf diese Weise nichts Genaues über die Flächenentwicklung aussagen. Vermutlich wird es einen Grenzwert geben.

(3) $\int_0^{1000} \frac{1}{1 + x^2} dx = 1{,}569...$; $\int_0^{10\,000} \frac{1}{1 + x^2} dx = 1{,}570\,69...$; $\int_0^{100\,000} \frac{1}{1 + x^2} dx = 1{,}570\,78...$;

Vermutlich strebt der Flächeninhalt gegen einen Grenzwert:

$\lim\limits_{k \to \infty} \int_0^k \frac{1}{1 + x^2} dx \approx 1{,}571$

45. *Seltsame Phänomene*

a) Der Platz zum Weiden ist die Fläche zwischen dem Graphen von f und der x-Achse im Intervall $[1; \infty]$. Der Inhalt dieser Fläche wird durch das Integral gegeben.

Im Fall $f(x) = \frac{1}{x^{\frac{3}{2}}}$ beträgt die Fläche nur 2 m²; im Fall $f(x) = \frac{1}{x^{\frac{2}{3}}}$ ist sie unendlich groß,

hier passen unendlich viele Schafe auf die Weide. In beiden Fällen wird ein unendlich langer Zaun nötig sein, um die Fläche einzuzäunen, weil die Fläche nach rechts hin offen ist (es gibt keine Stelle, sodass der Graph von f die x-Achse berührt).

b) (1) $\int_1^k \left(\frac{1}{x}\right)^2 dx = \left[\frac{-1}{x}\right]_1^k = \frac{-1}{k} + 1 \underset{k \to \infty}{\to} 1$, also: $V = \pi$

(2) Da die Querschnittsfläche schon über alle Grenzen wächst, wächst die Mantelfläche auch über alle Grenzen.
Obwohl das Gefäß nicht mehr als 3,2 Liter Flüssigkeit fassen kann, reicht kein Metall der Welt aus, um dieses Gefäß herzustellen.

172 Kopfübungen

1 $d = \sqrt{a^2 + a^2} = a \cdot \sqrt{2}$

2 Der Spiegelpunkt ist $A' = (4|3|1)$. Ansatz, z. B.: $\overrightarrow{OA'} = \overrightarrow{OA} + 2 \cdot \overrightarrow{AB} = \begin{pmatrix} 4 \\ 3 \\ 1 \end{pmatrix}$

3 $\frac{12}{30} = 0{,}4 = 40\,\%$

173

46. *Mittlere Tagestemperatur*
Durchschnittliche Temperatur: (A) ca. 19,5236 °C   (B) ca. 19,5242 °C
Der prozentuale Unterschied der beiden Werte ist gering und beträgt ca. 0,003 %. Die
Methode (B) entspricht der gewählten Modellierung am genauesten. Die Methode (A)
nähert sich der Methode (B) bei steigender Anzahl der Ablesepunkte immer mehr.

47. *Lagerhaltungskosten*
Die mittleren täglichen Lagerkosten betragen 140 €. Begründung:

Pro Tag werden durchschnittlich $L_M = \frac{1}{30} \cdot \int\limits_{0}^{30} L(x)\,dx = 400$ Stück gelagert.
400 Stück $\cdot$ 0,35 $\frac{€}{\text{Stück}} = 140\,€$

174

48. *Wie lang ist ein Parabelstück?*
a) Begründung: Der Streckenzug setzt sich aus Strecken zusammen, die jeweils die
   Hypotenuse im zugehörigen Steigungsdreieck darstellen und mit dem Satz des
   Pythagoras berechnet werden.
   Wertetabelle zu f:

x	0	2	4	6	8
f(x)	0	1	4	9	16

   Länge des Streckenzuges: $L = \sqrt{5} + \sqrt{13} + \sqrt{29} + \sqrt{53} \approx 18{,}51$ (in LE)

b) Bei feinerer Unterteilung entstehen zusätzliche
   Stützpunkte auf dem Graphen von f. So wird in
   der Skizze statt $\overline{AB}$ die Länge $\overline{AC} + \overline{CB}$ berücksichtigt, die die Krümmung des Graphen besser
   wiedergibt (Hinweis: Dreiecksungleichung).
   Diese Überlegung kann nun für $\overline{AC}$ und $\overline{CB}$ fort-
   gesetzt werden. Der Streckenzug wird immer
   länger, hat aber die Kurvenlänge als Grenzwert.

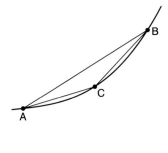

174   **49.** *Training*

$$f(x) = x^2; \quad \int_0^1 \sqrt{1 + 4x^2}\, dx = 1{,}4789\ldots$$

$$f(x) = x^3; \quad \int_0^1 \sqrt{1 + 9x^4}\, dx = 1{,}5478\ldots$$

$$f(x) = x^4; \quad \int_0^1 \sqrt{1 + 16x^6}\, dx = 1{,}6002\ldots$$

$$f(x) = x^5; \quad \int_0^1 \sqrt{1 + 25x^8}\, dx = 1{,}6405\ldots$$

$$f(x) = x^{20}; \quad \int_0^1 \sqrt{1 + 400x^{38}}\, dx = 1{,}8421\ldots$$

$$f(x) = x^{100}; \quad \int_0^1 \sqrt{1 + 10\,000\,x^{198}}\, dx = 2{,}9\ldots$$

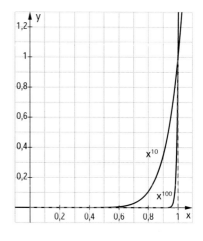

Von der Anschauung her muss die Bogenlänge gegen 2 konvergieren, der Wert 2,9… ist wohl Folge von Rundungsfehlern im GTR.

Kapitel 5
Exponentialfunktionen und ihre Anwendungen

Didaktische Hinweise

Dieses Kapitel ist die Fortsetzung und Erweiterung der Analysis 1. Der Lernabschnitt 5.1 bildet dabei die innermathematische Grundlage, weil hier noch zwei notwendige Ableitungsregeln bereitgestellt werden.

5.2 stellt dann das notwendige Handwerkszeug für die beiden folgenden anwendungsorientierten Lernabschnitte bereit und hat daher auch einen innermathematischen Schwerpunkt, die Eulerzahl e und die natürliche Logarithmusfunktion werden eingeführt. Es werden bekannte Fragestellungen und Verfahren aus der Analysis wiederholend geübt.

In 5.3 werden im Schwerpunkt das exponentielle und das einfach begrenzte Wachstum behandelt, aber auch ein Ausblick auf weiterführende Modellierungen gegeben.

In 5.4 werden Exponentialfunktionen in vielfältigen inner- und außermathematischen Zusammenhängen benutzt und der Umgang mit ihnen trainiert. Der Lernabschnitt hat damit mehr einen problemorientierten Schwerpunkt. Es tauchen alle Fragestellungen aus bisher behandelten Inhalten wieder auf, so dass alle für das Abitur relevanten Aspekte berücksichtigt und geübt werden.

Zu **5.1**

Für ein inhaltliches Verständnis der Ableitungsregeln ist zunächst eine Vertrautheit mit der Verknüpfung von Funktionen, vor allem der ungewohnten und anspruchsvollen Verkettung, notwendig (Funktionen als Objekte). Zu einer Motivation für neue Regeln gehört die Erfahrung, dass die bisherigen Ableitungsregeln nicht ausreichen. Beides wird in den ersten Einführungsaufgaben geleistet. Da das ‚Entdecken' der Ableitungsregeln durch die Schülerinnen und Schüler schwer möglich erscheint, und weil die Regeln möglichst parallel (ohne Durststrecke) zur Verfügung stehen sollen, werden die weiteren Regeln zunächst mehr oder weniger vorgegeben und ein erstes inhaltliches Verständnis durch Anwenden auf ausgewählte Funktionen erzeugt. Damit können die Regeln zügig, ohne alleinige Instruktion durch den Lehrer, eingeführt und dann zusammen und kompakt in Basiswissen dargestellt werden. Nach einer festigenden Übungsphase werden formale Beweise und Weitungen (Quotientenregel, Ableitung der Umkehrfunktion) für eine tiefere Einsicht in die innermathematischen Zusammenhänge zum Abschluss der Übungsphase angeboten (A21–A26). Den Abschluss bildet ein historischer Exkurs, in dem der Prioritätsstreit von Leibniz mit Newton im Mittelpunkt steht.

Zu **5.2**

In den Einführungsaufgaben werden zunächst Wiederholungen zu den bekannten Wachstumsprozessen und den Exponentialfunktionen angeboten. In unmittelbarem Anschluss erhalten die Schüler zwei Möglichkeiten, die Zahl e zu entdecken, indem sie eine Funktion suchen, für die f′ = f gilt. Mit der so in plausibler Weise früh eingeführten e-Funktion, können dann bekannte Aufgabentypen und Fragestellungen wiederaufgenommen und auf den neuen Funktionstyp übertragen werden. Über das Lösen von Exponentialgleichungen wird der natürliche Logarithmus eingeführt, so dass dann mit der Ableitung einer beliebigen Exponentialfunktion die Differentiation aller in der Schule behandelten Funktionstypen zum Abschluss kommt. Der wichtige Zusammenhang mit der e-Funktion ($b^x = e^{\ln(b) \cdot x}$) wird in einem weiteren Basiswissen festgehalten.

Mit der natürlichen Logarithmusfunktion wird dann der letzte noch fehlende schulrelevante Funktionstyp eingeführt, charakterisiert und exemplarisch untersucht. Ein Vergleich des Wachstumsverhaltens von Exponential-, Logarithmus- und Potenzfunktionen nimmt infinitesimales Denken wieder propädeutisch auf.

Mit der Logarithmusfunktion kann dann auch abschließend und in vernetzendem Sinne das „Loch" beim Integrieren von Potenzfunktionen gestopft werden.

Damit dieser Lernabschnitt nicht allein technisch bleibt, sind in den Übungen immer wieder kleine Wiederholungen bekannter Inhalte aus der Differenzial- und Integralrechnung eingebaut.

Das Problem der „stetigen Verzinsung" und unterschiedliche Verfahren der näherungsweisen Bestimmung von „e" bilden den fakultativen Abschluss des Lernabschnitts mit Möglichkeiten der Binnendifferenzierung.

Zu **5.3**

In drei Einführungsaufgaben werden mit einem Vergleich von exponentiellem und linearem Wachstum, der Gegenüberstellung von Wachstums- und Zerfallprozessen, und unterschiedlichen Modellierungen eines Datensatzes grundlegende Modellierungsaktivitäten wiederholend gefestigt und ausgebaut.

Eine nicht zu unterschätzende Schwierigkeit im Zusammenhang mit dem exponentiellen Wachstum besteht in der notwendigen Unterscheidung zwischen mittleren Änderungsraten, wie sie in Prozentangaben innerhalb von Sachzusammenhängen meistens gegeben sind („20 % pro Monat dazu") und der Wachstumskonstanten k, wie sie in der Wachstumsfunktion $f(x) = A \cdot e^{kx}$ auftritt, die sich auf eine momentane Änderung bezieht. Um hier sprachliche Klarheit zu schaffen, wird im gesamten Kapitel immer von einer Wachstumskonstanten gesprochen, wenn die momentane Änderung gemeint ist, bei Angaben in % ist immer eine mittlere Änderung gemeint. Auf diese Weise werden missverständliche und gekünstelte Formulierungen wie „kommen in jedem Moment 10 % dazu" vermieden. Dieser wichtige, für Schüler oft schwer verständliche Zusammenhang, wird in einem Basiswissen ausführlich dargestellt und in A6 noch einmal einsichtig gemacht. Mit „Die Bäume wachsen nicht in den Himmel" werden aus Kritik an bekannten Modellen zunächst qualitativ neue Modelle entwickelt. Das begrenzte Wachstum wird in exemplarischen Situationen eingeführt und in einem Basiswissen gesichert, das logistische als Weitung in binnendifferenzierendem Sinne angeboten. In A15–A19 wird das Modellieren von Daten mithilfe von Exponentialfunktionen in unterschiedlichen Kontexten geübt und durch ein Basiswissen dargestellt. Hier stehen dann die Prozesse „Modellieren" und „Argumentieren" im Mittelpunkt, wenn Modelle verglichen, kritisiert und untersucht werden.

Als fakultative Weitung und unabhängig voneinander werden am Ende drei Themen-komplexe angeboten:

1. Ein neues Wachstumsmodell und Variation von Parametern,
2. Ein Experiment,
3. Wachstum mit Differenzialgleichungen.

Zu 1.

Bei der Untersuchung der Entwicklung der Weltbevölkerung werden die erarbeiteten Verfahren zunächst wiederholend geübt und erarbeitet, dass das Wachstum stärker als exponentiell ist. In einem neuen Modellierungsanlauf wird eine passende Funktion anderen Typs vorgegeben. Mit einem Vergleich der Wachstumsgeschwindigkeiten durch Vorgabe der Differenzialgleichungen kann das stärkere Wachstum des neuen Modells dann in einem ersten Formalisierungsschritt anschaulich plausibel gemacht werden.

In einer weiteren Anwendung werden die Beziehungen zuwischen Änderungen von Kenngrößen der Realsituation und entsprechenden Parametervariationen im Modell am Beispiel von Erwärmungs- und Abkühlungsvorgängen untersucht.

Zu 2.

Besonders schön und lernwirksam, mindestens motivierend, ist es, wenn Schüler in Experimenten die Daten selber erzeugen, deren Auswertung dann zur Suche nach passenden Modellen wird. In einem Experiment aus der psychologischen Forschung zu Gedächtnisleistungen erzeugen die Schülerinnen und Schüler eigene Daten (Kenntnis von Säugetierarten) und erfahren so, dass Mathematik in vielen Bereichen angewendet wird. Kontrastiert man dieses Experiment mit Abkühlungs- bzw. Erwärmungspro-zessen (Newtonsches Abkühlungsgesetz) erleben Schüler bewusst den Unterschied in den Modellierungen: Während die Kurven bei der Kaffeeabkühlung bei allen Mess-vorgängen ziemlich ähnlich sind, wird es bei der Nennung von Säugetieren zu sehr un-terschiedlichen Kurven kommen, jede Person kennt halt unterschiedlich viele Säuge-tiere. Unabhängig davon erfahren Schüler aber anderseits auch, dass so unterschied-liche Gegenstandsbereiche, wie Wasserabkühlung und Gehirntätigkeit sich strukturell auf gleiche Weise beschreiben lassen.

Zu 3.

Während im bisherigen Unterricht das Aufstellen geeigneter Funktionsterme direkt zu den Modellen führte, werden hier die grundlegenden Wachstumsmodelle durch ihr charakteristisches Änderungsverhalten in Bezug auf die Bestände modelliert. Der Zugang zum Modell erfolgt also über Differenzialgleichungen. Ausgangspunkt der Modellierung ist dann zunächst die sprachliche Formulierung des Zusammenhanges von Änderung und Bestand, auf die dann die Formalisierung zur DGL folgt. Es werden keine Lösungsalgorithmen oder gar Existenz- und Eindeutigkeitssätze formuliert, zen-tral ist die Ausbildung adäquater Grundvorstellungen zu dieser Art des Modellierens und zu DGLn.

Zu **5.4**

In zwei unterschiedlichen Sachkontexten können Schülerinnen und Schüler unter-schiedliche Erfahrungen im Umgang mit Exponentialfunktionen sammeln. Hier treten verschiedene, in anderen Kapiteln erarbeitete, Inhalte und Fragestellungen auf, die nun mit Hilfe der neuen Funktionsklasse bearbeitet werden. Das Basiswissen zeigt exemplarisch und ausführlich am Beispiel einer abiturähnlichen Problemstellung den Weg von den außermathematischen Fragestellungen (Problemen) zur Mathematisierung und Lösung mit Dokumentation auf. Dabei wird auch eine Funktionenschar untersucht.

Der Übungsteil ist weniger spiralförmig vom Einfachen zum Komplexen strukturiert, als vielmehr nach inhaltlichen Gesichtspunkten in Form einzelner Module, die für eine klare Übersicht seitenweise angeordnet sind. Sie sind weitgehend unabhängig voneinander bearbeitbar.

1. Anwendungen in vielfältigen Situationen und Kontexten, u. a. Gaußsche Glockenkurve, Kettenlinie, Auf- und Abbau von Stoffen, Verkauf von Gütern (S. 232–235).
2. Innermathematische Untersuchungen und Klassifikationen mit Schwerpunkt auf den Funktionstyp $f(x) = (a\,x + b)\,e^{k\,x}$ (S. 236).
3. Innermathematisches Training mit eingebauten Wiederholungen der kanonischen Fragestellungen aus dem bisherigen Analysisunterricht (S. 237–238).

Zum Abschluss werden wiederum in binnendifferenzierender Absicht fakultativ eine innermathematische Untersuchung einer Funktionenschar, ein komplexeres Modell mit Parametervariationen sowie eine projektartig gestaltete vertiefende Untersuchung von Kettenlinien mit vielfachen Vernetzungen in Geometrie und Modellierung angeboten.

Lösungen

5.1 Neue Ableitungsregeln – Produkt- und Kettenregel

186

1. *Bekannte Ableitungsregeln*

a) Konstanter Summand: Die Ableitung der Funktion $f(x)$ ist die Ableitung $g'(x)$. Die Konstante wird beim Ableiten Null. Beispiel: $f(x) = x^2 + 3$, $f'(x) = 2x$

Konstanter Faktor: Die Ableitung von $f(x)$ ist das Produkt aus dem Faktor und $g'(x)$. Beispiel: $f(x) = 2 \cdot x^3$, $f'(x) = 2 \cdot 3x^2 = 6x^2$

Summe: Die Ableitung der Funktion $f(x)$ ist die Summe der beiden Ableitungen $g'(x)$ und $h'(x)$. Beispiel: $f(x) = 3x^2 + 4x^3$, $f'(x) = 6x + 12x^2$

$f(x) = 3x^5 - 2x^3 + 1$, $f'(x) = 15x^4 - 6x^2$

b) $f(x) = x^3 + x$; $f'(x) = 3x^2 + 1$

$g(x) = x$; $g'(x) = 1$

$h(x) = x^2 + 1$; $h'(x) = 2x$

$g'(x) \cdot h'(x) = 2x \neq 3x^2 + 1 = f'(x)$

2. *Zusammenbauen – Verknüpfen von Funktionen*

a) II $\Leftrightarrow$ $p(x)$ $\Rightarrow$ Verhalten bei $x = 0$

I $\Leftrightarrow$ $s(x)$ $\Rightarrow$ punktweise Addition der Graphen

b) $s(x) = 0,5x + 1 + \sin(x) = h(x) + g(x)$

$s'(x) = h'(x) + g'(x) = 0,5 + \cos(x)$

$p(x) = (0,5x + 1) \cdot \sin(x) = 0,5x \cdot \sin(x) + \sin(x) = h(x) \cdot g(x)$

$p'(x) = h'(x) \cdot g(x) + h(x) \cdot g'(x) \neq h'(x) \cdot g'(x)$

$p'(x) = 0,5 \cdot \sin(x) + (0,5x + 1) \cdot \cos(x)$

187

3. *Ableiten von Produkten – Ein Blick in die Formelsammlung*

a) $p(x) = f(x) \cdot g(x)$

Produktregel: $p'(x) = f'(x) \cdot g(x) + f(x) \cdot g'(x)$

b) (1) $f(x) = x^2 \cdot x^3$

$f'(x) = 2x \cdot x^3 + x^2 \cdot 3x^2$

$= 2x^4 + 3x^4$

$= 5x^4$

alternativ: $f(x) = x^5$

$f'(x) = 5x^4$

(2) $f(x) = (x^2 - 2x) \cdot (5x - 4)$

$f'(x) = (2x - 2) \cdot (5x - 4) + (x^2 - 2x) \cdot 5$

$= 10x^2 - 8x - 10x + 8 + 5x^2 - 10x$

$= 15x^2 - 28x + 8$

alternativ: $f(x) = 5x^3 - 4x^2 - 10x^2 + 8x$

$= 5x^3 - 14x^2 + 8x$

$f'(x) = 15x^2 - 28x + 8$

(3) $h(x) = x \cdot \sin(x)$

$h'(x) = 1 \cdot \sin(x) + x \cdot \cos(x)$

187   **4.**   *Verketten*

a)

x	f(x)	g(f(x))	g(x)	f(g(x))
−3	9	10	−2	4
−1	1	2	0	0
0	0	1	1	1
2	4	5	3	9
4	16	17	5	25
a	a^2	$a^2 + 1$	$a + 1$	$(a+1)^2 = a^2 + 2a + 1$

$g(f(x)) = x^2 + 1$

$f(g(x)) = (x+1)^2$

Graphen:

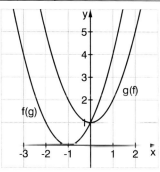

b) $f_1(f_2(x)) = 2\sin(x) + 1$

$f_2(f_1(x)) = \sin(2x + 1)$

$f_1(f_3(x)) = 2x^2 + 1$

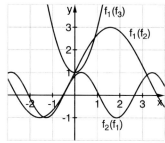

$f_3(f_1(x)) = (2x + 1)^2$

$f_2(f_3(x)) = \sin(x^2)$

$f_3(f_2(x)) = (\sin(x))^2 = \sin^2(x)$

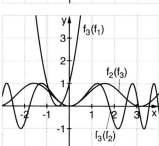

187

5. *Kettenregel mit CAS entdecken*

a) $f(g(x))' = f'(g(x)) \cdot g'(x)$

b) (1) $f(x) = (x^3 - 2x)^4$

$f'(x) = 4(x^3 - 2x)^3 \cdot (3x^2 - 2)$

(2) $f(x) = \cos(x^2)$

$f'(x) = -\sin(x^2) \cdot 2x$

(3) $f(x) = \sqrt{4x^2}$

$f'(x) = \dfrac{1}{\sqrt{4x^2}} \cdot 4x = \begin{cases} -2 \text{ für } x < 0 \\ 2 \text{ für } x > 0 \end{cases}$

188

6. *Training – Ableiten nach Regeln*

a) $f(x) = (x^3 - x) \cdot (4x - x^2)$

Produktregel: $f'(x) = -5x^4 + 16x^3 + 3x^2 - 8x$

b) $f(x) = (6 - 3x)^4$

Kettenregel: $f'(x) = -12(6 - 3x)^3$

c) $f(x) = x^3 \cdot (x^2 - 1)$

Produktregel: $f'(x) = 3x^2 \cdot (x^2 - 1) + x^3 \cdot 2x = 5x^4 - 3x^2$

d) $f(x) = (x^2 - 2x)^3$

Kettenregel: $f'(x) = 3(x^2 - 2x)^2 \cdot (2x - 2)$

e) $f(x) = x^2 \cdot \sqrt{x} = x^{\frac{5}{2}}$

$f'(x) = \dfrac{5}{2} x^{\frac{3}{2}} = \dfrac{5}{2} x \cdot \sqrt{x}$

f) $f(x) = \sqrt{1 + x^2}$

Kettenregel: $f'(x) = \dfrac{1}{2\sqrt{1 + x^2}} \cdot 2x = \dfrac{x}{\sqrt{1 + x^2}}$

g) $f(x) = \sin(2x)$

Kettenregel: $f'(x) = \cos(2x) \cdot 2$

h) $f(x) = \sin(x) \cdot 2x$

Produktregel: $f'(x) = \cos(x) \cdot 2x + \sin(x) \cdot 2$

i) $f(x) = \sin(2x^2 + 1)$

Kettenregel: $f'(x) = \cos(2x^2 + 1) \cdot 4x$

189

7. *Die Ableitungsregeln in Worten*

a) Kettenregel

b) Produktregel: Bilde die Summe aus dem Produkt der Ableitung des ersten Faktors mit dem zweiten Faktor und dem Produkt des ersten Faktors mit der Ableitung des zweiten Faktors.

8. *Bekanntes in neuem Kleid*

$f(x) = u(x) \cdot v(x)$

$\Rightarrow \ f'(x) = u'(x) \cdot v(x) + u(x) \cdot v'(x)$

$u(x) = a \ \Rightarrow \ u'(x) = 0$

$\Rightarrow \ f'(x) = u(x) \cdot v'(x) = a \cdot v'(x)$

9. *Verketten von Handlungsanweisungen*

i) $f(g(x))$: $x \xrightarrow[g]{\text{quadriere und addiere 4}} x^2 + 4 \xrightarrow[f]{\text{ziehe die Wurzel}} \sqrt{x^2 + 4}$

$g(f(x))$: $x \xrightarrow[f]{\text{ziehe die Wurzel}} \sqrt{x} \xrightarrow[g]{\text{quadriere und addiere 4}} x + 4$

$f(g(x))' = \dfrac{1}{2\sqrt{x^2 + 4}} \cdot 2x$

$g(f(x))' = 1$

ii) $f(g(x))$: $x \xrightarrow[g]{\text{quadriere}} x^2 \xrightarrow[f]{\text{subtrahiere 5}} x^2 - 5$

$g(f(x))$: $x \xrightarrow[f]{\text{subtrahiere 5}} x - 5 \xrightarrow[g]{\text{quadriere}} (x - 5)^2$

$f(g(x))' = 2x$

$g(f(x))' = 2(x - 5) = 2x - 10$

iii) $f(g(x))$: $x \xrightarrow[g]{\text{verdreifache}} 3x \xrightarrow[f]{\text{bilde den Sinus}} \sin(3x)$

$g(f(x))$: $x \xrightarrow[f]{\text{bilde den Sinus}} \sin(x) \xrightarrow[g]{\text{verdreifache}} 3 \cdot \sin(x)$

$f(g(x))' = \cos(3x) \cdot 3$

$g(f(x))' = 3 \cdot \cos(x)$

iv) $f(g(x))$: $x \xrightarrow[g]{\text{hoch 4}} x^4 \xrightarrow[f]{\text{multipliziere mit a und addiere b}} ax^4 + b$

$g(f(x))$: $x \xrightarrow[f]{\text{multipliziere mit a und addiere b}} ax + b \xrightarrow[g]{\text{hoch 4}} (ax + b)^4$

$f(g(x))' = 4ax^3$

$g(f(x))' = 4(ax + b)^3 \cdot a$

v) $f(g(x))$: $x \xrightarrow[g]{\text{ziehe die Wurzel}} \sqrt{x} \xrightarrow[f]{\text{addiere 2 und quadriere}} (\sqrt{x} + 2)^2$

$g(f(x))$: $x \xrightarrow[f]{\text{addiere 2 und quadriere}} (x + 2)^2 \xrightarrow[g]{\text{ziehe die Wurzel}} |(x + 2)|$

$f(g(x))' = 2 \cdot (\sqrt{x} + 2) \cdot \dfrac{1}{2\sqrt{x}}$

$g(f(x))' = \begin{cases} 1, & x > -2 \\ -1, & x < -2 \end{cases}, \quad x \in \mathbb{R} \setminus \{-2\}$

10. *Wo steckt der Fehler?*

a) $y = 3x \cdot \sqrt{x}$

$y' = 3 \cdot \sqrt{x} + 3x \cdot \dfrac{1}{2\sqrt{x}}$ hier war ein Fehler

b) $y = (x - 2) \cdot x^6$

$y' = x^6 + (x - 2) \cdot 6 \cdot x^5$ hier war ein Fehler

c) $y = \sqrt{x^2 + 2}$

$y' = \dfrac{1}{2\sqrt{x^2 + 2}} \cdot 2x$ hier war ein Fehler

d) $y = x^2 \cdot \sin(x)$

$y' = 2x \cdot \sin(x) + x^2 \cdot \cos(x)$ korrekt

e) $y = (x^2 + 3)^5$

$y' = 5(x^2 + 3)^4 \cdot 2x$ hier war ein Fehler

f) $y = 32 \cdot (4x + 7)^3$

$y' = 32 \cdot (4x + 7)^3$ korrekt

189

11. Ableitungsregeln mehrmals

a) $f(x) = x^2 \cdot (4x+1)^2$

$f'(x) = 2x \cdot (4x+1)^2 + 8x^2 \cdot (4x+1) = 2x(4x+1)(8x+1)$

b) $f(x) = x^2 \cdot \sin(4x)$

$f'(x) = 2x \cdot \sin(4x) + 4x^2 \cdot \cos(4x)$

c) $f(x) = (x \cdot \sin(x))^2$

$f'(x) = 2x \cdot \sin(x) \cdot (\sin(x) + x \cdot \cos(x))$

190

12. Potenzgleichungen

a) (1) $x = \sqrt[3]{50}$ (2) $x_{1,2} = \pm\sqrt[6]{2000}$ (3) $x = -\sqrt[5]{250}$ (4) keine Lösung

(5) $x = \sqrt[3]{a^2} = a^{\frac{2}{3}}$ (6) $a > 0$: $x = \sqrt[4]{a^3 b^4}$ (7) $x = \sqrt[3]{300}$ (8) $x = \frac{1}{2}$

$\qquad\qquad\qquad\qquad\qquad = b \cdot \sqrt[4]{a^3}$

$\qquad\qquad\qquad$ $a < 0$: keine Lösung

b) $x^n = c$

n ungerade: $\begin{cases} c \geq 0: & x = \sqrt[n]{c} \\ c < 0: & x = -\sqrt[n]{-c} \end{cases}$

n gerade: $\begin{cases} c > 0: & x_1 = \sqrt[n]{c},\ x_2 = -\sqrt[n]{c} \\ c = 0: & x = 0 \\ c < 0: & \text{keine Lösung} \end{cases}$

$a x^n = b$ $\left(\text{analog } x^n = c \text{ mit } c = \dfrac{b}{a}\right)$

$c > 0$: a und b haben gleiches Vorzeichen,

$c < 0$: a und b haben verschiedene Vorzeichen

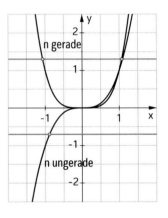

13. Ableitungen weiterer Potenzgleichungen

a) $f(x) = x^{-1} = f'(x) = -1 x^{-2} = \dfrac{-1}{x^2}$

$f(x) = x^{\frac{1}{2}};\ f'(x) = \dfrac{1}{2} x^{-\frac{1}{2}} = \dfrac{1}{2\sqrt{x}}$

b)

Funktion	$f(x) = x^{-3}$	$f(x) = x^{-4}$	$f(x) = x^{\frac{1}{3}}$	$f(x) = x^{\frac{2}{3}}$	$f(x) = x^{\frac{7}{4}}$
Ableitung	$f'(x) = -3x^{-4}$ $= \dfrac{-3}{x^4}$	$f'(x) = -4x^{-5}$ $= \dfrac{-4}{x^5}$	$f'(x) = \dfrac{1}{3} x^{-\frac{2}{3}}$ $= \dfrac{1}{3\sqrt[3]{x^2}}$	$f'(x) = \dfrac{2}{3} x^{-\frac{1}{3}}$ $= \dfrac{2}{3\sqrt[3]{x}}$	$f'(x) = \dfrac{7}{4} x^{-\frac{3}{4}}$ $= \dfrac{7}{4\sqrt[4]{x^3}}$
Skizze					

Hinweise zum GTR:

Asymptoten ausblenden:

nderiv: langsames Skizzieren

191

14. *Training*

a) $f'(x) = \dfrac{-15}{x^6}$ b) $f'(x) = \dfrac{-5}{x^6}$ c) $f'(x) = \dfrac{3}{\sqrt[4]{x}}$

d) $f(x) = x^{-\frac{5}{3}}$;   e) $f(x) = 3x^2$;   f) $f(x) = 1 + \dfrac{1}{k}$

$f'(x) = \dfrac{-5}{3\sqrt[3]{x^8}}$ $f'(x) = 6x$ $f'(x) = \left(1 + \dfrac{1}{k}\right)x^{\frac{1}{k}}$

g) $f'(x) = -a^2 x^{-a-1} + 4x^3$

$= \dfrac{-a^2}{x^{a+1}} + 4x^3$

h) $f'(x) = \left(\dfrac{n+1}{3}\right)x^{\frac{n-2}{3}}$

15. *Genau hingeschaut 1*

Die Gleichungskette führt auf die falsche Aussage (Widerspruch) $-1 = 1$. Dies entsteht, wenn man $\sqrt[3]{-1} = -1$ verwendet und zulässt.

Der Graph verläuft auch im Bereich $x < 0$. Wegen $(-2)^3 = -8$, also: „$\sqrt[3]{-8} = -2$" ist es aus praktischen Gründen aber sinnvoll, dies hier zuzulassen.

16. *Genau hingeschaut 2*

a) Für $m < n$ ist der Exponent kleiner als 1, der Exponent der Ableitung also kleiner als 0.

Beispiel: $f(x) = x^{\frac{1}{4}}$; $f'(x) = \frac{1}{4}x^{-\frac{3}{4}} = \dfrac{1}{\sqrt[4]{x^3}}$. Der Nenner muss ungleich 0 sein, also $x \neq 0$.

Die Steigung von f wächst für $x \to 0$ über alle Grenzen (y-Achse ist Asymptote von f).

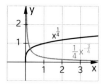

b) $f'(x) = \dfrac{1}{x^2}$; $g'(x) = \dfrac{1}{3\sqrt[3]{x^2}}$

f wächst asymptotisch gegen 2, die Funktionswerte werden also nie größer als 2; dagegen wächst g über alle Grenzen. Bei beiden Funktionen strebt die Steigung allerdings für $x \to \infty$ gegen 0. Auch in den Punkten von g für $x \to \infty$ streben die Tangenten also gegen eine Parallele zur x-Achse.

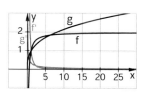

192

17. *Ableitungen in innermathematischen Kontexten*

(1) $f'(x) = 12(3x+2)^3$;

$f'(0) = 96$; $f'(1) = -12$

(2) $f'(x) = 6x^2 - 16x - 2$

Schnittpunkte mit der x-Achse: $x_1 = -1$; $x_2 = 1$; $x_3 = 4$

$f'(-1) = 20$; $f'(1) = -12$; $f'(4) = 30$

(3) $f'(x) = (x^2 - 4) \cdot 2x$

Bei einer waagerechten Tangente gilt $f'(x) = 0$:

$0 = (x^2 - 4) \cdot 2x$ ⟺ $x^2 - 4 = 0$ oder $2x = 0$ ⟹ $x_1 = -2$; $x_2 = 2$; $x_3 = 0$

Die Funktion $f(x)$ hat an den Stellen -2; 2 und 0 eine waagerechte Tangente.

(4) $f'(x) = -4x^3 + 12x + 2$

Schnittpunkt mit der y-Achse: $f(0) = -2 \cdot 4 = -8$

Anstieg der Tangente: $f'(0) = 2$

Gleichung der Tangente: $y = 2x - 8$

192

18. *Ein Extremwertproblem*

Der Flächeninhalt des Rechtecks ist gegeben durch $A(x) = x \cdot y = x\sqrt{1-x}$.

$A(x)$ ist das Produkt zweier Funktionen $f(x) = x$ und $g(x) = \sqrt{1-x}$. Die Ableitung $A'(x)$ können wir mit der Produktregel berechnen, bei der Ableitung von $g(x)$ benötigen wir zusätzlich die Kettenregel:

$g(x) = u(v(x))$ mit $u(x) = \sqrt{x}$ und $v(x) = 1-x$

$A'(x) = \sqrt{1-x} \cdot 1 + x \cdot \frac{-1}{2\sqrt{1-x}} = \frac{2-3x}{2\sqrt{1-x}}$

$A'(x) = 0$ genau dann, wenn $2 - 3x = 0$, also bei $x = \frac{2}{3}$.

$A(x)$ hat bei $x = \frac{2}{3}$ im gegebenen Intervall ein absolutes Maximum, wie an den Graphen zu sehen ist. Der Flächeninhalt des Rechtecks beträgt dort $A\left(\frac{2}{3}\right) = \frac{2}{3}\sqrt{1-\frac{2}{3}} \approx 0{,}385$ Flächeneinheiten.

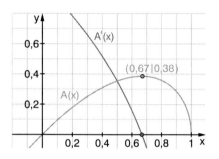

19. *Steigung der Tangente am Kreis – geometrisch und analytisch*

$f(x) = \sqrt{25 - x^2}$

a) $m_t = -\frac{1}{m_r}$; $m_r = \frac{\Delta y}{\Delta x} = \frac{f(x)}{x} \Rightarrow m_t = -\frac{x}{f(x)} = -\frac{x}{\sqrt{25-x^2}}$

b) $f'(x) = \frac{1}{2\sqrt{25-x^2}} \cdot (-2x) = -\frac{x}{\sqrt{25-x^2}}$

Die Ergebnisse stimmen überein.

20. *Wahr oder falsch?*

Es gilt $g'(a) = 0$. Zu zeigen ist $f'(a) = 0$.

a) $f'(a) = 2 \cdot g(a) \cdot g'(a) = 0$ wahr

b) $f'(a) = \frac{1}{2} g(a)^{-\frac{1}{2}} \cdot g'(a) = 0$ wahr

c) $f'(a) = 2 \cdot a \cdot g(a) + (a^2 + 1) \cdot g'(a) = 2a \cdot g(a) \neq 0$ falsch

21. *Ableitung von Quotienten?!*

$q'(x) = f'(x) \cdot g(x)^{-1} + f(x) \cdot g'(x) \cdot (-1) g(x)^{-2} = \frac{f'(x)}{g(x)} - \frac{f(x) \cdot g'(x)}{g(x)^2} = \frac{f'(x)g(x) - f(x)g'(x)}{g(x)^2}$

193

22. *Training*

a) $f'(x) = \frac{8 - 4x^2}{(x^2+2)^2}$; $f''(x) = \frac{8x(x^2-6)}{(x^2+2)^3}$

b) $f'(x) = \frac{x^2 + 16x + 4}{(x+8)^2}$; $f''(x) = \frac{120}{(x+8)^3}$

c) $f'(x) = \frac{-2x(x^3+8)}{(x^3+4)^2}$; $f''(x) = \frac{4(x^6 + 28x^3 + 16)}{(x^3-4)^3}$

d) $f'(x) = \frac{(x+1)\cos(x) - \sin(x)}{(x+1)^2}$; $f''(x) = \frac{-2(x+1)\cos(x) - (x^2+2x-1)\sin(x)}{(x+1)^3}$

e) $f'(x) = \frac{x^2 - 2ax - a}{(x^2+a)^2}$; $f''(x) = \frac{-2x^3 + 6ax^2 + 6ax - 2a^2}{(x^2+a)^3}$

f) $f'(x) = \frac{2ax^2 - 2a^2x}{(2x-a)^2}$; $f''(x) = \frac{2a^3}{(2x-a)^3}$

193   **23.** *Zum Verstehen des Beweises zur Produktregel*

i)   Identifizierung:

$$p'(x) = \lim_{h \to 0} \frac{f(x+h)\,g(x+h) - f(x)\,g(x)}{h}$$

$$f'(x) = \lim_{h \to 0} \frac{f(x+h) - f(x)}{h}$$

$$g'(x) = \lim_{h \to 0} \frac{g(x+h) - g(x)}{h}$$

ii) Um den Quotienten „geschickt" ($\Rightarrow$ passend) auseinanderziehen zu können.

iii) Bei der Durchführung des Grenzüberganges $h \to 0$ am Ende.

24. *Beweis der Kettenregel*

$$\lim_{h \to 0} \left(\frac{f(g(x+h)) - f(g(x))}{g(x+h) - g(x)} \cdot \frac{g(x+h) - g(x)}{h} \right)$$

$$= \lim_{h \to 0} \left(\frac{f(g(x+h)) - f(g(x))}{g(x+h) - g(x)} \right) \cdot \lim_{h \to 0} \left(\frac{g(x+h) - g(x)}{h} \right)$$

$$= f'(g(x)) \cdot g'(x)$$

25. *Die „Umkehrregel"*

Ableiten auf beiden Seiten liefert $\bar{f}'(x) \cdot f'(\bar{f}(x)) = 1$, also $\bar{f}'(x) = \dfrac{1}{f'(\bar{f}(x))}$.

26. *Ableitung von Potenzfunktionen mit rationalen Exponenten (Wurzelfunktionen)*

a) $f(x) = x^2$; $f'(x) = 2x$; $\bar{f}(x) = \sqrt{x} \Rightarrow \sqrt{x}' = \dfrac{1}{2\sqrt{x}}$

b) $f(x) = x^n$; $f'(x) = nx^{n-1}$; $\bar{f}(x) = \sqrt[n]{x} = x^{\frac{1}{n}} \Rightarrow \bar{f}'(x) = \dfrac{1}{n \cdot (\sqrt[n]{x})^{n-1}} = \dfrac{1}{n \cdot x^{\frac{1}{n}(n-1)}} = \dfrac{1}{n \cdot x^{1 - \frac{1}{n}}} = \dfrac{1}{n} x^{\frac{1}{n} - 1}$

c) $f'(x) = \dfrac{1}{n} x^{\frac{1}{n} - 1} \cdot m \cdot \left(x^{\frac{1}{n}} \right)^{m-1} = \dfrac{m}{n} x^{\frac{1}{n} - 1 + \frac{m}{n} - \frac{1}{n}} = \dfrac{m}{n} x^{\frac{m}{n} - 1}$

194   ## Kopfübungen

1 $f(x) = 2x^2 + 5x - 3 \Rightarrow f'(x) = 4x + 5$

2   Drachenvierecke, Rauten sowie Quadrate

3   Die Wahrscheinlichkeit beträgt ca. $25{,}9\,\%$.
Günstiges Ereignis: zwei richtige und eine falsche Antwort (rrf; rfr; frr) sowie drei
richtige Antworten (rrr) $\Rightarrow$ $P(\text{rrr; rrf; rfr; frr}) = \left(\frac{1}{3}\right)^3 + 3 \cdot \left(\frac{1}{3}\right)^2 \cdot \left(\frac{2}{3}\right) \approx 25{,}9\,\%$

4 $f'(x) = 4x - 4$
Drei Teilterme bilden eine Summe $\Rightarrow$ Summenregel der Ableitung
Faktoren 2 und 4 sind konstant $\Rightarrow$ Regel „konstanter Faktor"
-6 ist eine Zahl $\Rightarrow$ Regel „konstanter Summand"

195

27. *Die Ableitungsregeln in der Leibniz-Notation*

a) $y = f(u)$

$u = g(x)$

$\Rightarrow \dfrac{dy}{dx} = y' = f(g(x))'$

$\dfrac{dy}{du} = f'(g(x))$

$\dfrac{du}{dx} = g'(x)$

b) i) $y = u \cdot v$

$\Rightarrow \dfrac{dy}{dx} = \dfrac{du}{dx} \cdot v + u \cdot \dfrac{dv}{dx}$

ii) $y = \dfrac{u}{v}$

$\Rightarrow \dfrac{dy}{dx} = \dfrac{\dfrac{du}{dx} \cdot v - u \cdot \dfrac{dv}{dx}}{v^2}$

28. *Anwenden der Ableitungsregeln in der Leibniz-Notation*

a) Setze $u = x \Rightarrow y = u \cdot \cos(u)$

$\dfrac{dy}{dx} = (1 \cdot \cos(u) + u \cdot (-\sin(u)) \cdot 1$

$= \cos(u) - u \cdot \sin(u)$

$= \cos(x) - x \cdot \sin(x)$

c) Setze $u = x^3 + 5 \Rightarrow y = \sqrt{4}$

$\dfrac{dy}{dx} = \dfrac{1}{2\sqrt{u}} \cdot 3x^2$

$= \dfrac{3x^2}{2\sqrt{x^3 + 5}}$

b) Setze $u = 3x^2 - 4 \Rightarrow y = \dfrac{1}{4}$

$\dfrac{dy}{dx} = -\dfrac{1}{u^2} \cdot 6x$

$= \dfrac{-6x}{(3x^2 - 4)^2}$

d) Setze $u = 2x^2 + 1 \Rightarrow y = \sin(u)$

$\dfrac{dy}{dx} = \cos(u) \cdot 4x$

$= \cos(2x^2 + 1) \cdot 4x$

29. *Recherchieren und referieren*

–

5.2 Änderungsverhalten bei Exponentialfunktionen

197

1. *Wachstumsprozesse – linear und exponentiell*

a) und b)

A – (4) – b: Änderung monoton wachsend, da jährlich 3 % Menschen dazukommen

D – (2) – c: Änderung monoton fallend, da stündlich 18 % abgebaut werden

B – (3) – d: Änderung monoton wachsend, da Zuwachs mit festem p %

C – (1) – a: Änderung monoton fallend, dabei konstant mit 8 Gramm pro Stunde

Bemerkung: Während die Menge an Alkohol konstant („linear") um 8 g reduziert wird, erfolgen die anderen Änderungen jeweils prozentual zur momentan vorhandenen Menge.

197   2.   *Graphen einfacher Exponentialfunktionen – eine nützliche Wiederholung*

a)   f – y_1 g – y_2 h – y_8 i – y_4
      j – y_3 k – y_6 l – y_5 m – y_7

b)   Steigungsverhalten entweder monoton wachsend oder fallend, je nach Art der Basis b:

Basis b > 1 („ganzzahlig"), d. h. Graph monoton wachsend

Basis 0 < b < 1 („gebrochen"), d. h. Graph monoton fallend

Bei einem negativen Vorfaktor wird der Graph an der x-Achse gespiegelt, wobei der Vorfaktor den Schnittpunkt mit der y-Achse sowie die Stauchung bzw. Streckung vorgibt.

Bemerkungen:

(1) Zuweilen muss die Funktionsgleichung umgeformt werden, damit die Art der Basis und der zugehörige Vorfaktor eindeutig zu erkennen sind:

$$y_2 = 3^{-x} = \left(\frac{3}{1}\right)^{-x} = \left(\frac{1}{3}\right)^x = 1 \cdot \left(\frac{1}{3}\right)^x \qquad y_8 = 2^{x-3} = 2^x \cdot 2^{-3} = 2^{-3} \cdot 2^x = \frac{1}{2^3} \cdot 2^x = \frac{1}{8} \cdot 2^x$$

(2) Eine „gebrochene Basis" bedeutet nicht zwingend, dass es sich um eine monoton fallende Funktion handelt. So ist zum Beispiel die Funktion $f(x) - 3,5^x$ „gebrochen", jedoch auch monoton wachsend. Daher sollte eine Unterscheidung der Basen eher in die Kategorien 0 < b < 1 („wachsend") und b > 1 („fallend") ausgeführt werden.

198   3.   *Eine besondere Exponentialfunktion*

a)   –

b)   Vermutung bestätigt sich.

(A) Weil die Ableitung von 2^x unterhalb von 2^x liegt und die Ableitung von 4^x oberhalb von 4^x, muss die Basis b, für die $f'(x) = f(x)$ gilt, zwischen 2 und 4 liegen.

(B) $f(0) = b^0 = 1$; Berührpunkt $(0|1)$, also ist $y = x + 1$ Tangente in $(0|1)$.

199   4.   *Eigenschaften der e-Funktion*

a)   Notwendige Bedingung für Extrempunkte: $f'(x) = 0$

$f'(x) = e^x > 0$

Damit kann die Bedingung nicht erfüllt werden.

Notwendige Bedingung für Wendepunkte: $f''(x) = 0$

$f''(x) = e^x > 0$

Damit kann die Bedingung nicht erfüllt werden.

b)   1. Ableitung: Monotonieverhalten: $f'(x) = e^x > 0$

Die Steigung ist überall positiv und die Funktion monoton steigend.

2. Ableitung: Krümmungsverhalten: $f''(x) = e^x$

e^x ist stets > 0, damit ist $f''(x) > 0$ und die Funktion weist eine Linkskrümmung auf.

5. *Ableitungen von komplexeren e-Funktionen*

a) $f_1(x) = 2e^x$, $f(x)$ wird mit 2 multipliziert und damit gestreckt (blau).

$f_2(x) = e^{2x}$, $f(x)$ wird im Argument mit 2 multipliziert und damit steiler (grün).

$f_3(x) = e^{x-2}$, $f(x)$ mit dem Faktor $\frac{1}{e^2}$ multipliziert und damit gestaucht (gelb).

$f_4(x) = 0.5e^x - 3$, $f(x)$ wird um den Faktor 0,5 gestaucht und um 3 nach unten verschoben (lila).

b) Die zugehörigen Ableitungen ergeben sich zu:

$f_1'(x) = 2\,e^x$ $\qquad\qquad$ $f_2'(x) = 2\,e^{2x}$

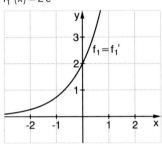 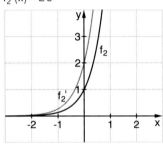

$f_3'(x) = e^{x-2}$ $\qquad\qquad$ $f_4'(x) = 0.5\,e^x$

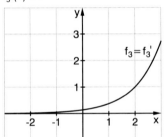 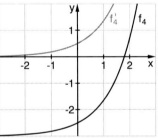

Je nach Vorfaktor und Argument werden die Ableitungsfunktionen relativ zur e^x-Funktion gestaucht bzw. gestreckt und in Richtung der x- bzw. y-Achse verschoben.

6. *e-Funktionen bewegen und ableiten*

a) $f(x) = -e^x + 5$, e^x wird an der x-Achse gespiegelt und um $+5$ in y-Richtung verschoben;

$f'(x) = -e^x$, Ableitung wird an der x-Achse gespiegelt

b) $f(x) = 0.1\,e^{x+6}$, e^x wird um 0,1 gestaucht und um -6 in x-Richtung verschoben;

$f'(x) = 0.1\,e^{x+6}$, Ableitung wird um 0,1 gestaucht und um -6 in x-Richtung verschoben

c) $f(x) = \left(\frac{1}{e}\right)^x - e = e^{-x} - e^1$, e^x wird an y-Achse gespiegelt, um $-e^1$ in y-Richtung verschoben;

$f'(x) = -e^{-x}$, Ableitung wird an der y- und x-Achse gespiegelt

d) $f(x) = -e^{-x}$, e^x wird an der y- und an der x-Achse gespiegelt;

$f'(x) = e^{-x}$, Ableitung wird an der y-Achse gespiegelt

200

7. *Besondere Eigenschaft der e-Funktion*

$f(x) = c \cdot e^x$ – Produkt- und Faktorregel:

$f'(x) = \frac{d}{dx} c \cdot e^x = c \cdot \left(\frac{d}{dx} e^x\right) = c \cdot (e^x) = c \cdot e^x$ (konstanter Faktor c bleibt erhalten)

$h(x) = e^{cx}$ – exemplarisch sei hier o.B.d.A. c = 3 – erneut die Produktregel:

$h'(x) = \frac{d}{dx} e^{3x} = \left(\frac{d}{dx} e^x\right) \cdot e^{2x} + e^x \cdot \left(\frac{d}{dx} e^{2x}\right) = e^x \cdot e^{2x} + e^x \cdot \frac{d}{dx}(e^x \cdot e^x)$

$\quad = \dots = e^{3x} + e^{3x} + e^{3x} = 3 \cdot e^{3x}$

Alternativ mit der Kettenregel („äußere mal innere Ableitung"), wobei cx = f(x):

$h'(x) = \frac{d}{dx} e^{cx} = \frac{d}{dx} e^{f(x)} = e^{cx} \frac{d}{dx} f(x) = e^{cx} \frac{d}{dx}(cx) = e^{cx} \cdot c$

$d(x) = e^{x+c}$ – erneut die Produktregel, wobei auch die Kettenregel funktioniert:

$d'(x) = \frac{d}{dx} e^{x+c} = \frac{d}{dx} e^x \cdot e^c = e^x \left(\frac{d}{dx} e^c\right) + \left(\frac{d}{dx} e^x\right) \cdot e^c = 0 + e^x \cdot e^c = e^{x+c}$

8. *Produkte mit e-Funktionen 1*

   a) Wenn man e^x mit einer Konstanten a multipliziert, wird die Funktion $a \cdot e^x$ für a < 0 um den Faktor a gestaucht und für a > 0 um den Faktor a gestreckt.

   b) Nullstellen: $0 = x \cdot e^x \Rightarrow x = 0$ oder $e^x = 0$.
   Da e^x nicht Null sein kann, gibt es eine Nullstelle bei x = 0.
   Extremstellen: $0 = f'(x) = (1 + x) \cdot e^x$
   $\Rightarrow x + 1 = 0$ oder $e^x = 0$.
   Da e^x nicht Null sein kann, gibt es eine Extremstelle bei x = –1.

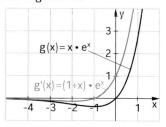

9. *Produkte mit e-Funktionen 2*

   a) $f_1(x) \rightarrow$ schwarze Kurve
   $f_2(x) \rightarrow$ gelbe Kurve
   $f_3(x) \rightarrow$ grüne Kurve
   $f_4(x) \rightarrow$ blaue Kurve

   b) Gleichung der Tangente von f_1 in $P\left(-1 \big| -\frac{1}{e}\right)$: $\quad y = \frac{2}{e}x + \frac{1}{e}$

   Gleichung der Tangente von f_1 in $P(0|0)$: $\quad y = x$

   Gleichung der Tangente von f_2 in $P(-1|-e)$: $\quad y = 2ex + e$

   Gleichung der Tangente von f_2 in $P(0|0)$: $\quad y = x$

   Gleichung der Tangente von f_3 in $P\left(-1 \big| \frac{1}{e}\right)$: $\quad y = -\frac{1}{e}x$

   Gleichung der Tangente von f_3 in $P(0|0)$: $\quad y = 0$

   Gleichung der Tangente von f_4 in $P\left(-1 \big| -\frac{2}{e}\right)$: $\quad y = -\frac{1}{e}x - \frac{3}{e}$

   Gleichung der Tangente von f_4 in $P(0|-1)$: $\quad y = -1$

9. Fortsetzung

c) Nullstellen von f1: $x = 0$

Extrempunkte von f_1: $P_E\left(-1\,|-\frac{1}{e}\right)$ ist ein Tiefpunkt

Wendepunkte von f_1: $P_W\left(-2\,|-\frac{2}{e^2}\right)$

Nullstellen von f_2: $\quad x = 0$

Extrempunkte von f_2: $P_E\left(1\,|\frac{1}{e}\right)$ ist ein Hochpunkt

Wendepunkte von f_2: $P_W\left(2\,|\frac{2}{e^2}\right)$

Nullstellen von f_3: $\quad x = 0$

Extrempunkte von f_3: $P_T(0\,|\,0)$ ist ein Tiefpunkt; $P_H\left(-2\,|\frac{4}{e^2}\right)$ ist ein Hochpunkt

Wendepunkte von f_3: $P_W(-2 + \sqrt{2}\,|\,0{,}19)$ und $P_W(-2 - \sqrt{2}\,|\,0{,}38)$

Nullstellen von f_4: $\quad x = 1$

Extrempunkte von f_4: $P_E(0\,|-1)$ ist ein Tiefpunkt

Wendepunkte von f_4: $P_W\left(-1\,|-\frac{2}{e}\right)$

10. *Musterkennung bei zusammengesetzten e-Funktionen*

a) Man kann die Graphen z. B. an den Nullstellen erkennen.

$f_1(x) = (x - 1) \cdot e^x \;\rightarrow$ rechte Grafik

$f_2(x) = (x - 2) \cdot e^x \;\rightarrow$ mittlere Grafik

$f_3(x) = (x - 3) \cdot e^x \;\rightarrow$ linke Grafik

b) $f_1'(x) = x \cdot e^x$

$f_2'(x) = (x - 1) \cdot e^x$

$f_3'(x) = (x - 2) \cdot e^x$

c) $f_2'(x) = f_1(x)$

$f_3'(x) = f_2(x)$

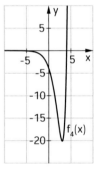

11. *Viele Ableitungen*

a) $f(x) = 0{,}9 \cdot e^{0{,}5x}$

$f'(x) = 0{,}45 \cdot e^{0{,}5x}$

$f''(x) = 0{,}225 \cdot e^{0{,}5x}$

$f'''(x) = 0{,}1125 \cdot e^{0{,}5x}$

$f^{(n)}(x) = 0{,}9 \cdot 0{,}5^n \cdot e^{0{,}5x}$

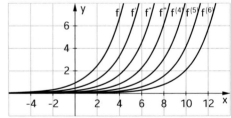

b) $f(x) = x \cdot e^x$

$f'(x) = (1 + x) \cdot e^x$

$f''(x) = (2 + x) \cdot e^x$

$f'''(x) = (3 + x) \cdot e^x$

$f^{(n)}(x) = (n + x) \cdot e^x$

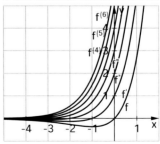

201

12. *Stammfunktionen*

a) (1) $F(x) = e^x$

(2) $F(x) = 3e^x$

(3) $F(x) = \frac{1}{2}e^{2x}$

(4) $F(x) = \frac{3}{2}e^{2x}$

b) Stammfunktion: $F(x) = \frac{a}{k} \cdot e^{kx}$ ($k \neq 0$)

Ein Vergleich von $f(x)$ und $F(x)$ zeigt, dass der Bruch $\frac{a}{k}$ bzw. dessen Faktoren a und k eine Streckung bzw. Stauchung der Ableitungsfunktion oder aber keine der beiden Möglichkeiten ($a = k$) bedingen kann.

13. *Flächeninhalte – Schätzen und Rechnen*

Die Schätzung kann zum Beispiel mithilfe der Graphen auf dem Rand auf Seite 306 erfolgen. Man erhält grob $A_a \approx 1{,}5$ FE, $A_b \approx 3$ FE und $A_c \approx 3{,}5$ FE.

Die Rechnung mithilfe des Integrals liefert dann:

a) $f(x) = e^x$ $\qquad$ $F(x) = e^x$ $\qquad$ $A = \int\limits_0^1 f(x)\,dx - \left[F(x)\right]_0^1 = \dots \approx 1{,}72$ FE

b) $g(x) = 2e^x$ $\qquad$ $G(x) = 2e^x$ $\qquad$ $A \approx 3{,}44$ FE

c) $h(x) = e^{2x}$ $\qquad$ $H(x) = \frac{1}{2}e^{2x}$ $\qquad$ $A \approx 3{,}19$ FE

202

14. *Eine Fläche*

a) $f_1(x) = e^x$; $f_2(x) = e^{-x}$; $f_3(x) = -e^x$; $f_4(x) = -e^{-x}$

b) $A = 2 \cdot \left(\int\limits_{-2}^0 e^{-x}\,dx + \int\limits_0^2 e^x\,dx \right) = 2 \cdot \left(\left[-e^{-x}\right]_{-2}^0 + \left[e^x\right]_0^2 \right)$

$= 2 \cdot (2\,e^2 - 2) \approx 25{,}56$ FE

15. *Eine besondere Funktion*

a) $s_1(x) = \frac{1}{2}(e^x + e^{-x})$ $\qquad$ $s_1'(x) = \frac{1}{2}(e^x - e^{-x})$ $\qquad$ $s_1''(x) = \frac{1}{2}(e^x + e^{-x})$

$s_2(x) = \frac{1}{2}(e^x - e^{-x})$ $\qquad$ $s_2'(x) = \frac{1}{2}(e^x + e^{-x})$ $\qquad$ $s_2''(x) = \frac{1}{2}(e^x - e^{-x})$

Die erste Ableitung der Funktion $s_1(x)$ ergibt gerade die Funktion $s_2(x)$ und die erste Ableitung der Funktion $s_2(x)$ ergibt gerade die Funktion $s_1(x)$. Die zweite Ableitung ergibt jeweils wieder die Funktion selbst.

b) Steigung an der Stelle a: $s_1'(a) = \frac{1}{2}(e^a - e^{-a})$

Flächeninhalt: $A = \int\limits_0^a \frac{1}{2}(e^x + e^{-x})\,dx = \frac{1}{2}\left[e^x - e^{-x}\right]_0^a = \frac{1}{2}(e^a - e^{-a})$

Die Steigung an der Stelle a und der Flächeninhalt unter der Kurve $[0\,;a]$ stimmen überein.

16. *Ein mathematische Stück Edelmetall*

Für den Flächeninhalt des Rechtecks gilt $A(t) = t \cdot f(t) = t \cdot e^{-t}$.

Wenn für ein t_0 mit $0 < t_0 \leq 2$ $A'(t_0) = 0$ und $A''(t_0) < 0$ gilt, ist das Rechteck mit den Eckpunkten $P(t_0 | f(t_0))$ maximal. Diese Bedingungen sind für $t_0 = 1$ erfüllt. Der maximale Flächeninhalt des Rechtecks beträgt ca. 37 cm^2 wegen $A(1) = e^{-1} \approx 0{,}37$.

202

17. *x aus gegebenem y bestimmen*

a) (1) $e^1 = 2{,}718...$, also $0 < x < 1$
(2) $e^2 = 7{,}38...$, also: $1 < x < 2$
(3) $e^4 = 54{,}59...$, also: $3 < x < 4$
(4) $e^0 = 1$, also: $x < 0$

b) (1) 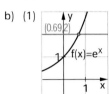 (2) 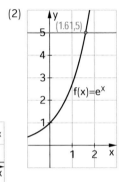 (3)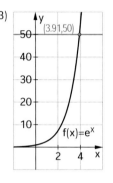

(4)

Rechnerisch kann man diese Gleichungen mit dem Logarithmus lösen (siehe Aufgabe 18).

203

18. *Exponentialgleichungen lösen*

a) $x = \frac{1}{2}\ln(5) \approx 0{,}805$

b) $x = \ln(4) \approx 1{,}386$

c) $x = 10 \cdot \ln(384) \approx 59{,}506$

d) keine Lösung

e) $x = e^2 \approx 7{,}389$

f) keine Lösung

g) $x_{1,2} = \pm\sqrt{\frac{1}{2}\ln(4)} = \pm\sqrt{\ln(2)} \approx \pm 0{,}832$

h) keine rechnerische Lösung möglich:
$x \approx 0{,}201$

i) $e^6 \cdot e^{x^2} = e^{6+x^2} = e^{5x}$
$\Rightarrow 6 + x^2 = 5x$
$x_1 = 2;\ x_2 = 3$

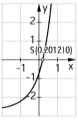

204

19. *Abschätzen*

a) $e^x > 10^6 \ \Rightarrow\ x = \ln(10^6) \approx 13{,}8 \ \Rightarrow\ x \geq 14$
b) $e^x < 10^{-5} \ \Rightarrow\ x = \ln(10^{-5}) \approx -11{,}5 \ \Rightarrow\ x \leq -12$
c) $e^x > 10^{-7} \ \Rightarrow\ x = \ln(10^{-7}) \approx -16{,}1 \ \Rightarrow\ x \geq -16$
d) $e^x < 10^5 \ \Rightarrow\ x = \ln(10^5) \approx 11{,}5 \ \Rightarrow\ x < 12$

20. *Steigungen und Integrale*

a) $f(x) = 2e^x \qquad f'(x) = 2e^x \Rightarrow f'(3) = 2e^3 \approx 40{,}2$ (Steigung an der Stelle $x = 3$)
   $\qquad\qquad f'(x) = 10 = 2e^x \Rightarrow x = \ln(5) \approx 1{,}609$ (Stelle, an der die Steigung 10 ist)

b) $f(x) = e^{-x} - 5\ f'(x) = -e^{-x}$
   Schnittpunkt mit der y-Achse: $P_1(0 \,|\, -4)$
   Schnittpunkt mit der x-Achse: $P_2(-\ln(5) \,|\, 0)$
   Steigung in $P_1(0 \,|\, -4)$: $f'(0) = -1$
   Steigung in $P_2(-\ln(5) \,|\, 0)$: $f'(-\ln(5)) = -e^{\ln(5)} = -5$
   Steigung -10: $f'(x) = -10 = -e^{-x} \Rightarrow x = -\ln(10) \approx -2{,}3$

204

20. Fortsetzung

c) $20 = \int\limits_{2}^{t} e^x dx = \left[e^x\right]_{2}^{t} = e^t - e^2$

$\Rightarrow t = \ln(20 + e^2) \approx 3{,}31$

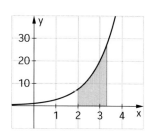

d) $1 = \int\limits_{t}^{0} e^x dx = \left[e^x\right]_{t}^{0} = e^0 - e^t \Rightarrow e^t = 0.$

Es gibt kein t, das diese Gleichung erfüllt. Die Fläche unter f liegt für t > 0 nur im positiven Bereich, der orientierte Inhalt kann also nicht Null werden.

21. *Von e^x zu b^x*

a) f_1 und f_4, f_2 und f_5 sowie f_3 und f_6 sind annähernd gleich.

Erklärung: $e^{0{,}69x} = \left(e^{0{,}69}\right)^x \approx 2^x;\quad e^{1{,}1x} = \left(e^{1{,}1}\right)^x \approx 3^x;\quad e^{-0{,}69x} = \left(e^{-0{,}69}\right)^x \approx (0{,}5)^x$

$f(x) = 7^x \approx \left(e^{1{,}95}\right)^x = e^{1{,}95x}$ (durch probieren oder mit $7 = e^{\ln(7)}$)

b) Mit der Kettenregel gilt: $f_1'(x) = 0{,}69\, e^{0{,}69x};\ f_2'(x) = 1{,}1\, e^{1{,}1x};\ f_3'(x) = -0{,}69\, e^{-0{,}69x}$

Mit der Erklärung aus a) erhält man: $f_1 = f_4$, $f_2 = f_5$ und $f_3 = f_6$.

22. *Trainieren und Begründen*

a) (1) $f'(x) = \ln(2) \cdot 2^x$

(2) $f'(x) = \ln(0{,}5) \cdot 0{,}5^x$

(3) $f'(x) = 4 \cdot \ln(3) \cdot 3^x$

(4) $f'(x) = \ln(4) \cdot 4^{x-1}$

b) Begründung der Ableitungsformel: $f(x) = b^x = (e^{\ln(b)})^x = e^{\ln(b)\cdot x}$

$\Rightarrow f'(x) = e^{\ln(b)\cdot x} \cdot \ln(b) = \ln(b) \cdot (e^{\ln(b)})^x = \ln(b) \cdot b^x$

205

23. *Die Logarithmusfunktion*

a) Tabelle für $E(x) = e^x$:

x	−2	−1	0	1	2	5	10
$y = e^x$	0,14	$\frac{1}{e}$	1	e	7,4	148	22026

Vertauschung von x- und y-Werten liefert die Tabelle für L(x) und damit den Graphen von ln(x).

b) Vertauschte Koordinaten ergeben die L(x)-Funktion, die sich auch als Spiegelung der E(x)-Funktion an der ersten Winkelhalbierenden findet.

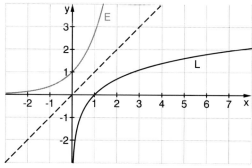

205

24. *Ableitung von ln (x)*
Für die Sekantensteigungsfunktion
gilt mit entsprechender Skizze:

$$msek(x) = \frac{\ln(x + 0,001) - \ln(x)}{0,001}$$

Wir vermuten eine Hyperbel
der Form $\frac{1}{x}$, die nur im positiven
x-Bereich definiert ist.

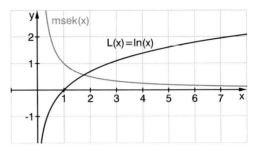

25. *Skizzieren des Graphen per Hand*
Mögliche Punkte (ohne Taschenrechner) der Funktion L (x) sind:

$x_1 = 1;$	$L(1) = 0;$	$P_1(1\|0)$
$x_2 = e^1;$	$L(e) = 1;$	$P_2(e\|1)$
$x_3 = e^{-1};$	$L\left(\frac{1}{e}\right) = -1;$	$P_3(e^{-1}\|-1)$
$x_4 = e^2;$	$L(e^2) = 2;$	$P_4(e^2\|2)$
$x_5 = e^{-2};$	$L(e^{-2}) = -2;$	$P_5(e^{-2}\|-2)$

206

26. *Wächst ln (x) über alle Grenzen?*
a) $\ln(10) \approx 2,3$ $\qquad \ln(10^2) \approx 4,6$ $\qquad \ln(10^3) \approx 6,9$ $\qquad \ln(10^{99}) \approx 227,9$
These: Die Funktion ln (x) geht für große x über alle Grenzen.
b) Wir suchen den x-Wert, für den der Funktionswert von L (x) 10 LE wird:
$10 = \ln(x) \implies x = e^{10} \approx 22026$ LE
Die x-Achse müsste eine Länge von etwa 22026 cm ($\approx$ 220 m) aufweisen, damit
der Graph einen Abstand von 10 cm zur x-Achse hätte.
c) Nun suchen wir den x-Wert, für den der Funktionswert von L (x) 30 LE wird:
$30 = \ln(x) \implies x = e^{30} \approx 1,0686 \cdot 10^{13}$ LE
Die x-Achse müsste eine Länge von etwa $1,1 \cdot 10^{13}$ cm ($\approx 1,1 \cdot 10^{11}$ m) aufweisen.
Für den Äquator (Erdumfang) gilt $U_{Äq} \approx 40000 \cdot 10^3$ m. Mit der Länge der x-Achse
könnte der Äquator ungefähr 2750-mal umwickelt werden.

27. *Ein Wettrennen im Schnellwachsen und ein Wettrennen im Langsamwachsen*
a) Die Schnittpunkte werden jeweils grafisch bestimmt:
(1) Es finden sich zwei Schnittpunkte $S_1(-0,91\|0,4)$ und $S_2(1,12\|3,06)$.
Die „Steilheit" der e^x-Funktion lässt keine weiteren Schnittpunkte mit der
x^{10}-Funktion erwarten. Zoomen liefert aber einen weiteren Schnittpunkt bei
ca. $(35\|3,5 \cdot 10^{15})$; e^x wächst letztendlich stärker als x^{10}.

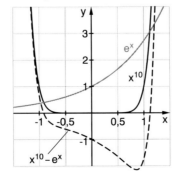

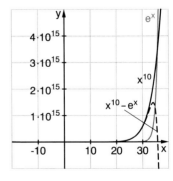

206   27. **Fortsetzung**

(2) Es findet sich ein Schnittpunkt bei S$(3,06\,|\,1,12)$. Dieser entspricht gerade den vertauschten Schnittpunktkoordinaten von S$_2$ aus (1). Der zweite Schnittpunkt aus (1) existiert nicht, da die ln(x)-Funktion nur für positive x-Werte definiert ist. Die zusammengesetzte Funktion $y = x^{0,1} - \ln(x)$ bestätigt den obigen Schnittpunkt

Analog zu (1) gibt es einen weiteren Schnittpunkt; es handelt sich jeweils um die Umkehrfunktion, sodass ca. $(3,5 \cdot 10^{15}\,|\,35)$ dieser Schnittpunkt ist. $\ln(x)$ wächst letztendlich schwächer als $x^{\frac{1}{10}}$.

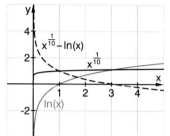 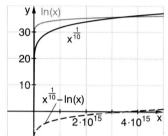

b) –

28. *Eine (überraschende?) Entdeckung*

a) Für die Ableitung der Funktionen f_1, f_2 und f_3 gilt stets $f'(x) = \frac{1}{x}$. Für die Ableitung von $f_n(x) = \ln(n \cdot x) = \ln(n) + \ln(x)$ $(n \in \mathbb{N})$ gilt demnach $f_n{}'(x) = \frac{1}{x}$, da konstante Werte „$\ln(n)$" beim Differenzieren wegfallen.

b) Die Vermutung gilt auch für $f_a(x) = \ln(a \cdot x)$ mit $a \in \mathbb{R}$ und $a > 0$, da die Logarithmengesetze ihre Gültigkeit behalten.

29. *Ableitungen*

a) (1) $f'(x) = \frac{1}{x}$

(2) $f'(x) = \frac{3}{x}$

(3) $f'(x) = \frac{1}{x+3}$

(4) $f'(x) = \frac{2}{x}$

(5) $f'(x) = \ln(x)$

(6) $f'(x) = \frac{1}{x} \cdot \sin(x) + \ln(x) \cdot \cos(x)$

(7) $f'(x) = \frac{\cos(x)}{\sin(x)}$;   Funktion ist nur für

(8) $f'(x) = \frac{1}{2x}$ ... $[0\,;\pi], [2\pi\,;3\pi]$
       ... definiert.

29. Fortsetzung

b)

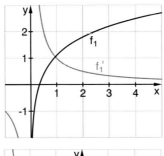 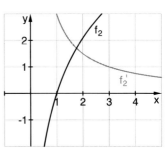

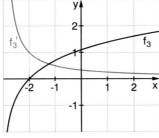 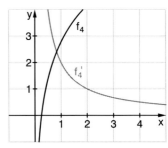

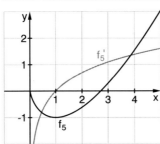 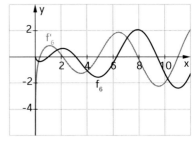

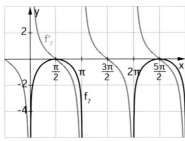 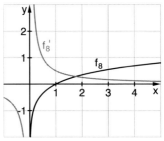

(1), (2), (3) und (4)

Keine Extrempunkte, da Gleichung $f'(x) = 0$ nicht algebraisch lösbar

(5) $f'(x) = \ln(x) = 0$, d.h. $x_E = 1$, $f''(x_E) = \frac{1}{1} = 1 > 0$, d.h. TP $(1 \mid -1)$

(6) $f'(x) = \frac{1}{x} \cdot \sin(x) + \ln(x) \cdot \cos x = 0$, unendlich viele Extrempunkte, die nur grafisch-numerisch bestimmbar sind.

(7) $f'(x) = \frac{\cos(x)}{\sin(x)}$, Hochpunkte sind $\left(\frac{\pi}{2} \mid 0\right)$, $\left(\frac{5\pi}{2} \mid 0\right)$, $\left(\frac{9\pi}{2} \mid 0\right)$, ..., also $\left(\left(2n + \frac{1}{2}\right)\pi \mid 0\right)$ für $n \in \mathbb{Z}$

(8) Keine Extrempunkte, da Gleichung $f'(x) = 0$ nicht algebraisch lösbar

207

30. *Fehler gesucht*

$f(x) = \ln(x^2)$ $\qquad$ $f'(x) = \dfrac{2}{x}$ $\qquad$ Lösung im Buch ist korrekt.

$g(x) = x \cdot \ln(x)$ $\qquad$ $g'(x) = \ln(x) + 1$ $\qquad$ Lösung im Buch ist falsch.

$h(x) = \ln(x + 2)$ $\qquad$ $h'(x) = \dfrac{1}{(x+2)}$ $\qquad$ Lösung im Buch ist falsch.

31. *Stammfunktionen*

$f_1(x) = \dfrac{1}{x}$ $\qquad\qquad$ $F_1(x) = \ln(x)$

$f_2(x) = \dfrac{3}{x}$ $\qquad\qquad$ $F_2(x) = 3\ln(x)$

$f_3(x) = \dfrac{1}{x+3}$ $\qquad\qquad$ $F_3(x) = \ln(x + 3)$

$f_4(x) = \dfrac{1}{2x}$ $\qquad\qquad$ $F_4(x) = \dfrac{1}{2}\ln(x)$

$f_5(x) = \ln(x)$ $\qquad\qquad$ $F_5(x) = x\ln(x) - x$

32. *Flächen unter der Hyperbel*

a) Grobe Schätzung ergibt bei beiden Flächen (A und B) ungefähr 1 FE.

h) $A = \displaystyle\int_{\frac{1}{e}}^{1} f(x)\,dx = \left[\ln(x)\right]_{\frac{1}{e}}^{1} = \ln(1) - \ln\left(\dfrac{1}{e}\right) = 0 - (-1) = 1 \text{ FE}$

$B = \displaystyle\int_{1}^{e} f(x)\,dx = \left[\ln(x)\right]_{1}^{e} = \ln(e) - \ln(1) = 1 - 0 = 1 \text{ FE}$

Kopfübungen

1 Jedes Zahlenbeispiel mit $a \neq 0$ und $b \neq 0$ widerlegt die Aussage.
Zum Beispiel $a = 3$ und $b = 4$: $\sqrt{3^2 + 4^2} = 5 \neq 7 = 3 + 4$
Die Gleichung ist jedoch erfüllt, wenn $a = 0$ und $b > 0$ oder $b = 0$ und $a > 0$ gilt.

2 Es muss gelten: $\vec{a} = k \cdot \vec{b}$ für ein $k \in \mathbb{R}$. Aus $a_1 = 2 \cdot b_1$ folgt $b_2 = 4$ und $b_3 = -1{,}5$.
$\vec{a}$ ist halb so lang und gleich gerichtet wie $\vec{b}$.

3 Faktorisieren: $f(x) = e^x \cdot x \cdot (3 - x)$
Der erste Faktor ist ungleich null für alle $x \in \mathbb{R}$, die beiden anderen Faktoren liefern
zwei Nullstellen: $x_1 = 0$ und $x_2 = 3$.

208

33. *Stetige Verzinsung*

a) Ganzjahresbank: $K(1) = 1\,000\,000 \cdot \left(1 + \dfrac{6}{100}\right)^1 = 1\,060\,000$. Nach einem Jahr sind
60 000 € Zinsen dazu gekommen.

Halbjahresbank: $K(2) = 1\,000\,000 \cdot \left(1 + \dfrac{3}{100}\right)^2 = 1\,060\,900$. Nach einem Jahr sind
60 900 € Zinsen dazu gekommen.

Monatsbank: $K(12) = 1\,000\,000 \cdot \left(1 + \dfrac{0{,}5}{100}\right)^{12} = 1\,061\,677{,}812$. Nach einem Jahr sind
ca. 61 677,81 € Zinsen dazu gekommen.

Tagesbank: $K(360) = 1\,000\,000 \cdot \left(1 + \dfrac{1}{60} \cdot \dfrac{1}{100}\right)^{360} = 1\,061\,831{,}238$. Nach einem Jahr
sind ca. 61 831,24 € Zinsen dazu gekommen.
Formel: Man erhält $\dfrac{1}{n}$-tel Zinsen, die dafür n-mal verzinst werden.

208

33. Fortsetzung

b) Mit 100 % Zinsen: $K(n) = \left(1 + \frac{100}{100} \cdot \frac{1}{n}\right)^n = \left(1 + \frac{1}{n}\right)^n$

Verzinsung pro ...	Monat	Tag	Stunde	Minute	Sekunde
n	12	365	8760	525600	31536000
$\left(1 + \frac{1}{n}\right)^n$	2,6130352	2,7145674	2,7181266	2,7182792	2,7182824

Das Vermögen strebt gegen e-Millionen, also ca. 2,718279 Millionen.

c) $K_0 = 1; p = 100; t = 1 \Rightarrow K(1) = e^1 = e$

209

34. *Die Zahl e als Grenzwert einer Folge*

a) Die Aussage begründet sich durch Probieren, indem für h entsprechend kleine Werte eingesetzt werden. Oder aber wir nutzen als Voraussetzung $e^h = 1 + h$.

Dann gilt: $\frac{e^h - 1}{h} = \frac{1 + h - 1}{h} = \frac{h}{h} = 1 \xrightarrow{h \to 0} 1$

b) Ab einem Wert $n = 10^7$ wird die Eulersche Zahl auf sechs Stellen genau.

c) Mona betrachtet zunächst nur die Basis, die nie exakt 1 werden kann und immer etwas größer als 1 ist. Dann potenziert sie diese und erhält Wachstum über alle Grenzen.

Jannik macht zunächst den Grenzübergang für die Basis und erhält $1 + \frac{1}{n} \xrightarrow{n \to \infty} 1$. Im zweiten Schritt potenziert er dann und erhält $\lim_{n \to \infty} = 1$.

Der Fehler liegt darin, dass bei dem unendlichen Produkt nicht die gleichzeitige Entwicklung von Basis und Exponent berücksichtigt wird: Kleiner werdende Faktoren und größer werdende Anzahl.

35. *Die Zahl e als Grenzwert einer Reihe*

a)

Bedingungen	Interpolationspolynom
$f(0) = 1$ und $f'(0) = 1$	$p(x) = 1 + x$
... und $f''(0) = 1$	$p(x) = 1 + x + \frac{1}{2}x^2$
... und $f'''(0) = 1$	$p(x) = 1 + x + \frac{1}{2}x^2 + \frac{1}{6}x^3$
... und $f^{(4)}(0) = 1$	$p(x) = 1 + x + \frac{1}{2}x^2 + \frac{1}{6}x^3 + \frac{1}{24}x^4$
... und $f^{(5)}(0) = 1$	$p(x) = 1 + x + \frac{1}{2}x^2 + \frac{1}{6}x^3 + \frac{1}{24}x^4 + \frac{1}{120}x^5$

b) Die Polynome $p(x)$ nähern sich mit steigendem Grad der Funktion $f(x) = e^x$.

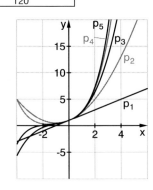

209 35. Fortsetzung

c) Wir setzen x = 1 und erhalten die Näherungsformel: $e \approx \sum\limits_{k=0}^{n} \frac{1}{k!}$

$n = 1$: $e \approx \frac{1}{0!} + \frac{1}{1!} = 2$

$n = 5$: $e \approx \frac{1}{0!} + \frac{1}{1!} + \frac{1}{2!} + \frac{1}{3!} + \frac{1}{4!} + \frac{1}{5!} \approx 2{,}716...$

$n = 10$: $e \approx \frac{1}{0!} + \frac{1}{1!} + \frac{1}{2!} + \frac{1}{3!} + \frac{1}{4!} + \frac{1}{5!} + \frac{1}{6!} + \frac{1}{7!} + \frac{1}{8!} + \frac{1}{9!} + \frac{1}{10!} \approx 2{,}7182818...$

5.3 Wachstum

211 1. *Abbauprozesse*

a)

Zeit (h)	Narkotikum (mg)	Alkohol (g)
0	400	80
1	320	73
2	256	66
3	204,8	59
4	163,84	52
5	131,07	45
6	104,86	38
⋮	⋮	⋮
10	42,95	10

b) Narkotikum:

$N(t) = 400 \cdot 0{,}8^t = 400 \cdot e^{\ln(0{,}8 t)}$

$\quad\ = 400 \cdot e^{-0{,}223 t}$

Alkohol: $A(t) = 80 - 7t$

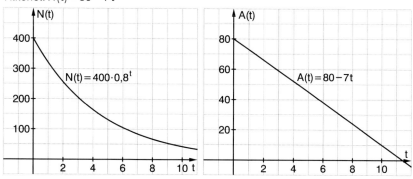

N(t): Zunächst stark, dann schwach   A(t): Nach ca. 10 Stunden weg
  abnehmend langfristiger Abbau

$N'(t) = -0{,}223 \cdot 400 \cdot e^{-0{,}223 t} = -0{,}223 \cdot N(t)$

$A'(t) = -7$

Die Ableitung von N ist ein Vielfaches von N.

Die Änderung des Bestandes an Alkohol ist konstant.

c) $N(t) = 600 \cdot e^{-0{,}223 t}$

(A) $N'(t) = -0{,}223 \cdot 600 \cdot e^{-0{,}223 t} = -0{,}223 \cdot N(t)$

$A(t) = -7t + 100$

(B) $A'(t) = -7$

Die Gleichungen (A) und (B) sind auch für alle anderen Anfangsdosen erfüllt.

212

2. *Von Heuschrecken und Nashörnern*

a) Heuschrecken: $f(x) = 1000 \cdot 1{,}3^x$; Nashörner: $h(x) = 200 \cdot 0{,}9^x$

b) Heuschrecken: $A = 1000$; $\ln(1{,}3) = 0{,}26236\ldots$

Nashörner: $A = 200$; $\ln(0{,}9) = -0{,}10536\ldots$: $h(x) = 200 \cdot e^{-0{,}1054\,x}$

c) $1000 \cdot e^{\ln(1{,}3)x} = 300\,000\,000\,000 \quad \Rightarrow \quad x \approx 74{,}4$

Nach noch nicht einmal 1,5 Jahren wäre die Rekordzahl erreicht. Das Modell ist aber mit sehr hoher Wahrscheinlichkeit nicht für so einen langen Zeitraum angemessen.

$200 \cdot e^{-0{,}1054\,x} = 100 \quad \Rightarrow \quad x = \dfrac{\ln(0{,}5)}{-0{,}1054} = 6{,}5763\ldots$

Halbierung des Bestandes nach ca. 6,5 Jahren.

3. *Bisonbestände*

a) 1902: $x = 0$

(1) Rechnerisch:

Zum Beispiel mit $(0\,|\,44)$ und $(25\,|\,1008)$:

$k = \dfrac{\ln\left(\frac{1008}{44}\right)}{25} \approx 0{,}1253$:

$f_1(x) = 44 \cdot e^{0{,}1253x}$

(2) Grafisch mit Schiebereglern:

$f_2(x) = 46 \cdot e^{0{,}12x}$

(3) Exponentielle Regression:

$f_3(x) = 53{,}2 \cdot 1{,}1256^x = 53{,}2 \cdot e^{0{,}1183x}$

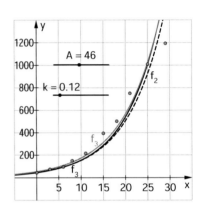

b) Beispiel: Quadratische Funktion mit $(0\,|\,44)$ und $(25\,|\,1008)$:

$p_1(x) = 1{,}5424\,x^2 + 44$

Beispiel: Kubische Funktion mit $(8\,|\,149)$ und $(21\,|\,748)$:

$512\,c + d = 149$

$9261\,x + d = 748$

$p_2(x) = 0{,}0685\,x^3 + 114$

Kubisches Modell passt nicht gut.

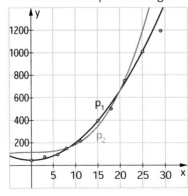

c) Kein Modell aus b) passt langfristig.

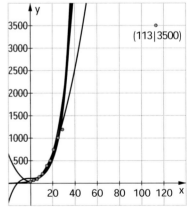

214

4. *Von der prozentualen Zunahme/Abnahme zur Wachstumsfunktion*

	Wachstumsfaktor	Funktion
(1)	1,04	$f(x) = A \cdot e^{\ln(1,04)x} = A \cdot e^{0,0392x}$
(2)	0,88	$f(x) = A \cdot e^{\ln(0,88)x} = A \cdot e^{-0,1278x}$
(3)	3	$f(x) = A \cdot e^{\ln(3)x} = A \cdot e^{1,0986x}$
(4)	0,5	$f(x) = A \cdot e^{\ln(0,5)x} = A \cdot e^{-0,6931x}$

5. *Von der Wachstumskonstanten zum Wachstumsfaktor und Prozentsatz*
   (1) $k = 0,3 = \ln(b) \Rightarrow b = e^{0,3} = 1,35$; $p = 35\%$; $A = 100$
   (2) $k = -0,002 = \ln(b) \Rightarrow b = 0,998$; $p = -0,2\%$; $A = 5$
   (3) $k = 4 = \ln(b) \Rightarrow b = 54,598$; $p = 5359\%$; $A = 1$
   (4) $k = 0,0158 = \ln(b) \Rightarrow b = 1,016$; $p = 16\%$; $A = 25$

6. *Zusammenhang zwischen Wachstumskonstante und Prozentsatz*
   $k = \ln(b) = \ln\left(1 + \frac{p}{100}\right)$
   Für $p \le 20\%$ stimmen die beiden Funktionen $k^*(p)$ und $k(p)$ fast überein. Je größer p ist, desto größer der Unterschied.

7. *Bakterien*
   a) $A = 10000$; $k = 0,15 = \ln(b) \Rightarrow b = 1,16 \Rightarrow p = 16\%$;
      $f(x) = 10000 \cdot e^{0,15x}$
   b) $f(7) = 28577$ (1 Woche); $f(30) = 900171 \approx 900000$ (1 Monat)
   c) $f'(x) = 1500\,e^{0,15x}$

	1. Woche	2. Woche	3. Woche	1. Monat
mittlere Änd.rate	$\frac{f(7) - f(0)}{7}$ $= 2654$	$\frac{f(14) - f(7)}{7}$ $= 7584$	$\frac{f(21) - f(14)}{7}$ $= 21671$	$\frac{f(30) - f(0)}{30}$ $= 29672$
momentane Änd.rate	$f'(7) = 4286$	$f'(14) = 12249$	$f'(21) = 35004$	$f'(30) = 135026$

Die mittlere Änderungsrate liegt immer zwischen den momentanen Änderungs-raten der Intervallgrenzen (z. B. $4286 < 7584 < 12249$).

215

8. *Halbwertszeit*
   a) Wir gehen von einer Ausgangsmenge A aus mit $\frac{A}{2} = Ae^{-kt_H}$.
      Gleichung nach t_H auflösen: $t_H = \frac{\ln(2)}{k}$
   b) Wäre die Zerfallskonstante k nicht umgekehrt proportional zur Zeit t, dann hätte man ein Problem mit den Einheiten im Argument der e-Funktion, welches „Einheitenneutral" ist.

9. *Plutonium*

a)
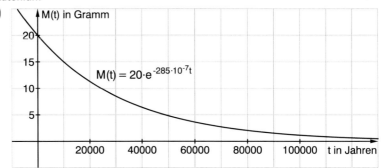

b) Wir setzen für $t = 1000$ Jahre und erhalten $M(1000) \approx 19,4\,g$.
   Um die Zeit zu bestimmen, nach der noch 1 g vorhanden ist, rechnen wir
   $1 = 20\,e^{-285 \cdot 10^{-7}t}$ und lösen nach t auf: $t \approx 105\,000$ Jahre

c) Wir nutzen die Formel $t_H = \frac{\ln(2)}{k}$ und erhalten $t_H \approx 24\,320$ Jahre. Alternativ können
   Sie 10 g für den Funktionswert M(t) einsetzen und nach t auflösen.

10. *Eine Mumie und ein Grabtuch*

a) $k = \frac{\ln\left(\frac{1}{2}\right)}{5700} = -0,0001216$

   $f(x) = A \cdot e^{-0,0001216x}$

b) $e^{-0,0001216 \cdot 5200} = 0,53;$ ca. 53 % vom ursprünglichen Wert

c) $e^{-0,0001216x} = 0,92 \Rightarrow x = 685;$ das Tuch ist ca. 700 Jahre alt, also nicht das
   Grabtuch von Jesus.

11. *Verdoppelungszeit*

a) Wir gehen von einer Ausgangsmenge A aus und verdoppeln diese als Funktionswert:

   $2A = Ae^{kt_D};$ Gleichung nach t_D auflösen: $t_D = \frac{\ln(2)}{k}$

   Die Gleichungen zur Verdopplungs- und zur Halbwertszeit sind identisch. Dies
   liegt daran, dass sich das negative Argument der e-Funktion beim Logarithmieren
   mit dem Funktionswert gerade wieder aufhebt (siehe Aufgabe 8).

b) • Bei einem Bevölkerungswachstum von 1,7 % pro Jahr ergibt sich eine Wachs-
     tumskonstante von $k = \ln(1,017)$. Damit folgt $t_D \approx 41$ Jahre.
   • 1 % Wachstum entsprechen $k_1 = \ln(1,01)$ und damit $t_{D_1} \approx 70$ Jahre.
     2 % Wachstum entsprechen $k_2 = \ln(1,02)$ und damit $t_{D_2} \approx 35$ Jahre.
   • Für die Wachstumsgeschwindigkeit gilt zu Beginn: $f'(0) = A \cdot k \cdot e^{k \cdot 0} = A \cdot k$

     Einsetzen: $t_D = \frac{\ln(2)}{k} \Rightarrow f'(t_D) = A \cdot k \cdot e^{k \cdot \frac{\ln(2)}{k}} = A \cdot k \cdot e^{\ln(2)} = A \cdot k \cdot 2$

     Die Wachstumsgeschwindigkeit verdoppelt sich in der Zeit t_D.

216

12. *Exponentielles und lineares Wachstum*
   a) $f(x) = 80 \cdot 1{,}15^x = 80 \cdot e^{\ln(1{,}15)x} = 80 \cdot e^{0{,}14x}$; exponentielles Wachstum
   b) $f(x) = -0{,}5x + 24$; lineares Wachstum
   c) $f(x) = A \cdot 0{,}95^x = A \cdot e^{\ln(0{,}95)x} = A \cdot e^{-0{,}051x}$; exponentielles Wachstum
   d) $f(x) = 13 \cdot 0{,}95^x = 13 \cdot e^{-0{,}051x}$; exponentielles Wachstum
   e) $f(x) = 50x$ (in l) $= 0{,}05x$ (in m³); $f'(x) = 0{,}05$; $A = 0$; lineares Wachstum
   f) $f(x) = 5000 \cdot 1{,}025^x = 5000 \cdot e^{0{,}0247x}$; exponentielles Wachstum

13. *Seerosen*
   Der See ist ein Jahr bevor er ‚stirbt' halbvoll mit Seerosen bedeckt. Zu diesem Zeitpunkt ist er also schon kurz vorm Umkippen. Wer das exponentielle Wachstumsprin-
   zip kennt, weiß dies, wer linear denkt, vermutet, dass der See auch erst seine halbe
   Lebenszeit hinter sich hat. Mit VON DITFURTH: Die Natur zählt exponentiell.

14. *Bevölkerung und Nahrungsmittel*
   - MALTHUS erlebte starkes (vielleicht eben exponen-
     tielles) Bevölkerungswachstum; er wusste, dass dieses
     Wachstum stärker (‚linksgekrümmte Kurven') als
     lineares ist. In landwirtschaftlicher, oft technikfreier
     Umgebung erscheint Nahrungsmittelproduktion dann
     auch eher linear zu verlaufen (Verdopplung des
     Arbeitseinsatzes führt zu Verdopplung der Produktion).
   - Es folgt, dass das Bevölkerungswachstum irgendwann
     die Produktion übersteigt. Der „Krisenpunkt" könnte der Schnittpunkt der Kurven
     sein.
   - Die später einsetzende Industrialisierung ermöglichte effektivere Nahrungsmittel-
     produktion etc.

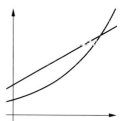

217

15. *Ein Zeitungsartikel aus dem Jahr 1997*
   a) Mit exponentieller Regression:
   $$f(x) = 0{,}200586 \cdot 1{,}8776^x$$
   $$= 0{,}200586 \cdot e^{\ln(1{,}8776)x} \approx 0{,}2 \cdot e^{0{,}63x}$$
   mit $A = 0{,}2$ und Messwert:
   (1) $(5|4{,}9)$: $f(x) = 0{,}2 \cdot e^{kx}$ (2) $(7|16{,}1)$: $f(x) = 0{,}2 \cdot e^{kx}$
             $4{,}9 = 0{,}2 \cdot e^{5k}$ $16{,}1 = 0{,}2 \cdot e^{7k}$
             $\Rightarrow$ $k = \frac{1}{5}\ln(24{,}5) \approx 0{,}64$ $\Rightarrow$ $k \approx 0{,}627$
         $f(x) = 0{,}2 \cdot e^{0{,}64x}$ $f(x) = 0{,}2 \cdot e^{0{,}627x}$
   b) Prognose 2010: $0{,}2 \cdot e^{0{,}63 \cdot 20} \approx 59\,311$
   Es sind ca. 59 Milliarden Rechner unmöglich.
   Das Modell dafür (Prognose) ist nicht mehr geeignet.
   Quotienten: $\frac{0{,}4}{0{,}2} = 2$; $\frac{0{,}7}{0{,}4} = 1{,}75$; $\frac{1{,}3}{0{,}7} = 1{,}86$; $\frac{16{,}1}{9{,}5} = 1{,}7$; $\frac{2{,}2}{1{,}3} = 1{,}7$; $\frac{4{,}9}{2{,}2} = 2{,}23$; $\frac{9{,}5}{4{,}9} = 1{,}94$
   $\Rightarrow$ Quotienten ungefähr konstant, also ist exponentielles Modell angemessen.

217

16. *Hundewelpen*

Nach Augenmaß können Gerade, Parabel und Exponentialfunktion passen.

- Gerade: $m = \frac{1{,}82 - 0{,}61}{7 - 1} = \frac{1{,}21}{6} \approx 0{,}2017$; $g(x) = 0{,}2017\,x + 0{,}4$

- Parabel: $SP(1\,|\,0{,}61)$; $P(x) = a(x - 1)^2 + 0{,}61$
$$1{,}82 = a(7 - 1)^2 + 0{,}61 \Rightarrow a = 0{,}034$$
$$P(x) = 0{,}034\,(x - 1)^2 + 0{,}61$$

- Exponentialfunktion:
$$E(0) = 0{,}5 \qquad E(x) = 0{,}5 \cdot e^{kx}$$
$$1{,}82 = 0{,}5 \cdot e^{7k} \Rightarrow k = \frac{1}{7}\ln(3{,}64) \approx 0{,}185$$
$$E(x) = 0{,}5 \cdot e^{0{,}185x}$$

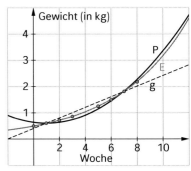

- Prognosen:

x	g(x)	P(x)	E(x)
15	3,43	7,27	8,02
30	6,46	29,2	128,62 (absurd)

Mittelfristig sind alle 3 Modelle unpassend, weil es ein Maximalgewicht gibt.

218

17. *Windkraftanlagen*

a) Die kumulierte Leistung ist die aufsummierte Leistung der jährlichen Installationen. Damit sind die „blauen Balken" die Ableitung der roten Kurve. Nach Augenmaß passt zu beiden („installiert", „kumuliert") derselbe Funktionstyp. f und f′ stimmen vom Typ her bei Exponentialfunktionen überein.
Installierte Leistung:

Jahr	bis 1990	1991– 1992	1993– 1994	1995– 1996	1997– 1998	1999– 2000	2001– 2002
Leistung (in MW)	55	118	445	928	1325	3233	5890

Mittelwert der Quotienten: $\frac{1}{6}\left(\frac{118}{55} + \frac{445}{118} + \frac{928}{445} + \frac{1325}{928} + \frac{3233}{1325} + \frac{5890}{3233}\right) = 2{,}28$

$\Rightarrow b^2 = 2{,}28 \Rightarrow b \approx 1{,}5$

$\Rightarrow \ln(1{,}5) \approx 0{,}4 \qquad \Rightarrow f_1(x) = 55 \cdot e^{0{,}4x}$

Kumulierte Leistung:

$A = 55$; Wahl eines Messwertes: $(10\,|\,6104)$

$\Rightarrow 6104 = 55 \cdot e^{10k} \Rightarrow k = \frac{1}{10}\ln\left(\frac{6104}{55}\right) \approx 0{,}47$

$\Rightarrow f_2(x) = 55 \cdot e^{0{,}47x}$

Anmerkung: $f_2{'}(x) = 25{,}85 \cdot e^{0{,}47x}$ passt tatsächlich auch gut zu den jährlichen Installationen.

b) Prognosen (2009): $\left.\begin{array}{l} f_1(19) = 109\,900 \\ f_2(19) = 415\,539 \end{array}\right\}$ Die Prognosen sind wohl absurd.

218

18. *Ein Fischbestand – drei Modelle*

    a) A und B passen sehr gut zu den Datenpunkten, C nach vier Jahren nicht mehr so gut.

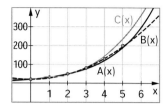

    b)

	A	B	C
nach 3 Jahren	$A(3) \approx 77$	$A(3) \approx 83$	$A(3) \approx 84$
nach 5 Jahren	$A(5) \approx 190$	$A(3) \approx 195$	$A(3) \approx 236$
Wann 800 Fische?	nach ca. 8,2 Jahren	nach ca. 10,6 Jahren	nach ca. 8,2 Jahren

    Langfristig wird kein Modell passen, in den ersten 5 Jahren passen A und B ziemlich gleich gut.

    b) Schon nach 5 Jahren unterscheiden sich die Prognosen erheblich, bei noch längerfristigen Prognosen werden die Unterschiede noch größer, obwohl die Datenpassung bei allen drei Modellen annähernd gleich gut ist, die Prognosen sind also annähernd gleich gut begründet, wenn man die Datenpassung als alleiniges Kriterium nimmt.

19. *Eine seltene Tierart*

    a) A: (1) Benutzung eines Messwertes:

$$(4 \mid 92): 92 = 30e^{4k} \Rightarrow k = \frac{\ln\left(\frac{46}{15}\right)}{4} \approx 0{,}28;$$
$$A_1(x) = 30 \cdot e^{0{,}28x}$$

    (2) Mit exponentieller Regression:
$$A_2(x) = 33{,}8 \cdot e^{0{,}247x}$$

    B: Benutzung von zwei Messwerten:

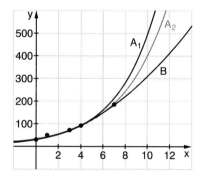

$$\left.\begin{array}{ll}(3 \mid 72): & 72 = 9a + 3b + 30 \\ (7 \mid 185): & 185 = 49a + 7b + 30\end{array}\right\} \text{LGS}$$

$$\Rightarrow a = \frac{57}{28} \approx 2 \quad \text{und} \quad b = \frac{221}{28} \approx 7{,}9$$

$$B(x) = 2x^2 + 7{,}9x + 30$$

    Es passen verschiedene Funktionen und auch verschiedene Funktionstypen gleich gut zu den Daten.

    b) $A_1(12) \approx 864$; $A_2(12) \approx 655$; $B(12) \approx 413$

    $A_1(x) = 1500 \Rightarrow x \approx 14$

    $A_2(x) = 1500 \Rightarrow x \approx 15{,}4$

    $B(x) = 1500 \Rightarrow x \approx 25{,}2$

    Die Prognosen für die Anzahl in 12 Jahren schwankt nicht nur beim Wechsel des Funktionstyps, sondern auch innerhalb desselben Funktionstyps. Das gleiche gilt für den Zeitraum, wenn es 1500 Tiere sein sollen.

218 19. Fortsetzung

c) Bei A sind die Verdopplungszeiten konstant:

$$A_1: x_D = \frac{\ln(2)}{0{,}28} \approx 2{,}48 \qquad A_2: x_D = \frac{\ln(2)}{0{,}247} \approx 2{,}8$$

Bei B nehmen die Verdopplungszeiten zu, das quadratische Wachstum ist nicht so stark wie das exponentielle:

x	0	2,4	5	8,5	13,2
Anzahl	30	60	120	240	480
Verdopplungszeit	–	2,4	2,6	3,5	4,7

219 20. *Smartphones, Sonnenblumen, ein Gerücht und Säugetiere*

a)

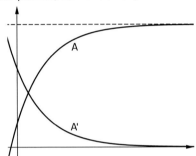 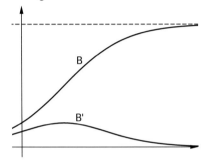

A: Stärkstes Wachstum zu Beginn, dann zunehmend abnehmende Wachstumsgeschwindigkeit, Einpendeln bei Grenze.

B: Zunächst zunehmende Wachstumsgeschwindigkeit, dann Punkt mit höchster Wachstumsgeschwindigkeit (Wendepunkt), danach abnehmendes Wachstum bis Einpendeln bei Grenze.

b) (1) (A): Bei Markteinführung größte Verkaufsraten.

(2) (B): Zunächst langsames Wachsen (vom Keim zur Pflanze), dann schnelleres Wachstum.

(3) (B): Zunächst erfahren es nur wenige, dann immer mehr, bis man immer mehr auf Mitschüler trifft, die es schon kennen, so dass Wachstumsrate wieder abnimmt, bis (fast) alle Schüler das Gerücht kennen.

(4) (A): Zunächst wird man viele Tiere schnell nennen können, dann fallen einem zunehmend weniger ein, bis der Person alle ihr bekannten Tiere genannt sind.

219

21. *Absatz eines TV-Geräts*

a) Wenn die Verkaufsrate zu Beginn am größten ist, heißt dies, dass die erste Ableitung positiv und abnehmend ist, also die Verkaufskurve rechtsgekrümmt ist. Weil 20 000 die Grenze ist, ist y = 20 000 auch waagerechte Asymptote.

Für $f(x) = -18 \cdot e^{-0,15x} + 20$ gelten $f(0) = 2$ (2000 Verkäufe bei Markteinführung) und $f(x) \xrightarrow[x \to \infty]{} 20$.

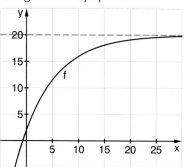

b) $f(10) = 15,98$: Nach 10 Monaten sind ca. 16 000 Geräte verkauft.

$f'(10) \approx 0,602$

(Verkaufsrate nach 10 Monaten)

$-18 \cdot e^{-0,15x} + 20 = 10$

$\Rightarrow \quad x = -\frac{20}{3} \ln\left(\frac{5}{9}\right) \approx 3,92$

Nach ca. 4 Monaten ist die Hälfte der Geräte verkauft.

$f'(4) \approx 1,482$ (Verkaufsrate nach 4 Monaten)

220

22. *Abkühlung und Erwärmung*

a) (1) Abkühlung

(2) Erwärmung

Anfangswerte: $f(0) = 70 \cdot e^0 + 20 = 90$;

$g(0) = -18 \cdot e^0 + 25 = 7$

Verhalten für $x \to \infty$:

Wegen $\lim\limits_{x \to \infty} e^{-x} = 0$ gilt:

$f(x) \xrightarrow[x \to \infty]{} 20$

$g(x) \xrightarrow[x \to \infty]{} 25$

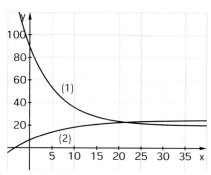

b) (1) Anfangstemperatur: 90 °C; Raumtemperatur: 20 °C

(2) Anfangstemperatur: 7 °C; Raumtemperatur: 25 °C

(1) k: Isolierfähigkeit des Behälters, in dem z. B. Kaffee abkühlt

(2) Unterschiedliche Erwärmungsgeschwindigkeit, z. B. Sonneneinstrahlung

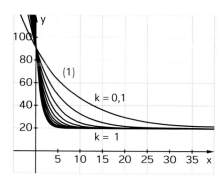

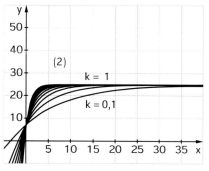

220 23. *Lungenuntersuchung*

a)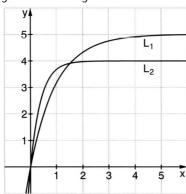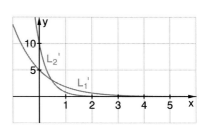

L_1 atmet nicht so schnell ein wie L_2, hat dafür aber größeres Atemvolumen (Grenze bei 5 l statt 4 l bei L_2). Bei beiden ist die Geschwindigkeit des Einatmens („Einatmungsrate") zu Beginn des Einatmens am größten.

b) $L_1'(x) = 5e^{-x}$; $L_2'(x) = 10e^{-2,5x}$

Beide Ableitungen sind monoton fallend. L_2 hat zu Beginn ($x = 0$) eine größere Änderungsrate. Präzisierung der Beschreibung aus a): Der Rückgang der Einatmungsgeschwindigkeit ist bei L_2 schneller, nach ca. einer halben Sekunde atmet L_1 schneller als L_2 ein (L_2' oberhalb von L_1').

c) Die Gleichung $L_1(x) = L_2(x)$ lässt sich nur grafisch-numerisch lösen, man erhält $x \approx 1,52$. Nach ca. 1,5 Sekunden haben beide Personen die gleiche Menge Luft eingeatmet.
$L_1'(1,5) \approx 1,1 \frac{l}{s}$; $L_2'(1,5) \approx 0,24 \frac{l}{s}$
Die Einatmungsgeschwindigkeit von L_1 ist zu diesem Zeitpunkt ungefähr viermal so groß wie die von L_2.

d) $(1) \rightarrow (A)$; $(2) \rightarrow (B)$
V: Maximales Atemvolumen; k: Maß für Geschwindigkeit des Einatmens

220

24. *Sonnenblumen*

a) Wegen der Rechtskrümmung ab ca. 30–40 Tagen passt exponentielles Wachstum nicht, wegen der Linkskrümmung zu Beginn passt begrenztes Wachstum nicht.

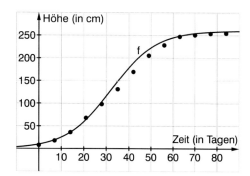

b) Die Pflanze wächst nach diesem Modell 260 cm hoch

$$\left(\lim_{x \to \infty} f(x) = \frac{260}{1+0} = 260\right).$$

Ungefähr am 32. Tag (nach etwa einem Monat) ist die Wachstumsgeschwindigkeit am größten, die Pflanze hat mit ca. 130 cm dann auch

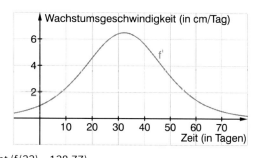

die halbe maximale Höhe erreicht ($f(32) \approx 128{,}77$).

25. *Ein Gerücht*

a) Sinnvolle Modellierung, weil Zunahme der Schüler, die Gerücht kennen, abnimmt, weil man zunehmend auf Schüler trifft, die das Gerücht schon kennen. Am Anfang sagt jeder verschiedenen Mitschülern das Gerücht, sodass hier annähernd exponentielles Wachstum sinnvoll ist.

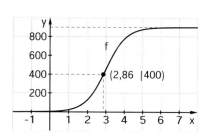

b) $f(0) = 4$; $f(2) = 126{,}4\ldots$ (ca. 126 Schüler); $f(4) = 771{,}05\ldots$ (ca. 770 Schüler)

c) Nach knapp 3 Stunden ($x = 2{,}88$) kennen 400 Schüler das Gerücht. Die Maximalanzahl an Schülern, die das Gerücht erfahren, beträgt 900.

Begründung: Mit $\lim_{x \to \infty} e^{-1{,}8x} = 0$ gilt $\lim_{x \to \infty} f(x) = 900$.

221

26. *Kresse*

a)
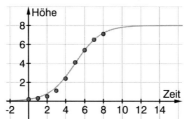

b)/c) Ableitung mit Sekantensteigungsfunktion annähern.

Die Kresse wächst am 7. Tag stärker als am 2. Tag und am 5. Tag am stärksten. Sie ist dann ca. 4 cm hoch (f(5) ≈ 4,03).

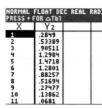

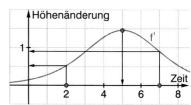

27. *Bakteriophagen*

(1) Annahmen: Es gibt keine Überlebenden, also ist $G = 0$.

$f(x) = A \cdot e^{-kx}$

(A) Regression: $f(x) = 101,98 \cdot 0,7912^x$

$\qquad\qquad\quad f(x) \approx 102 \cdot e^{-0,234x}$

(B) mit 2 Messwerten:

I $\quad(1|80): 80 = A \cdot e^{-k}$

II $\quad(4|40): 40 = A \cdot e^{-4k} \quad\Rightarrow\quad A = 40 \cdot e^{4k}$

in I: $80 = 40 \cdot e^{4k} \cdot e^{-k} = 40 \cdot e^{3k} \quad\Rightarrow\quad k \approx 0,231$

$A = 40 \cdot e^{0,924} \approx 100,77$

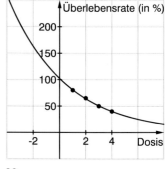

(2) Annahmen: Es überleben immer 20%, also ist $G = 20$.

$f'(x) = k \cdot (20 - f(x)); f(x) = (A - 20) \cdot e^{-kx} + 20$

(A) Ansatz: „Messwerte − 20" → exponentielle Regression

$\qquad\qquad\qquad\qquad\qquad$ → Funktion um + 20 in y-Richtung verschieben

Basis	1	2	3	4
Überlebensrate	60	45	30	20

Also: $g_1{}^*(x) = 90 \cdot 0,691^x = 90 \cdot e^{-0,371x}$

$\Rightarrow \quad g_1(x) = 90 \cdot e^{-0,371x} + 20$

($f(0) = 110$, das passt hier nicht)

Korrektur: $f(0) = 100$ als Messwert dazu,

also für exponentielle Regression mit $(0|80)$:

$g_2(x) = 84 \cdot e^{-0,3467x} + 20$

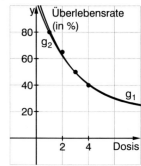

221

20. Fortsetzung

Da alle Modelle sehr gut zu den Daten passen, lässt sich aus den Daten kein sicherer Rückschluss auf die Restmenge an Überlebenden machen.

Umgekehrt: Je nach Modellansatz erhält man unterschiedliche Prognosen. Pointiert ausgedrückt: Wer hofft, dass keine Bakteriophagen überleben, findet genauso ein passendes Modell, wie derjenige, der meint, dass 20 % überleben.

222

28. *Windenergie*

1992: x = 0

Der maximale Zubau markiert den Wendepunkt der Wachstumsfunktion. Die kumulierte Funktion ist die Integralfunktion zur Funktion, die die jährlich installierte Leistung, also den Zubau beschreibt. Damit wäre (10|12000) ein sinnvoller Wendepunkt, allerdings ist dann G = 24000, was nicht zu dem Messwert (17|25777) passt. Wählt man stattdes-

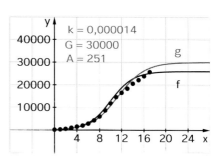

sen (10|13000) als Wendepunkt, erhält man G = 26000. Mit A = 200 erhält man:

$$10 = \frac{\ln\left(\frac{26\,000}{200} - 1\right)}{26\,000\,k} \quad \Rightarrow \quad k = \frac{\ln(129)}{10 \cdot 26\,000} \approx 0{,}00001869\text{, also}$$

$$f(x) = \frac{5\,200\,000}{200 + 25\,800\,e^{-0{,}486x}}$$

Auch für G = 30000 findet man noch eine gut passende Funktion, z. B. mit dynamischem Funktionsplotter (g(x)). Der Bestand wird sich in den nächsten Jahren zwischen 26000 und 30000 stabilisieren.

Kopfübungen

1 $\dfrac{a}{b} + \dfrac{b}{a} = \dfrac{a^2 + b^2}{ab}$

2 a) Eine Gerade durch den Punkt (0|1|0) parallel zur x_3-Achse.

   b) Eine Ebene durch den Punkt (2|0|0) parallel zur $x_2 x_3$-Ebene.

3 a) Für f(x): $x = -\dfrac{1}{3}$

   b) Für g(x): $x = -0{,}1$

   c) h(x) hat keine Nullstellen, denn $3 \cdot e^{2x} > 0$ und $x^2 \geq 0$ für alle $x \in \mathbb{R}$. Die Summe ist also stets positiv.

4 $P(X \geq 1) \leq 0{,}99 \;\Rightarrow\; P(X = 0) < 0{,}01$

   $\Rightarrow P(x = 0) = \binom{n}{0} \cdot 0{,}5^0 \cdot 0{,}5^{n-0} = 0{,}5^n < 0{,}01$

223

29. *Wachstum der Weltbevölkerung*

a) 0,2 → 0,4: 550 Jahre
0,4 → 0,8: 500 Jahre
0,8 → 1,6: ca. 150 Jahre
1,6 → 3,2: ca. 70 Jahre

⎫
⎬
⎭
Wenn exponentiell, dann müssen die
Verdoppelungszeiträume konstant sein. (1)

(1) Regression:

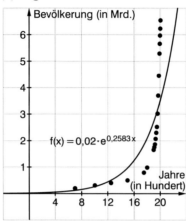

$$f(x) = 0,02 \cdot e^{0,2583x}$$

(2) Mit Schiebereglern kann man annähernd gut passende Exponentialfunktion finden, allerdings sind die Koeffizienten wenig ‚realistisch'.

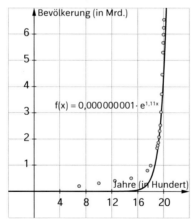

$$f(x) = 0,000000001 \cdot e^{1,11x}$$

223

29. Fortsetzung

b) linear: $y = 0{,}056x - 0{,}19$

exponentiell: $y = 0{,}06 \cdot e^{0{,}1505x}$

Schnelles Wachstum bei exponentiellem Wachstum wirkt sich zu Beginn noch nicht aus.

Mit Ansatz $f(x) = a \cdot e^{kx} + b$ kann man mit Parametervariation (Schiebereglern) z. B. finden:

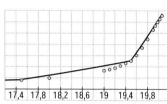

$$f(x) = \begin{cases} 0{,}06\,e^{0{,}15x} & 0 \le x < 17{,}5 \\ e^{0{,}11x} - 6 & 17{,}5 \le x \le 19{,}5 \\ 1{,}5\,e^{0{,}17x} - 38{,}7 & 19{,}5 < x \le 20{,}06 \end{cases}$$

Die Verbindungen sind nicht knickfrei, die Passung meist nur mäßig gut. In gleicher Weise sinnvoll wären hier lineare Verbindungen (vgl. Bemerkung oben).

Weil man je nach Änderung der Daten immer eine passende Funktion findet, flickt man entsprechende Funktionen an, die aber dann nur zu bestehenden Daten passen, also keine Prognosen ermöglichen.

c) Die Verdopplungszeiträume werden immer kürzer (vgl. a), daher liegt stärkeres Wachstum als exponentielles Wachstum vor.

$f(x)$ hat bei $x = 20{,}8$ eine Definitionslücke.

$f(x) \underset{x \to 20{,}8}{\to} \infty$

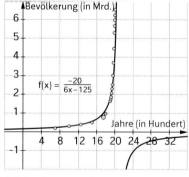

d) (1) $f'(x) = k \cdot A \cdot e^{kx} = k \cdot f(x)$

(2) $f'(x) = \dfrac{120}{(6x - 125)^2} = \dfrac{0{,}3 \cdot 400}{(6x - 125)^2} = 0{,}3\,(f(x))^2$

Die Weltbevölkerung würde nach diesem Modell in einem endlichen Zeitraum (bis 2080) über alle Grenzen wachsen.

30. *Einflüsse bei der Abkühlung und Erwärmung*

(1) $f_G{}'(x) = 0{,}1 \cdot (G - f_G(x))$

$f_G(0) = 85$

$f_G(x) = (85 - G) \cdot e^{-0{,}1x} + G$

Die Raumtemperatur („Grenztemperatur") wird variiert.

Die Temperaturentwicklung entspricht der Erwartung, zunächst wenig Auswirkung der Raumtemperatur.

Die Raumtemperatur wird annähern nach gleicher Zeit erreicht.

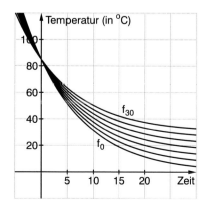

223

30. Fortsetzung

(2) $f_k'(x) = k \cdot (20 - f_k(x))$
$f_k(0) = 85$

$f_k(x) = 65 \cdot e^{-kx} + 20$

k reguliert die Isolierfähigkeit.
Je größer k, desto geringer die
Isolierung.
Entsprechend schneller wird die
Raumtemperatur erreicht.

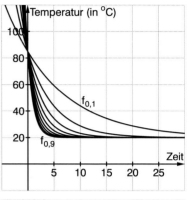

(3) $f_A'(x) = 0,1 \cdot (20 - f_A(x))$
$f_A(0) = A$

$f_A(x) = (A - 20) \cdot e^{-0,1x} + 20$

Wenn die Anfangstemperatur ober-
halb der Raumtemperatur liegt, ist es
Abkühlung, wenn sie unterhalb liegt,
Aufwärmung.
Die Raumtemperatur wird annähernd
nach gleicher Zeit erreicht.

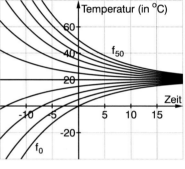

224

31. *Ein sozialwissenschaftlich-psychologisches Experiment*
Anmerkung: Das Experiment sollte unmittelbar nach Bekanntgabe durchgeführt werden, damit nicht schon vorher Tiere assoziiert werden.

a) –

b) Berechnung mit vorgegebener Tabelle:

$C = 65$: $N(t) = 65 \cdot (1 - e^{-mt}) = -65 \cdot e^{-mt} + 65$
$(10|50)$: $50 = 65 \cdot (1 - e^{-10m})$

$\Rightarrow \quad m = -\frac{1}{10}\ln\left(\frac{3}{13}\right) \approx 0,1466$

$N(t) = -65 \cdot e^{-0,1466t} + 65$

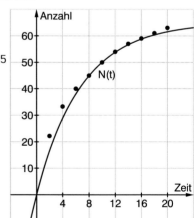

224 **32.** *Geschwindigkeit, Vermehrung und Verkäufe*

a) (A)–(E)–(2); (B)–(D)–(3); (C)–(F)–(1)

b) (1) $f_1(x) = 2x + c$; (2) $f_2(x) = \frac{1}{4}x^2 + c$; (3) $f_3(x) = e^{\ln(1,25)x} + c \approx e^{0,2231x} + c$

Verschiebungen in y-Richtung verändern die Steigung (das Änderungsverhalten) nicht. Algebraisch zeigt sich dies darin, dass die Ableitung von Konstanten Null ist.

226 **33.** *Exponentielles und quadratisches Wachstum im Vergleich*

a) f_2 hat in $(0|1)$ wohl die Steigung 0, ist also eine Parabel.

b)
$f_1(x) = e^x$ $f_2(x) = 1,7x^2$

$f_1'(x) = e^x$ $f_2'(x) = 3,4x$

$f_1''(x) = e^x$ $f_2''(x) = 3,4$

$f_1'''(x) = e^x$ $f_2'''(x) = 0$

$\Rightarrow$ Alle Graphen sind identisch. $\Rightarrow$ Alle Graphen bis auf f_2''' sind unterschiedlich, ab f_2''' entsprechen sie der x-Achse.

c) $1,7x^2 + 1 \neq 3,4x$ (Ausnahme: die beiden Lösungen der quadratischen Gleichung)

$g(x) - 1,7x^2 + 1$ löst aber die DGL $g'(x) = 2 \cdot \frac{g(x) - 1}{x}$:

$2 \cdot \frac{g(x) - 1}{x} = 2 \cdot \frac{1,7x^2 + 1 - 1}{x} = 2 \cdot 1,7x = 3,4x = g'(x)$

d) Bei Polynomen wird der Grad der 1. Ableitung immer um 1 geringer und Polynome von unterschiedlichem Grad sind immer verschieden.

34. *Kaffee und Säugetiere*

Kaffee: Die Änderung ist proportional zur Differenz aus Kaffeetemperatur und Raumtemperatur (G).

Säugetiere: Die Änderung ist proportional zu den noch nicht genannten, bekannten Säugetieren (G).

$f'(x) = k \cdot (G - f(x))$

35. *Rechnerische Lösung der DGL*

$k \cdot (G - f(x)) = k \cdot (G - ((A - G) \cdot e^{-kx} + G)) = k \cdot (-(A - G)) \cdot e^{-kx} = -k \cdot (A - G) \cdot e^{-kx} = f'(x)$

36. *Kaffeeabkühlung*

a) $A = 84$; Realistisch ist eine Raumtemperatur von 20°, also $G = 20$:

$f(x) = 64 \cdot e^{-kx} + 20$

Benutzung eines Messwertes, z. B. $(10|47)$:

$f(10) = 64 \cdot e^{-10k} + 20 = 47 \Rightarrow e^{-10k} = \frac{27}{64}$

$\Rightarrow k = -\frac{1}{10}\ln\left(\frac{27}{64}\right) \approx 0,0863$

$f(x) = 64 \cdot e^{-0,0863x} + 20$

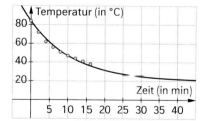

36. Fortsetzung

b)/c)

$$k \cdot \left(20 - \left(\frac{380}{x+6} + 20\right)\right) = \frac{-380k}{x+6} = \frac{-380}{(x+6)^2}$$

$$\Rightarrow k = \frac{1}{x+6} \neq \text{const.}$$

Die Exponentialfunktion erfüllt die
Gesetzmäßigkeit des Abkühlens, sie
liefert nicht allein eine beschreibende,
gute Passung mit den Daten.

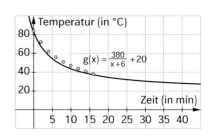

37. *Überlagerung von exponentiellem und begrenztem Wachstum*

(1) $f'(x) = k \cdot f(x) + k \cdot (G - f(x)) = k \cdot (f(x) + G - f(x)) = k \cdot G$

Das ist lineares Wachstum, die DGL also falsch.

38. *Rechnerische Lösung der DGL*

Die rechte und die linke Seite der DGL werden vom CAS zusammengefasst und liefern
denselben Term.

„Zu Fuß": Übersichtlich durch Beispiel: $A = 1$; $G = 10$; $k = 0,1$: $f(x) = \dfrac{10}{1 + 9e^x}$

$$f'(x) = \frac{-10 \cdot (-9) \cdot e^{-x}}{(1 + 9e^{-x})^2} = \frac{90e^{-x}}{(1 + 9e^{-x})^2}$$

$$0,1 \cdot f(x) \cdot (10 - f(x)) = 0,1 \cdot \frac{10}{1 + 9e^{-x}} \cdot \left(10 - \frac{10}{1 + 9e^{-x}}\right) = \frac{10}{1 + 9e^{-x}} - \frac{10}{(1 + 9e^{-x})^2}$$

$$= \frac{10 + 90e^{-x} - 10}{(1 + 9e^{-x})^2} = \frac{90e^{-x}}{(1 + 9e^{-x})^2}$$

Der allgemeine Fall:

$$f'(x) = \frac{k\,A\,G^2(G - A)e^{-kGx}}{(A + (G - A)e^{-kGx})^2}$$

$$k \cdot f(x) \cdot (G - f(x)) = k\,G\,f(x) - k\,(f(x))^2 = \frac{k\,A\,G^2}{A + (G - A)e^{-kGx}} - \frac{k\,A^2\,G^2}{(A + (G - A)e^{-kGx})^2}$$

$$= \frac{k\,A\,G^2(A + (G - A)e^{-kGx}) - k\,A^2\,G^2}{(A + (G - A)e^{-kGx})^2} = \frac{k\,A\,G^2(G - A)e^{-kGx}}{(A + (G - A)e^{-kGx})^2}$$

39. *Unterschiedliche Situationen – gleicher Modelltyp*

a) Je größer der Bestand ist, desto größer ist die Sterberate. Einfachster Zusammenhang ist Proportionalität, also: $S = k \cdot f(x)$

$\Rightarrow \quad f'(x) = (g - k \cdot f(x)) \cdot f(x)$

$= g \cdot f(x) - k \cdot f(x)^2 \underset{(g = k \cdot G)}{=} k \cdot G \cdot f(x) - k \cdot f(x)^2 = k \cdot f(x)\,(G - f(x))$

b) $f'(x) = k \cdot f(x) - b \cdot f(x)^2$

Eine Population wächst exponentiell. Das Wachstum wird eingeschränkt durch
Begegnungen der Art mit sich selbst (Futterkonkurrenz, Kannibalismus, ...).

$f'(x) = b \cdot f(x) \cdot \left(\dfrac{k}{b} - f(x)\right)$, d.h. $G = \dfrac{b}{k}$

228 40. *Ein DGL-Puzzle*

a) (1) – (e) – (A) – (IV)   (2) – (a) – (B) – (V)
(3) – (d) – (D) – (II)   (4) – (c) – (E) – (III)
(5) – (b) – (C) – (I)

b) (A) $f'(x) = \ln(k) \cdot k^x = \ln(k) \cdot f(x)$

(B) $f'(x) = \frac{k}{x}$

(C) $f'(x) = k \cdot x$

(D) $f'(x) = k$

(E) $f'(x) = \frac{1}{2}(2kx)^{-\frac{1}{2}} \cdot 2k = \frac{k}{\sqrt{2kx}} = \frac{k}{f(x)}$

$k \cdot \ln(x) \to \sqrt{2kx} \to kx \to \frac{1}{2}kx^2 \to k^x$

c) $f(x) = \sin(x)$
$\left.\begin{array}{l} f'(x) = \cos(x) \\ f''(x) = -\sin(x) \end{array}\right\} \Rightarrow f''(x) = -f(x)$ Die 2. Ableitung ist das Negative der Ausgangsfunktion.

$f(x) = x^k$
$f'(x) = k \cdot x^{k-1} = \frac{k \cdot x^k}{x^1} = \frac{k \cdot f(x)}{x}$ Die Änderung ist proportional zum Quotienten aus Bestand und Zeit.

5.4 e-Funktionen in Realität und Mathematik

229 1. *Konzentration eines Medikaments*

a) Verabreichung zum Zeitpunkt $t = 0$
Eliminationsphase: $t > 0$
Wirkungseintritt nach ca. 2,5 Stunden,
Wirkungsdauer ca. 23 Stunden

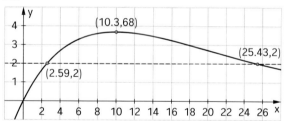

Aufbauphase und maximale Wirkungsstärke:
Extrempunkt:
$K'(t) = (1 - 0,1\,t) \cdot e^{-0,1t} \Rightarrow \text{HP}\left(10 \left| \frac{10}{e}\right.\right)$
Aufbauphase: 10 Stunden
Maximale Wirkungsstärke wird nach 10 Stunden erreicht mit maximal wirksamer Konzentration von 3,7 $\frac{\text{mg}}{\text{kg}}$.

b) Stärkster Aufbau zu Beginn, weil dort die größte Steigung vorliegt (Kurve rechtsgekrümmt).
Stärkster Abbau nach 20 Stunden:
$K''(t) = (0,01\,t - 0,2) \cdot e^{-0,1t} \Rightarrow \text{WP}\left(20 \left| \frac{20}{e^2}\right.\right)$

c) Nach Modell ist das Medikament nie vollständig abgebaut, aber $K(96) \approx 0,0065$.
Nach vier Tagen sind also nur noch ca. 0,0065 $\frac{\text{mg}}{\text{kg}}$ Körpergewicht vorhanden.

229

1. Fortsetzung

   d) Je größer c, desto geringer ist das Wirkungsmaximum
   und die Wirkungsdauer. Der qualitative Verlauf der
   Wirkung ist gleich.

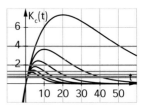

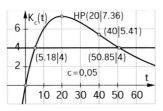

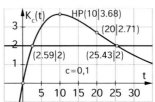

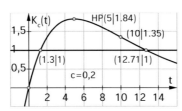

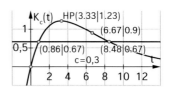

- Wirkungsdauer: $t \cdot e^{-ct} = \frac{0,2}{c}$ Gleichung kann nur grafisch-numerisch gelöst werden.

- Maximale Wirkungsstärke: $K_c'(t) = (1 - ct)\,e^{-ct} = 0 \quad \Rightarrow \quad HP\left(\frac{1}{c}\middle|\frac{1}{c \cdot e}\right)$

  Maximale Wirkungsstärke tritt nach $\frac{1}{c}$ Stunden ein und ist $\frac{1}{c \cdot e}$ hoch.

- Zeitpunkte für stärksten Aufbau: $t = 0$
  Zeitpunkt für stärksten Abbau: $K_c''(t) = c\,(ct - 2)\,e^{-ct} = 0 \quad \Rightarrow \quad t = \frac{2}{c}$

230

2. *Aus der Ökonomie*

   a) Je größer die Absatzmenge, desto geringer der Stückpreis. Es können alle drei
   Modelle sinnvoll sein.

   (1) Bestimmte Absatzmenge nur zu erreichen, wenn Produkt verschenkt wird
   (Nullstelle).

   (2) Für beliebig große Absatzmengen kann konstant niedriger Stückpreis erzielt
   werden (asymptotisches Verhalten).

   (3) Stückpreis nimmt mit Erhöhung der Absatzmenge zunehmend langsamer
   ab, bei sehr hohen Absatzzahlen ist aber praktisch kein Stückpreis mehr zu
   erzielen.

   Der Satz „Je mehr verkauft wird, desto höher der Umsatz." gilt nicht, weil bei
   höheren Verkaufszahlen die zu erzielenden Stückpreise sinken.

   Umsatz könnte annähernd konstant sein oder einer nach unten geöffneten
   Parabel ähneln.

230 2. Fortsetzung

b) • Verlauf ähnlich wie bei (3) $\quad$ $U_1(x) = x \cdot P_1(x) = 300\,x \cdot e^{-0,02x}$
(exponentieller Zerfall)

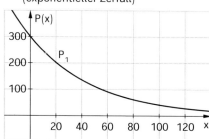 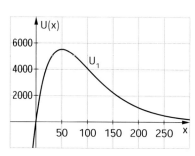

U_1: Schnelles Anwachsen des Umsatzes bis zu einem Absatz von ca. 50 Stück.
Danach erst zunehmender, dann abnehmender Umsatzrückgang, bei sehr hohen
Absatzzahlen kaum Umsatz (Stückpreis zu niedrig).
Maximaler Umsatz: $U_1'(x) = (300 - 6x) \cdot e^{-0,02x} = 0 \quad \Rightarrow \quad x = 50; \; U_1(50) \approx 5518$
Der maximale Umsatz beträgt ca. 5500 € bei einem Absatz von 50 Stück.

c)

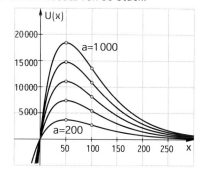

$U_a(x) = a\,x\,e^{-0,02x}; \quad U_a'(x) = (a - 0,02\,a\,x)e^{-0,02x} = 0 \quad \Rightarrow \quad HP\left(50\,\middle|\,\frac{50a}{e}\right) \approx (50\,|\,18,4\,a)$
$U_a''(x) = 0,0004\,a\,(x - 100)\,e^{-0,02x} = 0 \quad \Rightarrow \quad x_w = 100$

Unabhängig von a wird der maximale Umsatz bei einem Absatz von 50 Stück
erzielt, die Umsatzabnahme ist bei einem Absatz von 100 Stück am stärksten.

232 3. *Verkauf von Kaffeeautomaten*

a)

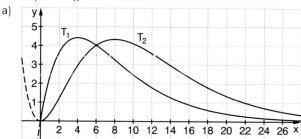

T_1: Zu Beginn schnellster Absatzzuwachs, nach ca. 4 Monaten ist die maximale
Absatzrate von ca. 4500 Geräten pro Monat erreicht. Danach erst zunehmender, dann abnehmender Rückgang des Absatzes. Nach ca. 2,5 Jahren kein
nennenswerter Absatz mehr.

232

3. Fortsetzung

T_2: Zunächst zunehmender Absatzzuwachs, ehe mit abnehmendem Zuwachs nach ca. 8 Monaten das Maximum erreicht ist. Kein nennenswerter Verkauf mehr nach ca. 3 Jahren. Da die Fläche unterhalb des Graphen von T_2 ersichtlich größer ist als die von T_1, werden von T_2 insgesamt mehr Geräte verkauft. Der wesentliche Unterschied liegt im Beginn des Verkaufs, wo bei T_1 unmittelbar mit Markteinführung die höchste Zuwachsrate erzielt wird, die bei T_2 erst nach ca. 3 Monaten erreicht ist, das Produkt T_2 wird nach dem Modell zunächst langsamer, aber dafür letztendlich erfolgreicher verkauft.

b) T_1: $T_1'(x) = \left(3 - \frac{3}{4}x\right)e^{-0,25x} = 0$ $\Rightarrow$ $x = 4$; $T_1(4) = \frac{12}{e} \approx 4,4146$; HP $(4\,|\,4,4146)$

T_2: $T_2'(x) = \left(x - \frac{x^2}{8}\right)e^{-0,25x} = 0$ $\Rightarrow$ $x = 0$ oder $x = 8$; TP $(0\,|\,0)$; HP $\left(8\,\Big|\,\frac{32}{e^2}\right) \approx (8\,|\,4,3307)$

Typ 1 wird nach 4 Monaten maximal abgesetzt, es werden dann ca. 4400 Automaten pro Monat verkauft.

Typ 2 wird nach 8 Monaten maximal abgesetzt, es werden dann ca. 4300 Automaten pro Monat verkauft.

$T_1''(x) = \left(\frac{3}{16}x - \frac{3}{2}\right)e^{-0,25x} = 0$ $\Rightarrow$ $x = 8$

$T_2''(x) = \left(\frac{x^2}{32} - \frac{x}{2} + 1\right)e^{-0,25x} = 0$ $\Rightarrow$ $x_{1,2} = 8 \pm \sqrt{32} \approx \begin{cases} 2,3431 \\ 13,6569 \end{cases}$

Der zweite Wendepunkt bei $x \approx 2,3$ zeigt, dass es bei T_2 noch einen Krümmungswechsel, also einen Wechsel von zunehmender zu abnehmender Zunahme der Absatzrate gibt.

c) T_1: $\int_0^3 T_1(x)\,dx \approx 8,3212$; $\int_0^{24} T_1(x)\,dx \approx 47,1671$

T_2: $\int_0^3 T_2(x)\,dx \approx 2,5923$; $\int_0^{24} T_2(x)\,dx \approx 60,0340$

Die anschaulichen Beschreibungen aus a) werden bestätigt und präzisiert: Während von T_1 in den ersten 3 Monaten mehr als dreimal so viel Geräte wie von T_2 abgesetzt werden, werden in den ersten zwei Jahren von T_2 insgesamt ca. 30 % mehr verkauft.

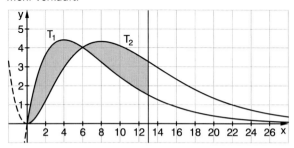

Gleich viel Geräte sind zu dem Zeitpunkt verkauft, wenn die Flächen unterhalb der Graphen gleich groß sind, rechnerisch muss die Gleichung

$$\int_0^t T_1(x)\,dx = \int_0^t T_2(x)\,dx$$

gelöst werden. Dies führt auf die transzendente Gleichung

$8\,e^{0,25x} - x^2 - 2x - 8 = 0$. Man ist also auf grafisch-numerische Verfahren angewiesen. Nach gut einem Jahr sind beide Geräte gleich viel verkauft worden.

232

4. *Aufnahme und Abgabe von Stoffen*

a) Zunehmend langsamere Aufnahme im Blut. Nach gut einer halben Stunde Abgabe, zunächst mit zunehmender Geschwindigkeit, nach ca. 2,5 Stunden mit abnehmender Geschwindigkeit.

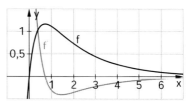

$f'(x) = 2(-0,5e^{-0,5x} + 3e^{-3x}) = 0$
$\Rightarrow \ 6e^{-3x} - e^{-0,5x} \ \Rightarrow \ x_e = \frac{2}{5}\ln(6) \approx 0,7167$

$f\left(\frac{2}{5}\ln(6)\right) = 2\left(6^{-\frac{1}{5}} - 6^{-\frac{6}{5}}\right) = \frac{5}{18}6^{\frac{4}{5}} \approx 1,1647$; HP $\approx (0,7\,|\,1,16)$

$f''(x) = 2(0,25e^{-0,5x} - 9e^{-3x}) = 0 \ \Rightarrow \ x_W = \frac{4}{5}\ln(6) = 2x_e$; WP $\approx (1,4\,|\,0,95)$

Anmerkung: Grafisch-numerische Lösungen sind hier angemessen. Das $x_W = 2x_e$ gilt, erschließt vollständig erst die algebraische Lösung.

b) Wirkzeitraum durch Schnitt von f mit y = 0,25:
Grafisch-numerisch: Wirkbeginn nach ca.
3–4 Minuten, Wirkung bis gut 4 Stunden

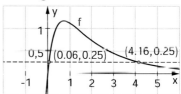

c) k bewirkt Streckung in y-Richtung.
Bedeutung im Sachkontext: Geschwindigkeit der Aufnahme und Abgabe variiert, maximale Konzentration bleibt immer zum selben Zeitpunkt.
a reguliert Menge der Konzentration, die aufgenommen und abgebaut werden kann. Dies hängt vom Medikament, aber auch von der Konstitution des Patienten ab. Mit besserer Aufnahme (kleiner werdender Wert von a) wird aber auch der Zeitpunkt der maximalen Konzentration im Körper herausgezögert.
Je größer b wird, desto mehr Aufnahme des Medikamentes findet statt und der Zeitpunkt der maximalen Konzentration ist früher.
a und b regeln Geschwindigkeit der Aufnahme und Abgabe. Die Wirkung von b verläuft also „umgekehrt" wie die von a.
a < b: Es kann nicht mehr abgebaut werden als aufgenommen wird.

d) (1) $f_k(x) = (e^{-0,5x} - e^{-3x})$; $f_k'(x) = k(-0,5e^{-0,5x} + 3e^{-3x}) = 0 \ \Rightarrow \ e^{-0,5x} = 6e^{-3x}$
$\Rightarrow \ e^{2,5x} = 6 \ \Rightarrow \ x = 0,4\ln(6) \approx 0,7167 \ \Rightarrow \ $ HP $(0,72\,|\,0,58k)$

$f_k''(x) = k(0,25e^{-0,5x} - 9e^{-3x}) = 0 \ \Rightarrow \ e^{-0,5x} = 36e^{-3x}$
$\Rightarrow \ e^{2,5x} = 36 \ \Rightarrow \ x = 0,4\ln(36) \approx 1,4334 \ \Rightarrow \ $ HP $(1,4\,|\,0,48k)$

(2) $f_a(x) = 2(e^{-ax} - e^{-3x})$; $f_a'(x) = 2(-ae^{-ax} + 3e^{-3x}) = 0 \ \Rightarrow \ ae^{-ax} = 3e^{-3x}$

$\Rightarrow \ ae^{3x} = 3e^{ax} \ \Rightarrow \ e^{(a-3)x} = \frac{a}{3} \ \Rightarrow \ x = \frac{\ln\left(\frac{a}{3}\right)}{a-3}$

y-Koordinate unnötig aufwändig

$f_a''(x) = 2(a^2 e^{-ax} - 9e^{-3x}) = 0 \ \Rightarrow \ a^2 e^{-ax} = 9e^{-3x}$

$\Rightarrow \ a^2 e^{3x} = 9e^{ax} \ \Rightarrow \ e^{(a-3)x} = \frac{a^2}{9} \ \Rightarrow \ x = \frac{\ln\left(\frac{a^2}{9}\right)}{a-3}$

y-Koordinate unnötig aufwändig

232

4. Fortsetzung

d) (3) $f_b(x) = 2(e^{-0,5x} - e^{-bx})$; $f_a'(x) = 2(-0,5e^{-0,5x} + be^{-bx}) = 0$ $\Rightarrow 0,5e^{-0,5x} = be^{-bx}$

$\Rightarrow 0,5e^{bx} = be^{0,5x}$ $\Rightarrow e^{(b-0,5)x} = 2b$ $\Rightarrow x = \dfrac{\ln(2b)}{b-0,5}$

$f_b''(x) = 2(0,25e^{-0,5x} - b^2e^{-bx}) = 0$ $\Rightarrow 0,25e^{-0,5x} = b^2e^{-bx}$

$\Rightarrow 0,25e^{bx} = b^2e^{0,5x}$ $\Rightarrow e^{(b-0,5)x} = 4b^2$ $\Rightarrow x = \dfrac{\ln(4b^2)}{b-0,5}$

233

5. *Kettenlinien*

a) Die Parabel $p(x)$ verläuft zunächst enger zusammen, läuft dann aber weiter auseinander als die Kettenlinie $K(x)$. Zu der abgebildeten Kette passen beide Funktionen gut.
$p'(x) = 1,5 \cdot x$; $p''(x) = 1,5$
$K'(x) = 0,5 \cdot (e^x - e^{-x})$;
$K''(x) = 0,5 \cdot (e^x + e^{-x})$
Die ersten beiden Ableitungen von $p(x)$ sind Geraden, die nächsten Ableitungen sind dann bei $y = 0$.
Bei der Kettenlinie $K(x)$ hat die 2. Ableitung wieder die Form der Funktion.
Während in dem für die reale Kette

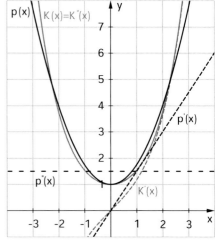

relevanten Ausschnitt die ersten Ableitungen noch ähnlich aussehen, unterscheiden sich die zweiten Ableitungen auch schon in diesem Bereich sehr stark. Die zweite Ableitung zeigt einen deutlichen Unterschied der Kurven, der an den Graphen nicht unmittelbar sichtbar ist.

b) $K'(x) = 0,5(e^x - e^{-x})$; $K''(x) = 0,5(e^x + e^{-x}) = K(x)$ (vgl. a))

$1 + K'(x)^2 = 1 + 0,25(e^x - e^{-x})^2 = 1 + 0,25(e^{2x} - 2e^xe^{-x} + e^{-2x})$

$= 1 + 0,25(e^{2x} - 2 + e^{-2x}) = \frac{1}{4}e^{2x} + \frac{1}{2} + \frac{1}{4}e^{-2x} = \frac{1}{4}(e^x + e^{-x})^2$

$\Rightarrow \sqrt{1 + K'(x)^2} = \frac{1}{2}(e^x + e^{-x}) = K''(x)$

c) • Steigung an der Stelle a: $K'(a) = \frac{1}{2}(e^a - e^{-a})$

  • Flächeninhalt: $\displaystyle\int_0^a K(x)\,dx = \left[\frac{1}{2}(e^x - e^{-x})\right]_0^a = \frac{1}{2}(e^a - e^{-a})$

  • Bogenlänge: $\displaystyle\int_0^a \sqrt{1 + K'(x)^2}\,dx = \int_0^a K(x)\,dx = \frac{1}{2}(e^a - e^{-a})$

Die Steigung an der Stelle a, der Flächeninhalt und die Bogenlänge haben dieselbe Maßzahl.

234

6. *Konzentration von Medikamenten*
Das Beispiel beschreibt die Schar zu a).

b) Der Parameter a beeinflusst allein die Höhe
der maximalen Konzentration, nicht den Zeitpunkt des Eintretens. Je größer a, desto größer die Geschwindigkeit des Anstiegs, nach
zwei Wochen ist unabhängig von a fast alles
abgebaut. Die Graphen sind in y-Richtung
gestreckt.

Hochpunkt: $HP\left(50\Big|\dfrac{50a}{e}\right)$; Ortskurve: $x = 50$

Wendepunkt: $WP\left(100\Big|\dfrac{100a}{e^2}\right)$; Ortskurve: $x = 100$

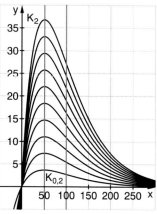

c) Wenn $t = 0$ der Zeitpunkt der Einnahme ist,
dann steuert der Parameter b den Zeitpunkt,
wenn die Wirkung eintritt und dann auch den
weiteren Verlauf. Je größer b ist, desto später
ist der Eintritt und desto geringer ist die
maximale Konzentration. Hohe Werte von b
verringern massiv die Wirkung.

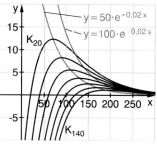

Hochpunkt: $K_b'(x) = (-0{,}02x + 0{,}02b + 1)\,e^{-0{,}02x}$;
$HP\,(b + 50\,|\,50e^{-0{,}02b - 1})$
Ortskurve: $y = 50 \cdot e^{-0{,}02x}$

Wendepunkt: $K_b''(x) = (0{,}0004x + 0{,}0004b - 0{,}04)\,e^{-0{,}02x}$; $WP\,(b + 100\,|\,100e^{-0{,}02b - 2})$
Ortskurve: $y = 100 \cdot e^{-0{,}02x}$

7. *Eigenschaften der Glockenkurve*
a) $f(-x) = e^{-\frac{1}{2}(-x)^2} = e^{-\frac{1}{2}x^2} = f(x)$

Der Graph ist achsensymmetrisch zur y-Achse; $\lim\limits_{x \to \infty} f(x) = 0$.

Da der Exponent immer negativ ist und e^{-x} für $x > 0$ immer kleiner als 1 ist, ist
$e^0 = 1$ der größte Funktionswert, also ist $(0\,|\,1)$ Hochpunkt.

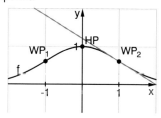

Rechnung: $f'(x) = -x \cdot e^{-\frac{1}{2}x^2}$; $f'(x) = 0 \Rightarrow x = 0$

$f''(x) = (x^2 - 1)\,e^{-\frac{1}{2}x^2}$; $f''(x) = 0 \Rightarrow x_{1,2} = \pm 1$

$WP_1\left(-1\Big|\dfrac{1}{\sqrt{e}}\right)$; $WP_2\left(1\Big|\dfrac{1}{\sqrt{e}}\right)$

Tangenten in Wendepunkten:

$y = -\dfrac{1}{\sqrt{e}}x + \dfrac{2}{\sqrt{e}}$ bzw. $y = \dfrac{1}{\sqrt{e}}x + \dfrac{2}{\sqrt{e}}$

234

7. Fortsetzung

b) Näherung mit Wendetangente:
$$F = \frac{1}{2} \cdot 2 \cdot \frac{2}{\sqrt{e}} = \frac{2}{\sqrt{e}} \approx 1{,}213$$

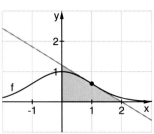

Näherung mit Verbindung durch
$y = bx^2 + 1$ in $[0 ; 1]$ bzw. $y = b(x - 3)^2$ in $[1 ; 2]$:
$$f_1(x) = \left(\frac{1}{\sqrt{e}} - 1\right)x^2 + 1; \quad f_2(x) = \frac{1}{4\sqrt{e}}(x - 3)^2$$
$$F = \int_0^1 f_1(x)\,dx + \int_1^2 f_2(x)\,dx \approx 0{,}87 + 0{,}35 = 1{,}22$$

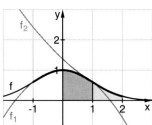

Kubische Regression mit $(0|1)$, $(0{,}5|0{,}88)$,
$(1|0{,}6)$, $(1{,}5|0{,}32)$ und $(2|0{,}14)$:
$$g(x) = 0{,}17x^3 - 0{,}55x^2 - 0{,}01x + 1$$
$$\int_0^2 g(x)\,dx \approx 1{,}19$$

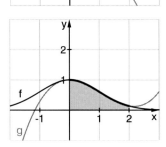

235

8. *Eine Grippewelle*

a)

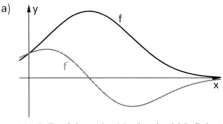 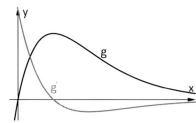

Nach Erreichen der Maximalzahl Infizierter hat $g(x)$ eine ähnliche Wachstumsgeschwindigkeit wie die Grippewelle. Bei $g(x)$ ist die Wachstumsgeschwindigkeit am Beginn am größten.

235   **8.**   Fortsetzung

b) Maximale Anzahl an Infizierten
$-0{,}02\,x + 0{,}2 = 0 \Rightarrow$ HP$(10\,|\,e)$
Maximal infiziert sind ca. 271 Personen.
Zeitpunkte maximaler Zu- bzw. Abnahme:
Hoher Rechenaufwand, grafisch-
numerischer Lösungsweg angemessen
(mit Sekantensteigungsfunktion)

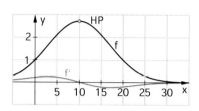

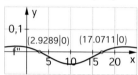

c) (1) g konstant, a variabel:
Zeitverzögertes höheres Maximum an Infizierten bei hohen
Ansteckungsraten. Immuni-
sierung schlechter, Heilungspro-
zess wird hinausgezögert.

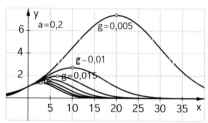

(2) g variabel, a konstant:
Entsprechend der Vorstellung
hohe Anzahl Infizierter bei kleinen Gesundungsraten.

Eine Erhöhung der Gesundungsrate hat nach Modell stärkeren Einfluss als
Verkleinerung der Ansteckungsrate.

Maximale Anzahl Grippekranker:

(1) HP$(50\,a\,|\,e^{25\,a^2})$ (2) HP$\left(\dfrac{1}{10g}\,\Big|\,e^{\frac{1}{100g}}\right)$

Maximale Zu- und Abnahme: Sehr hoher Rechenaufwand, sinnvoll mit CAS:

   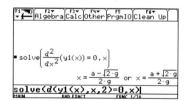

d) Der Ansteckungsrate a entspricht die Wachstumsrate der Bakterien, der Gesundungsrate die „Giftigkeit". Bei geringer Giftigkeit höhere Bakterienanzahlen.

236   9.   *Verknüpfung linearer Funktionen mit Exponentialfunktionen*

a)

Zuordnung	Begründung
(1) ≙ (B)	Wegen $f_b(0) = b$ hängt hier der y-Achsenabschnitt von b ab.
(2) ≙ (C)	Das Vorzeichen der f_a-Werte ergibt sich aus dem Zusammenspiel der Vorzeichen der Werte von a und x. 		a > 0	a < 0	 x > 0	$f_a(x) > 0$ 1. Quadrant	$f_a(x) < 0$ 4. Quadrant x < 0	$f_a(x) < 0$ 3. Quadrant	$f_a(x) > 0$ 2. Quadrant
(3) ≙ (A)	Für x < 0 gilt $f_k(x) < 0$ (Graph im 3. Quadranten) und für x > 0 gilt $f_k(x) > 0$ (Graph im 1. Quadranten).

b)

	$f_b(x) = (x + b) \cdot e^x$	$f_a(x) = a \cdot x \cdot e^x$	$f_k(x) = x \cdot e^{kx}$
Nullstellen	$x = -b$	$x = 0$	$x = 0$
Hochpunkte	keine	$\left(-1 \mid -\dfrac{a}{e}\right)$ (für a < 0)	$\left(-\dfrac{1}{k} \mid -\dfrac{1}{k \cdot e}\right)$ (für k < 0)
Tiefpunkte	$T\left(-(1+b) \mid -\dfrac{1}{e^{1+b}}\right)$	$\left(-1 \mid -\dfrac{a}{e}\right)$ (für a > 0)	$\left(-\dfrac{1}{k} \mid -\dfrac{1}{k \cdot e}\right)$ (für k > 0)
Wendepunkte	$W\left(-(2+b) \mid -\dfrac{2}{e^{2+b}}\right)$	$\left(-2 \mid -\dfrac{2a}{e^2}\right)$	$\left(-\dfrac{2}{k} \mid -\dfrac{2}{k \cdot e^2}\right)$
Ortskurve der Extrempunkte	$g_E(x) = -e^x$	$x = -1$	$g_E(x) = \dfrac{x}{e}$
Ortskurve der Wendepunkte	$g_W(x) = -2 \cdot e^x$	$x = -2$	$g_W(x) = \dfrac{x}{e^2}$
Verhalten für $x \to -\infty$	$f_b(x) \to 0$ ($e^x \to 0$ schneller als $x \to -\infty$)	$f_a(x) \to 0$ ($e^x \to 0$ schneller als $a \cdot x \to \pm\infty$)	Für k > 0: $f_k(x) \to 0$ ($e^{kx} \to 0$ schneller als $x \to -\infty$) Für k < 0: $f_k(x) \to -\infty$ ($e^{kx} \to +\infty$ schneller als $a \cdot x \to -\infty$)
Verhalten für $x \to +\infty$	$f_b(x) \to +\infty$ (beide Faktoren streben gegen $+\infty$)	Für a > 0: $f_a(x) \to +\infty$ Für a < 0: $f_a(x) \to -\infty$ ($e^x \to +\infty$)	Für k > 0: $f_k(x) \to +\infty$ (beide Faktoren streben gegen $+\infty$) Für k < 0: $f_k(x) \to -\infty$ ($e^{kx} \to 0$ schneller als $x \to +\infty$)

236 9. Fortsetzung

c) Vergleich der Funktionenscharen $f_b(x)$, $f_a(x)$ und $f_k(x)$ (es gelten $a \neq 0$ und $k \neq 0$))

Gemeinsamkeiten	Unterschiede
Gemeinsame Grundlage f Gemeinsamer Spezialfall $f(x) = x \cdot e^x$ Globalverhalten: Jeder Graph besteht aus 2 Ästen, von denen der eine sich der x-Achse anschmiegt und der andere nach $+\infty$ oder $-\infty$ wandert. Jeder Graph hat genau eine Nullstelle. Jeder Graph hat genau einen Extrempunkt. Jeder Graph hat genau einen Wendepunkt.	Mit Ausnahme des gemeinsamen Spezialfalls sind die Parameterwerte unterschiedlich: (1) Bei $f_b(x)$ gilt $a = 1 = k$. (2) Bei $f_a(x)$ gilt $b = 0$, $k = 1$. (3) Bei $f_k(x)$ gilt $a = 1$, $b = 0$. Typischer Graphenverlauf, die Lage der Nullstellen, der Extrem- und der Wendepunkte sowie der Verlauf der Ortskurven der Extrem- und der Wendepunkte sind von Schar zu Schar verschieden.
Einfluss der Parameter: Nur der Parameter b hat Einfluss auf die Lage der Nullstellen. Die Extrem- und die Wendestelle hängen von den Parametern b und k, nicht aber vom Parameter a ab.	

d) $f(x) = (ax + b) \cdot e^{kx}$

- Nullstellen: $f(x) = 0 \Rightarrow x = -\dfrac{b}{a}$
- Extrempunkte: $f'(x) = 0$, $f'(x) = e^{kx} \cdot (akx + a + bk) \Rightarrow x = -\dfrac{1}{k} - \dfrac{b}{a}$

  Hochpunkt $H\left(-\dfrac{1}{k} - \dfrac{b}{a} \,\middle|\, -\dfrac{a}{k} \cdot e^{-1-\frac{kb}{a}}\right)$ für a, k > 0 oder a, k < 0

  Tiefpunkt $T\left(-\dfrac{1}{k} - \dfrac{b}{a} \,\middle|\, -\dfrac{a}{k} \cdot e^{-1-\frac{kb}{a}}\right)$ für a > 0 und b < 0 oder a < 0 und b > 0

- Wendepunkte: $f''(x) = 0$, $f''(x) = e^{kx} \cdot (ax \cdot (kx + 2) + bkx + b)$

  $\Rightarrow x_{1,2} = \dfrac{-2a + bk \pm \sqrt{4a^2 + b^2 k^2}}{2ak}$

- Verhalten für $x \to \pm\infty$:

  $x \to \infty$: $f(x) \to \infty$ für a, k > 0, $b \in \mathbb{R}$; $f(x) \to -\infty$ für a < 0, k > 0, $b \in \mathbb{R}$;

  $f(x) \to 0$ für a, $b \in \mathbb{R}$, k < 0

  $x \to -\infty$: $f(x) \to \infty$ für a, k < 0, $b \in \mathbb{R}$; $f(x) \to -\infty$ für a > 0, k < 0, $b \in \mathbb{R}$;

  $f(x) \to 0$ für a, $b \in \mathbb{R}$, k > 0

236

10. *Verknüpfung von Potenzfunktionen mit e-Funktionen*

a) $f_1 \to B$; $f_2 \to C$; $f_3 \to A$

Begründungen:
- $e^x > 0$, also gilt $f_2(x) > 0$
- $(0|0)$ ist Sattelpunkt in A, also ist $x = 0$ dreifache Nullstelle $\to f_3$
- Überschlagswerte für Funktionswerte bestimmen:
  $f_1(-3) = -3 \cdot e^{-3}$, $\quad f_2(-3) = 9 \cdot e^{-3}$, $\quad f_3(-3) = -27 \cdot e^{-3}$

Qualitative Beschreibung:

$x > 0$: zunehmend schnelleres Wachsen über alle Grenzen

$x < 0$: n gerade: oberhalb der x-Achse, ein Hochpunkt;
n ungerade: unterhalb der x-Achse, ein Tiefpunkt;
Graphen ‚schlagen' immer weiter aus, je größer n wird, nähern sich für $x \to -\infty$ asymptotisch der x-Achse.

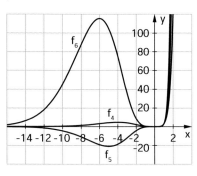

b) $f_1'(x) = (x + 1)e^x$
$f_1''(x) = (x + 2)e^x$
$\mathrm{TP}\left(-1|-\frac{1}{e}\right)$
$\mathrm{WP}\left(-2|-\frac{2}{e^2}\right)$

$f_2'(x) = (x^2 + 2x)e^x$
$f_2''(x) = (x^2 + 4x + 2)e^x$
$\mathrm{HP}\left(-2|\frac{4}{e^2}\right)$
$x_{w1,2} = -2 \pm \sqrt{2} \approx \begin{cases} -3{,}414 \\ -0{,}586 \end{cases}$

$f_3'(x) = (x^3 + 3x^2)e^x$
$f_3''(x) = (x^3 + 6x^2 + 6x)e^x$
$\mathrm{HP}\left(-3|\frac{-27}{e^3}\right)$
$x_{w1,2} = -3 \pm \sqrt{3} \approx \begin{cases} -4{,}732 \\ -1{,}268 \end{cases}$

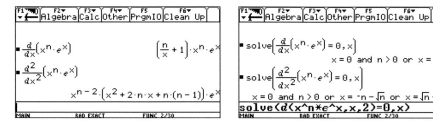

11. *Forschungsaufgaben*

Schüleraktivität. Mögliche Anregungen / Hinweise:
- Alle Parameter bis auf einen fest wählen.
- Für ausgewählte Parameter 0 einsetzen, Spezialfälle betrachten.
- Mit GTR oder Funktionenplotter Übersicht über grafische Verläufe bekommen, Einzelfälle algebraisch untersuchen.

237   12. *Charakteristische Punkte*

	a) $f(x) = 4x - e^x$	b) $f(x) = e^x - e \cdot x$	c) $f(x) = (e^x - 2)^2$
Skizze			
Schnittpunkte mit Koordinatenachsen	$(0\,\vert-1)$ $(0{,}36\,\vert\,0)$; $(2{,}15\,\vert\,0)$ (grafisch-numerisch)	$(0\,\vert\,1)$ $(1\,\vert\,0)$ keine Lösungsformel, aber exakter Nachweis möglich: $e^1 - e \cdot 1 = 0$	$(0\,\vert\,1)$ $(\ln(2)\,\vert\,0)$
Lokale Extrempunkte	HP $(\ln(4)\,\vert\,4\ln(4)-4)$	TP $(1\,\vert\,0)$ (Hieraus folgt auch die Nullstelle.)	TP $(\ln(2)\,\vert\,0)$ $f'(x) = 2e^{2x} - 4e^x$ $\quad = 2e^x(e^x - 2)$

	d) $f(x) = e^x + e^{-x}$	e) $f(x) = (x-2) \cdot e^x$	f) $f(x) = (x^2 + 1) \cdot e^x$
Skizze			
Schnittpunkte mit Koordinatenachsen	$(0\,\vert\,2)$ keine Nullstellen (beide Summanden positiv)	$(0\,\vert-2)$ $(2\,\vert\,0)$	$(0\,\vert\,1)$ keine Nullstellen (beide Faktoren positiv)
Lokale Extrempunkte	TP $(0\,\vert\,2)$ $f'(x) = e^x - e^{-x} = 0$ $\Rightarrow e^x = e^{-x} \Rightarrow x = -x$	TP $(1\,\vert-e)$ $f'(x) = (x-1) \cdot e^x$	keine lokalen Extrema möglich: $x = -1$ $f'(x) = (x^2 + 2x + 1) \cdot e^x$ $\quad = (x+1)^2 \cdot e^x$ $f''(x) = (x^2 + 4x + 3)e^x$ $\Rightarrow f''(-1) = 0$ Sattelpunkt $\left(-1\,\Big\vert\,\dfrac{2}{e}\right)$

237

13. *Tangente*

		Tangente in $(0\mid f(0))$	Tangente in $(2\mid f(2))$
a)	$f(x) = e^{2x}$	$y = 2x + 1$	$y = 2e^4 x - 3e^4$
b)	$f(x) = 2e^x$	$y = 2x + 2$	$y = 2e^2 x - 2e^2$
c)	$f(x) = e^x + x$	$y = 2x + 1$	$y = (e^2 + 1)x - e^2$
d)	$f(x) = x - e^x$	$y = -1$	$y = (1 - e^2)x + e^2$
e)	$f(x) = x \cdot e^x$	$y = x$	$y = 3e^2 x - 4e^2$
f)	$f(x) = \dfrac{e^x}{x}$	nicht definiert	$y = \dfrac{e^2}{4}x$

14. *Flächen*

a) $F = \displaystyle\int_{-4}^{0} e^x\,dx - 0{,}5 = 0{,}5 - e^{-4} \approx 0{,}4817$

b) $F = 3e - \displaystyle\int_{-2}^{1} e^x\,dx = 2e + e^{-2} \approx 5{,}5719$

d) $F = 2\displaystyle\int_{0}^{\ln(2)} (2e^{-x} - 1)\,dx = 2(1 - \ln(2)) \approx 0{,}6137$

(Symmetrie ausnutzen)

15. *Zwei Funktionenscharen*

(1) a) $4 = e - k \;\Rightarrow\; k = e - 4$

b) $f_k(2) = e^2 - 2k;\; e^2 - 2k = 0 \;\Rightarrow\; k = \tfrac{1}{2}e^2$

c) $F_1(x) = e^x - \tfrac{1}{2}x^2 + c;\; e_1 - \tfrac{1}{2} + c = 0$
$\Rightarrow\; c = \tfrac{1}{2} - e$

d) (1) $\displaystyle\int_{-1}^{1} f_k(x)\,dx = \left[e^x - \tfrac{k}{2}x^2\right]_{-1}^{1} = e - \tfrac{1}{e}$

(2) $\displaystyle\int_{-t}^{t} f_1(x)\,dx = \left[e^x - \tfrac{1}{2}x^2\right]_{-t}^{t} = e^t - \tfrac{1}{e^t}$

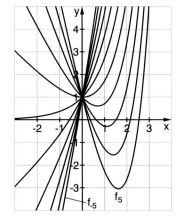

(2) a) • $(0 - t)e^0 = 0 \;\Rightarrow\; t = 0$
• $(1 - t)e^1 = 1 \;\Rightarrow\; t = 1 - \tfrac{1}{e} \approx 0{,}6321$
• $f_t'(x) = (1 + x - t)e^x;\; (1 + 1 - t)e^1 = 2 \;\Rightarrow\; t = 2 - \tfrac{2}{e} \approx 1{,}2642$
b) $f_t''(x) = (2 + x - t)e^x;\; (2 + 0 - t)e^0 = 0 \;\Rightarrow\; t = 2$
c) $f_t'(1) = 0 \;\Rightarrow\; (2 - t)e^1 = 0 \;\Rightarrow\; t = 2$

16. *Funktionenscharen und Ortskurven*

Anmerkung: In den Teilaufgaben wird der Gebrauch aller zur Verfügung stehenden Werkzeuge zur Untersuchung von Funktionenscharen trainiert. Dazu sollte gemäß der Aufgabenstellung zunächst ein grafischer Überblick mit ersten qualitativen Klassifikationen vorgenommen werden (GTR/Funktionenplotter). Entscheidend ist der Einsicht gebende Überblick über die Kurvenverläufe in Abhängigkeit des Parameters. Manchmal lassen sich beobachtete Eigenschaften direkt am Funktionsterm begründet erschließen, dies sollte vor jeder Rechnung versucht werden. Bei der genaueren Untersuchung prägen immer wieder grafisch-numerische und algebraische Methoden die Vorgehensweise. Nicht alle Gleichungen lassen sich algebraisch lösen.

a) $f_t(x) = e^x + tx$

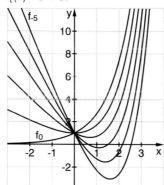
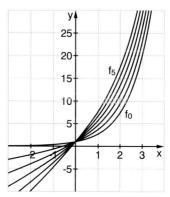

- $t < 0$: 1 Tiefpunkt, Graph verläuft von ∞ nach ∞
  $t = 0$: $f_t(x) = e^x$
  $t > 0$: keine lokalen Extrem- und Wendepunkte
  $y = tx$ ist Asymptote für $x \to -\infty$
- Achsenschnittpunkte: $(0|1)$; Nullstellen sind nur grafisch-numerisch für konkrete Werte von k bestimmbar. Nach Grafik existieren für $t > 0$ eine Nullstelle, für $-3 \leq t < 0$ keine Nullstelle und für $t \leq -3$ zwei Nullstellen.
- Lokale Extrempunkte: $\begin{cases} t \geq 0: \text{keine} \\ t < 0: \text{TP}\,(\ln(-t)\,|\,t \cdot \ln(-t) - t) \end{cases}$
  Anmerkung: Mit der y-Koordinate lässt sich auch der Übergang von keiner Nullstelle zu zwei Nullstellen exakt bestimmen: $t \cdot \ln(-t) - t = 0 \Rightarrow t = -e$
  Für $t = -e$ gibt es also eine Nullstelle, für $t < -e$ gibt es zwei Nullstellen.
- Wendepunkte: keine
- Ortskurve der Tiefpunkte: $y = (1 \quad x)\,e^x$

237

16. Fortsetzung

b) $f_a(x) = e^x + ax^2$

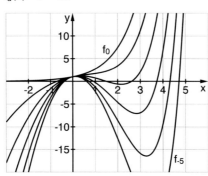
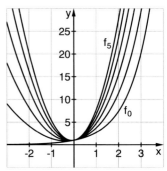

- a < 0: ein Tiefpunkt und ein Hochpunkt, ein Wendepunkt, Graph verläuft von $-\infty$ nach ∞

  a = 0: $f_a(x) = e^x$

  a > 0: keine Nullstellen, ein Tiefpunkt, keine Wendepunkte, Graph verläuft von ∞ nach ∞

- Achsenschnittpunkte: $(0|1)$

  Nullstellen: keine Lösungsformel

  Nach Grafik existieren für a > 0 keine Nullstellen, für $-1,5 \lesssim a < 0$ eine Nullstelle, für $a \approx -1,5$ zwei Nullstellen und für $a \lesssim -1,5$ drei Nullstellen.

- Lokale Extrempunkte: Die zu lösende Gleichung $e^x + 2ax = 0$ kann nur grafisch-numerisch gelöst werden. Die Anzahl der Extrempunkte in Abhängigkeit von a ist in Teilaufgabe a) beschrieben. Einsicht gibt hier auch eine grafische Untersuchung des Schnittproblems der bekannten Funktionen $f_1(x) = e^x$ und $f_2(x) = -2ax$.

- Wendepunkte: $\begin{cases} a \geq 0: \text{ keine} \\ a < 0: \text{WP} \left(\ln(-2a) \,|\, -2a + a \cdot \ln(-2a)^2\right) \end{cases}$

- Ortskurve der Wendepunkte: $y = \left(1 - \frac{1}{2}x^2\right)e^x$

c) $f_s(x) = (e^x - s)^2$

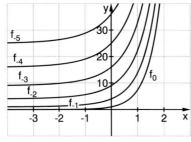
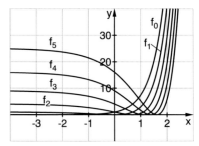

- $f_s(x) \xrightarrow[x \to -\infty]{} s^2$, $f_s(x) \xrightarrow[x \to \infty]{} \infty$, für s > 0 ein Tiefpunkt auf der x-Achse und ein Wendepunkt, für s < 0 keine Extrem- und Wendepunkte

- Achsenschnittpunkte: $(0|(1-s)^2)$; s > 0: $(\ln(s)|0)$

- Lokale Extrempunkte: $f_s'(x) = 2e^x(e^x - s)$; s > 0: TP $(\ln(s)|0)$

- Wendepunkte: $f_s''(x) = 2e^x(2e^x - s)$; s > 0: WP $\left(\ln\left(\frac{s}{2}\right) \,\middle|\, \frac{s^2}{4}\right)$; Ortskurve: $y = e^{2x}$

238

17. *Tangenten und ein Extremwertproblem*

a) Die Nullstelle der Tangente von $y = e^x$ im Punkt $(t \mid e^t)$ ist $x = t - 1$, also um 1 kleiner als die x-Koordinate des Berührpunktes.

Geometrische Konstruktion: Berührpunkt und Schnittpunkt mit x-Achse legen Tangente fest.

Punkt	Tangente	Nullstelle	b) Fläche Dreieck
$(0 \mid 1)$	$y = x + 1$	$x = -1$	$F = 0{,}5$
$(1 \mid e)$	$y = ex$	$x = 0$	kein Dreieck
$(-1 \mid e^{-1})$	$y = e^{-1}x + 2e^{-1}$	$x = -2$	$F = \frac{2}{e} \approx 0{,}7358$
$(2 \mid e^2)$	$y = e^2x - e^2$	$x = 1$	$F = \frac{1}{2}e^2 \approx 3{,}6945$
$(-2 \mid e^{-2})$	$y = e^{-2}x + 3e^{-2}$	$x = -3$	$F = \frac{9}{2e^2} \approx 0{,}6090$

c) Tangente in $(t \mid e^t)$: $y = e^t x + (1 - t) e^t$; Nullstelle: $x = t - 1$

Fläche des Dreiecks: $A(t) = \frac{1}{2}(t - 1)(t - 1) e^t = \frac{1}{2}(t - 1)^2 e^t$

Lokale Extrempunkte von $A(t)$: $A'(t) = \frac{1}{2}(t^2 - 1) e^t$;

$$TP(1 \mid 0); \quad HP(-1 \mid 2e^{-1}) \approx (-1 \mid 0{,}7358)$$

Der Tiefpunkt markiert den Fall, dass kein Dreieck existiert.

18. *Asymptoten, Extrempunkte und Flächen*

a) $e^{2x} \xrightarrow[x \to -\infty]{} 0$; $e^x \xrightarrow[x \to -\infty]{} 0 \Rightarrow f(x) \xrightarrow[x \to -\infty]{} 0 - 2 \cdot 0 + 1 = 1$; $e^{2x} - 2e^x + 1 = (e^x - 1)^2 \xrightarrow[x \to \infty]{} \infty$

b) Tiefpunkt: $(0 \mid 0)$; Wendepunkt: $WP \left(\ln\left(\frac{1}{2}\right) \mid \frac{1}{4} \right)$

c) $f(x) = 1 \Rightarrow x = \ln(2)$: Schnittpunkt $(\ln(2) \mid 1)$

Blaue Fläche	Grüne Fläche	Gelbe Fläche
$2 \cdot \int\limits_{0}^{\ln(2)} f(x)\,dx = 2\ln(2) - 1$	$2 \cdot \int\limits_{-4}^{0} f(x)\,dx = 5 - e^{-8} + 4e^{-4}$	$2 \cdot \int\limits_{-\infty}^{\ln(2)} (1 - f(x))\,dx = 4$
$\approx 0{,}3863$	$\approx 5{,}0729$	

Kopfübungen

1 $x_1 = -5$ und $x_2 = -1$ (z. B. mit der pq-Formel, quadratischer Ergänzung, Probieren …)

2 a) $\vec{a} + \vec{c} = \vec{0}$; $\vec{a} - \vec{c} = 2 \cdot \vec{a}$; $\vec{a} + \vec{b} + \vec{c} = -\vec{d}$; $\vec{a} + \vec{b} + \vec{c} + \vec{d} = \vec{0}$

b) $\vec{a} + \vec{b}$ bzw. $-(\vec{a} + \vec{b})$ sowie $\vec{a} - \vec{b}$ bzw. $\vec{b} - \vec{a}$

3 $g(x)$

4 r: rote Kugel; b: blaue Kugel

ω	(r, r)	(r, b)	(b, r)	(b, b)
$P(\omega_i)$	$\frac{4}{9}$	$\frac{2}{9}$	$\frac{2}{9}$	$\frac{1}{9}$

19. *Eine Funktionenschar*

a) $f_k(0) = -k$, also gehört der linke Graph zu $k = 1$; der Graph in der Mitte zu $k = 0{,}2$; der rechte Graph zu $k = -1$.

Andere Begründung: Für $k < 0$ streben die Graphen für $x \to \infty$ gegen ∞ und für $k = 0$ verläuft der Graph durch den Ursprung. Mögliche Begründungen liefert auch das Einsetzen von z. B. $x = 1$ in die zugehörigen Funktionsterme:

$f_{-1}(1) = e + 1 \approx 3{,}7;\quad f_{0{,}2}(1) = 1 - \frac{e}{5} \approx 0{,}5;\quad f_1(1) = 1 - e \approx -1{,}7$

Für $x \to -\infty$ strebt $k \cdot e^{-x}$ gegen 0, also $\lim\limits_{x \to -\infty} k \cdot e^x = 0$, es gilt für sehr kleine x dann $f_k(x) \approx x$ oder $\lim\limits_{x \to -\infty}(f_k(x) - x) = 0$.

b) Nullstellen: Zu lösen ist die Gleichung $x - k \cdot e^x = 0$. Für solche transzendenten Gleichungen („x in Basis und Exponenten") gibt es im Allgemeinen keine Lösungsformeln, es sind nur grafisch-numerische Lösungen möglich.

Aus den Grafiken liest man ab:

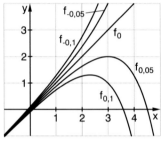 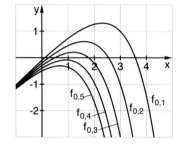

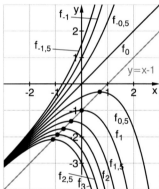

$k \leq 0$: eine Nullstelle

$0 < k \lesssim 0{,}4$: zwei Nullstellen

$k \gtrsim 0{,}4$: keine Nullstellen

c) $f_k'(x) = 1 - ke^x \;\Rightarrow\; k > 0$: $HP\left(\ln\left(\frac{1}{k}\right)\middle|\ln\left(\frac{1}{k}\right) - 1\right)$ für $k > 0$

Ortskurve der Hochpunkte:

$x = \ln\left(\frac{1}{k}\right) \;\Rightarrow\; y = x - 1$

Übergang von „keiner Nullstelle zu zwei Nullstellen" bzw. „einer Nullstelle zu zwei Nullstellen" liegt dort vor, wo der Hochpunkt die y-Koordinate 0 hat, also

$\ln\left(\frac{1}{k}\right) - 1 = 0 \;\Rightarrow\; k = \frac{1}{e} \approx 0{,}368$. Es gibt keine Wendepunkte, da $f_k''(x) = -k \cdot e^x$ keine Nullstellen hat.

19. Fortsetzung

d) Tangentenschar in $B(1|1 - k \cdot e)$: $f_k'(1) = 1 - k \cdot e$
$y = (1 - k \cdot e) \cdot (x - 1) + 1 - k \cdot e$
$ = (1 - k \cdot e) \cdot x$
Die Tangenten verlaufen alle durch $(0|0)$.

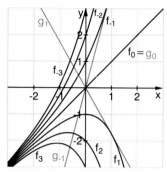

20. *Strahlentherapie*

a) Die Überlebensrate nimmt exponentiell mit der Zunahme der Dosis ab.

b) Wie erwartet sinkt die Überlebensrate schneller, wenn größere Stellen getroffen werden.

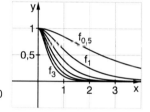

$f_k'(x) = 2(1 - e^{-kx})ke^{-kx} = -2ke^{-kx} + 2ke^{-2kx}$
$f_k'(x) = 0 \implies x = 0;\ HP(0|1)$
$f_k(x) \xrightarrow[x \to \infty]{} 1 - (1 - 0)^2 = 0$
$f_k''(x) = 2k^2e^{-kx} - 4k^2e^{-2kx} = 2k^2e^{-kx}(1 - 2e^{-kx});\ f_k''(x) = 0$
$\implies x = \dfrac{\ln(2)}{k};\ f_k\left(\dfrac{\ln(2)}{k}\right) = 0{,}75$

Unabhängig von der Größe k ist die Überlebensrate immer 75 % zum Zeitpunkt der maximalen Abnahme der Überlebensrate. Ein Bereich der Dosis mit maximaler Abnahme der Überlebensrate ist zwar ein effektiver Bereich, die Überlebensrate ist aber hier immer noch durchweg sehr hoch.

c) Die Grafik zeigt deutlich, dass eine deutliche Abnahme der Überlebensrate eine Mindestdosis voraussetzt. Es gibt dann einen Bereich der Dosis, in dem die Bestrahlung effektiv in dem Sinne ist, dass die Überlebensrate mit kleinen Erhöhungen stark abnimmt. Je mehr Stellen getroffen werden müssen, desto höher muss die Mindestdosis sein, bei $n = 10$ ca. $1{,}2$.
Es muss die Gleichung $1 - (1 - e^{-x})^n = 0{,}5$ gelöst werden:
$1 - (1 - e^{-x})^n = 0{,}5 \iff 1 - e^{-x} = \sqrt[n]{0{,}5} \iff x = -\ln\left(1 - \sqrt[n]{0{,}5}\right)$

Mit der Anzahl der Stellen wächst die Dosis, die notwendig ist, um eine Überlebensrate von maximal 50 % zu erreichen, logarithmisch, also zunehmend schwächer, also weniger als proportional.

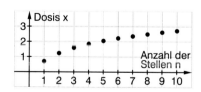

21. *Kettenlinie 2*

A: *Anpassen von Polynomen an Kettenlinie*

$K(x) = \frac{1}{2}(e^x + e^{-x})$

Es gilt: $K'(x) = \frac{1}{2}(e^x - e^{-x})$; $K''(x) = K(x)$ $\Rightarrow$ $K^{(2n+1)}(0) = 0$; $K^{(2n)}(0) = 1$

Mit $K(0) = 1$; $K'(0) = 0$; $K''(0) = 1$ erhält man:

$P_2(x) = \frac{1}{2}x^2 + 1$

Da die Kettenlinie achsensymmetrisch zur y-Achse ist ($K(x) = K(-x)$), sind auch die Näherungspolynome achsensymmetrisch zur y-Achse.

Damit ergibt sich für das Polynom 4. Grades der Ansatz: $P_4(x) = ax^4 + bx^2 + c$

Mit $K(0) = 1$; $K''(0) = 1$; $K^{(IV)}(0) = 1$ erhält man:

$P_4(x) = \frac{1}{24}x^4 + \frac{1}{2}x^2 + 1$

Analog erhält man für P_6 dann $P_6(x) = \frac{1}{720}x^6 + \frac{1}{24}x^4 + \frac{1}{2}x^2 + 1$

und für P_8 dann $P_8(x) = \frac{1}{40\,320}x^8 + \frac{1}{720}x^6 + \frac{1}{24}x^4 + \frac{1}{2}x^2 + 1$

und schließlich $P_n(x) = \frac{1}{n!}x^n + \frac{1}{(n-2)!}x^{n-2} + \ldots + \frac{1}{2}x^2 + 1$.

B: *Kettenlinie an Daten anpassen*

Punkte auslesen, z. B.: $P_1(0|1)$, $P_2(2|3)$, $P_3(3|7)$ und $P_4(4|14)$

(A) Mit Funktionenplotter:

$K_1(x) = 0{,}286\,(e^x + e^{-x}) + 0{,}5$

(B) Mit Algebra:

I $(0|1)$: $\quad \frac{2}{a} + c \qquad\qquad = 1$

II $(2|3)$: $\quad \frac{1}{a}(e^{2b} + e^{-2b}) + c = 3$

III $(4|14)$: $\frac{1}{a}(e^{4b} + e^{-4b}) + c = 14$

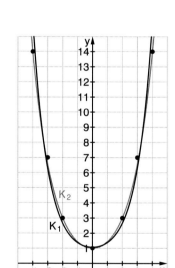

240

21. Fortsetzung

Manche CAS können auch ein nichtlineares Gleichungssystem direkt durch Eingabe der drei Gleichungen lösen:

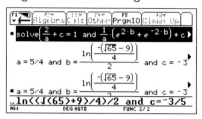

Man erkennt, dass die Gleichung algebraisch lösbar ist. Aussagekräftiger sind hier natürlich die numerischen Lösungen. Dass es jeweils für $b = \pm 0{,}7253$ eine Lösung gibt, kann auch mit der Symmetrie von $e^{bx} + e^{-bx}$ erklärt werden.

$K_2(x) = 0{,}8\left(e^{0{,}7253x} + e^{-0{,}7253x}\right) - 0{,}6$

Wenn man „zu Fuß" rechnen will, kommt man über $c = 1 - \dfrac{2}{a}$ (I) und Einsetzen in II zu

$a = \dfrac{1}{2}e^{2b} + \dfrac{1}{2}e^{-2b} - 1$. Dies in III eingesetzt

führt zu $e^{4b} + e^{-4b} - 6{,}5e^{2b} - 6{,}5e^{-2b} + 11 = 0$. Diese Gleichung kann dann mit bekannten grafisch-numerischen Methoden gelöst werden. Mit Rückwärtseinsetzen erhält man dann K_2.

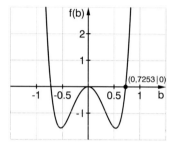

C: *Geometrische Konstruktion der Länge eines Kettenstücks*

Mit $\overline{OQ} = K(a)$ und dem Satz des Pythagoras im Dreieck OQA gilt
$1^2 + \overline{AQ}^2 = K(a)^2$, also: $\overline{AQ}^2 = K(a)^2 - 1$ (*)
Nach dem Tipp gilt $K(a) = \sqrt{1 + K'(a)^2}$, also: $K'(a)^2 = K(a)^2 - 1$ (**)
Aus (*) und (**) folgt unmittelbar $K'(a) = \overline{AQ}$.

Die Länge des Kettenstücks AP ist gleich $K'(a)$, also gleich der Streckenlänge von $\overline{AQ}$ und wird entsprechend der Konstruktionsbeschreibung konstruiert. Die Fläche des durch O, A und Q festgelegten gelben Rechtecks ($1 \cdot K'(a)$) entspricht der Fläche unter der Kurve.